U0276581

逻 辑 与 形 而 上 学 教 科 书 系 列

作为哲学的
数理逻辑

杨睿之 著

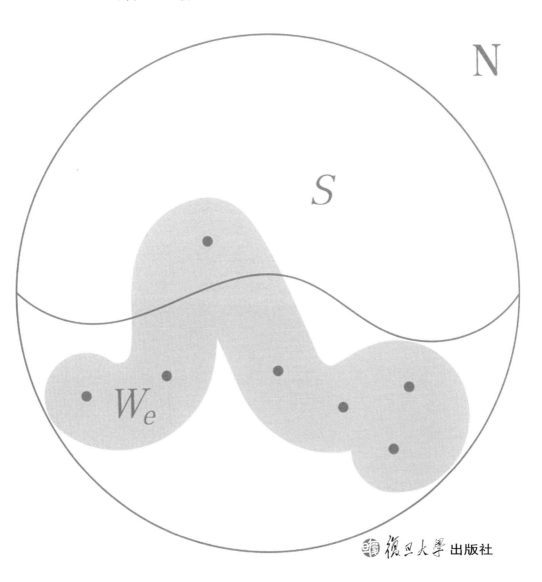

复旦大學 出版社

前言

20 世纪初分析哲学的诞生是哲学史上亘古未有的变革。仅仅一个世纪，分析哲学就几乎主导了主流学术界，并深刻地改变了哲学的面貌。甚至有学者认为，分析哲学不仅仅是站在大陆哲学或欧洲哲学的对面，而是站在整个传统哲学或者说一切现成的学派哲学 (established school philosophy) 的对面 (Glock, 2008, p. 99)。的确，分析哲学肇始阶段的一些工作让人们看到了哲学的新的可能性。一批经典的论证在今天看来仍然是有效的。

数理逻辑起源于对数学基础严格性与可靠性的追求。这些追求不可避免地回溯至一些传统的哲学问题。例如，数学对象是否客观存在，数学命题是否有客观的涵义和真值。更一般地说就是，抽象实体的世界是否存在，语言是如何言说世界的，语言本身的结构与希望通过语言描绘的世界是如何关联的。在对这些问题的探索中，弗雷格 (Frege, Gottlob)、塔斯基 (Tarski, Alfred)、Godel (Gödel, Kurt) 等逻辑学家逐渐开发出一套诸如形式化语言、真定义、句法编码等强有力的工具。这些工具通过罗素 (Russell, Bertrand) 等人的工作被运用到对一般的哲学问题处理。由此，分析哲学的变革才得以可能。甚至有学者认为，数理逻辑早期的工作，如 (Frege, 1884) 本身就是分析哲学的一部分 (Dummett, 1996)。

一个世纪后的今天，分析哲学仍然占据着西方国家绝大多数的哲学学术岗位。然而，我们发现，在当代分析哲学的作品中已经很难再看到数理逻辑的身影了。相应地，数理逻辑自身逐渐形成了若干固定的问题域和独特的方法 (集合论、递归论、模型论和证明论)，成长为一门从问题到方法相对自给自足的数学子学科。来自哲学问题的驱动不再显得必要，而基于哲学对数理逻辑工作意义的解读与批判甚至会让人觉得可笑或反感。

一个不难主张的判断是，当下的数理逻辑与分析哲学是隔离的。甚至有学者认为，这种隔离是不可逆的。冯·赖特 (von Wright, Georg Henrik) 在 20 世纪末展望新世纪可能的哲学潮流时说道："我想它们【哲学潮流】①会明

---

① 为方便读者理解，笔者会在本书的一些引文中添加少量词语，并用"【"和"】"包围以区别于原文。

显地不同于这个世纪的样子，而逻辑将不是其中之一。"(von Wright, 1993, p. 24) 然而，这一既成事实及其未来趋势是理所当然的吗？

分析哲学固然取得了数据意义上的巨大成功，但今天的分析哲学对人类追求真理事业的贡献是否真的能如其肇始者所期望的那样，"针对特定的问题，取得确切的答案"(Russell, 1946)？事实上，学术界已经开始对这场分析哲学运动的历史意义展开反思，褒贬不一 (Reck, 2013)(Preston, 2007)，甚至分析哲学内部也弥漫着危机感。另一方面，数理逻辑虽然仍遵循着自身的动力稳步发展，但似乎已无法期望这门学科能重现其 20 世纪上半叶的荣耀，甚至其在整个数学世界中的地位也越来越边缘化。

针对分析哲学与数理逻辑面临的问题与境遇，一个显而易见却很少被认真对待的解决方案是：重启逻辑与哲学的对话与合作，看看经过数十年独立发展的两者能否给对方带来新的启发。笔者撰写本书的初衷也正在于此。

看到这里，读者可能会奇怪，这本书以 "作为哲学的数理逻辑" 为题，而谈论的明明只是数理逻辑与分析哲学。何不以 "作为分析哲学的数理逻辑" 为题？事实上，笔者认同马塔尔 (Matar, Anat) 在分析哲学：理性主义与浪漫主义 (Matar, 1998) 一文中所界定的一种弱的分析哲学。按照这种界定，分析哲学正 (应) 是理性主义哲学传统在当代的自然呈现。

> 分析哲学家总是把理性主义的框架视为理所当然的：无论他们如何反对康德 (Kant, Immanuel) 或黑格尔 (Hegel, Georg Wilhelm Friedrich)，布伦塔诺 (Brentano, Franz) 或穆勒(Mill, John Stuart)，他们始终是在纯粹理性主义者的战场上战斗。事实上，分析哲学总是被视为（至少被其从业者视为）对内心中理性主义框架的尽可能清晰的表达。(Matar, 1998, p. 71)

笔者也认同，相对于强调个体特殊性而排斥抽象和普遍性、强调不可言说性而诉诸艺术与文学、强调流变而拒绝追求 "永恒的原则" 的浪漫主义传统，哲学本身就应该是 "理性主义者的专属领地"(Matar, 1998, p. 72)。因此，"作为哲学的数理逻辑" 与 "作为分析哲学的数理逻辑" 抑或是 "作为理性主义哲学的数理逻辑" 在这种理解下并没有什么区别。同时，笔者在本书中又表达了对当下实然的分析哲学研究的不满 (见 1.2 节)，以及对应然的分析哲学的期许。本书试图将当代数理逻辑研究解读为那种应然的而非实然的分析哲学。为避免读者误以为笔者心目中应然的分析哲学就是当下普遍呈现的分析哲学研究，不如干脆将标题中的 "分析哲学" 改为涵义更加模糊的 "哲学"，以使读者有恰当的预期，即书中所提到的 "哲学" 未必是常规或被普遍接受意义上的 "哲学"，或许作者会表达或暗示他心中哲学应有的样态。

要重启数理逻辑与分析哲学的对话，需要有一批学者对当代数理逻辑和哲学研究有广泛且前沿的把握。我们知道，当代的学科细分与专门化使得跨界的通才越来越难以出现。一个按照中国学科目录仅仅被划分为二级学科的数理逻辑就涵盖了从集合论到构造主义 (constructivism) 数学等宽广的议题范围，多数优秀学者也只能在其中一两个领域取得领先的成果。即使如此，各种跨界研究，甚至很多横跨科学与人文的研究仍然层出不穷，甚至被频频叫好。一些科学工作者为了让自己的研究能争取到更多资源或社会关注，倾向于用一些人们喜闻乐见的语言来解释他们的工作。但是，这些解释往往并不严谨，有时甚至有意误导。

　　从事学术工作的人们常说，"跨界有风险"。这里的风险不仅仅涉及个人的学术声誉，更令人在意的是跨界对于求真事业本身的风险，即产生谬误的风险。跨界之所以容易产生谬误是因为其牵涉一个更一般的哲学论题，即翻译的不确定性(indeterminacy of translation)(参见 Quine, 1960, 第二章)。以在哲学界影响较大的哥德尔不完备性定理 (Gödel's incompleteness theorems) 为例，人们一般把它解读为 "对于数学真不可能有一个完备且能行可判定的把握"，一些哲学工作者甚至认为 "人工智能不可能实现" 是哥德尔不完备性定理的推论。第一种解释是被多数逻辑学家、哲学家所认可的。但按照某种经济的哲学立场来说，所谓哥德尔不完备性定理不过是某个不强的数学公理系统 (如 RCA_0) 的定理，只是算术形式语言的一句句子或一串符号。将其解释为关于数学本质的判断需要预设一组哲学前提 (并不一定唯一)。例如，算术形式语言的符号/句子确实以某种方式对应某种算术对象/算术思想，而系统 RCA_0 的定理对应的都是真算术思想或算术真，而算术真可以被合法地应用于其他领域，例如物理或数学基础本身。这些预设并不平凡，也确实受到过严肃的质疑。本书将涉及大量的数学定理及其解读，其中的不确定性或许更严重。

　　然而，跨界虽有风险，却是不得不为。人们在试图理解这个世界的过程中并没有太多选择方法和途径的自由。仅仅因为一种路径过于困难或风险高而避免通过它，就求真这个目的而言是不真诚的。当一系列基础问题显然召唤着数学与哲学的合作时，以风险为由拒绝这种合作无异于因为害怕而蒙住自己的眼睛。笔者并不打算在本书中就翻译的不确定性问题做更多探讨，只是力求在写作的过程中始终对这种风险保持警惕，尽量避免可识别的误解。笔者虽然对数理逻辑和很多哲学问题都有浓厚的兴趣，但才疏学浅，对任何一个领域的把握都并非完备也难以确保无错。因此，也希望读者在阅读和思考过程中以批判的态度看待书中的那些解读。

　　回到本书的写作目的。为了沟通当代哲学与数理逻辑，一条捷径是论证当前进行着的数理逻辑研究本身就仍然能被看作是一种哲学研究，并且这或许是一种更值得提倡的哲学研究方式。这正是本书的核心论点。具体而言，笔者希望通过重新叙述数理逻辑的若干研究故事，向读者传递这样一个印象：

> 嘿，这不就是哲学吗？

需要指出的是，本书绝不是数理逻辑或分析哲学的学术史梳理。挑选的内容未必是学术史上最有影响或承上启下的重要工作，而只是笔者认为相对较容易被讲述以支持本书论点的故事。当然，事实上这些也往往是学术史上具有突出意义的工作。这一巧合如果成立的话，或许已经可以作为本书论点的一个经验证据。

此外，本书虽然隶属于复旦大学出版社的《逻辑与形而上学教科书系列》，但就内容编排而言并不力求写成一本系统的数理逻辑或分析哲学教材。各章节之间并没有刻意编排的难易坡度，也不追求内容上的相互依赖。相反，笔者希望本书各章的内容相对独立。读者若愿意的话，可以将本书作为一本床头的数理逻辑读物，随意挑选感兴趣的章节，并从阅读中获益。由于数理逻辑的各个分支本就紧密联系、相互勾连，为保证各章的独立性，在内容上难免会有一定的重复。

笔者希望本书能在实践上真的起到沟通数理逻辑与哲学研究的作用。让具有哲学背景的读者能够切切实实地了解一些当代数理逻辑的工作，并且如果有兴趣的话，能够按图索骥，通过本书方便地进入那些研究中。也希望有逻辑学或数学背景的读者能通过阅读本书找到看待自己工作的新视角。因此，本书在内容编排和写作上力求对不同背景的读者都是友好的。这就必须不能预设太多的背景知识。而当代数理逻辑关于不可计算、随机与无穷世界的成果常常超出普通人的直觉，这会造成未经过系统学习的读者对这些成果产生误读。本书一项重要的微观目标正是帮助读者迅速建立起关于这些陌生领域的正确直观。即使无法彻底理解那些结果的证明，在谈论或引用这些成果时也不会出现明显的错误。这一工作显然是有意义的。正如前文所述，要求例如哲学工作者掌握那些数理逻辑成果的来龙去脉是不经济也是几乎不现实的。然而，跨学科的合作又要求有关专家至少能正确解读对方学科的主要问题和成果。而笔者对本书的定位正是让哲学工作者快速正确地理解数理逻辑的有关工作，同时让逻辑学工作者了解与他们的工作有关的哲学上的关切。

阅读建议

为了使本书成为对有各种背景的读者友好并且可以随兴翻阅的读物，各章节在内容的编排上相对独立。对于相互依赖的内容，笔者尽量详细地设置了交叉引用的标记，方便读者快速查找。

数理逻辑的初学者或许是本书主要的目标读者。对于数理逻辑专业知识更深入系统的学习显然有助于在本书故事中发现更多的精妙细节并获得乐趣。《逻辑与形而上学教科书系列》已出版或计划出版的其他作品可以提供所需的背景知识和必要的训练。有志于逻辑学研习的读者，可以将本书作为课外读物，或许有助于在学习具体知识的同时，于更广阔的空间中定位自己的所学，并找到真正感兴趣的方向作为进一步研习的目标。

> **灰色文本框**
>
> 读者会常常在书中看到和这里一样的灰色文本框。对当代数理逻辑的介绍不可避免地涉及复杂的定义和证明。要彻底理解这些内容往往需要系统的训练或至少反复阅读、查阅相关文献并做笔记，这与本书的定位多少有些矛盾。因此，笔者在写作时将具有下述性质的内容放置在灰色文本框中：(1) 比较复杂而难以被迅速理解的；(2) 可以略过而不必然导致错误直观的；(3) 进一步阅读将有助于更深入理解的。读者可以根据各自需要选择性地阅读。

为方便读者查找定位有关内容，在书后附有符号、术语和人名索引。其中，术语索引按照中文首字拼音排列，人名索引按照拉丁字母排列。除部分经典文献，本书中引用或提及的文献均以括号中的著者、年份指代，如 (Aaronson, 2014) 或 (郝兆宽、杨跃, 2014)。部分文献引用会提供更详细的信息，如 (von Wright, 1993, p. 24) 表示文献 (von Wright, 1993) 中的第 24 页，(Kleene and Post, 1954, Theorem 3) 表示文献 (Kleene and Post, 1954) 中的定理 3，(Doyle, 2011, Ch. 4) 表示文献 (Doyle, 2011) 的第四章。

对于本书中可能出现的错误以及关键性的遗漏，笔者将持续更新补正。读者可以登陆以下网址查阅：

$$\text{http://logic.fudan.edu.cn/doc/LaPamend.pdf}。$$

致谢

本书的相关研究得到教育部人文社会科学研究青年项目——"当代集合论哲学及其对数学基础研究的影响"(13YJCZH226)、复旦大学新进青年教师科研起步项目以及复旦大学青年教师科研能力提升项目资助。

郝兆宽老师在本书从最初构思到校对定稿的整个写作过程中持续给予笔者启发、鼓励和帮助。书中部分内容来源于始自笔者在北京大学攻读博士学位期间的工作，这些工作得到了刘壮虎、邢滔滔、叶峰等几位老师的指点。杨跃老师帮助审阅了全书，提出多达 134 处细致中肯的修改意见，有效降低了本书的错误率。施翔晖和喻良老师亦帮忙审阅了部分章节。由于出版进度的压力和笔者个人理解上的局限，部分内容未能按照上述几位学者的意见修改。书中仍然存在的错误和遗漏完全是笔者个人工作上的失误或对有关内容理解的肤浅所致。在写作过程中，笔者还曾就一些具体问题请教过蔡铭中、吴刘臻、杨森、姚宁远、袁嘉辰几位学者，他们均给予细致耐心的解答。此外，笔者还就《庄子·天下篇》中关于无穷的论述请教过苟东峰博士。

复旦大学出版社范仁梅和陆俊杰两位老师领衔的编辑团队从出版立项到编辑审阅均细致认真、尽职尽责，给予笔者很大的帮助，使得本书的出版发行成为可能。书中或仍存在的错漏均由于笔者本人工作不利致使编辑工作压力过大的结果。

笔者要特别感谢新加坡国立大学数学科学研究所 (Institute for Mathematical Sciences, National University of Singapore) 自 2009 年以来持续邀请支持笔者赴新加坡参加逻辑学暑期学校以及相关访问交流活动。通过这些学术活动，笔者得以接触并了解数理逻辑最前沿的进展，参与高质量的学术讨论，结识上述优秀学者，使得本书有关内容得以酝酿成型。

目录

第一章　导言

19 世纪末至 20 世纪初可能是人类历史上最美妙的一段时光，人类理性事业似乎距离最后的完成仅一步之遥。在物理学上，由经典力学、电磁学和热力学三大支柱支撑的殿堂已几近完工。人们似乎可以期待经典物理学理论已经是完备的 (complete) 了，即任何物理现象都可以得到恰当的解释，宇宙的运行原则上是可预测的。"科学家们剩下的工作只是决定小数点的下一位而已"(Trefil, 2015, p. 15)。而在数学领域，人们的乐观甚至有过之而无不及。下面这段简短而富有激情的演说是绝佳的媒介，让当代读者得以穿越回那段如梦似幻①的岁月。

有这样一种工具，它能将理论与实践，将思想与观察联系起来、那就是数学；它搭建了连接的桥梁并使之愈加坚固。以至于，我们整个当代文化，就其依赖于我们对自然的理智洞察与利用的范围内而言，是以数学为基础的。伽利略 (Galileo, Galilei) 早就说过：只有习得了自然对我们诉说时所使用的语言和符号，一个人才能理解自然；而这个语言正是数学，它的符号则是数学图形 (figure)。康德 (Kant, Immanuel) 宣称："我始终认为，存在于每个特定的自然科学中的真理不会比数学中的真理更多。"事实上，只有当我们提炼出一门自然科学的数学内核并将其彻底揭开时，我们才算掌握了它的理论。没有数学，今天的天文学和物理学将是不可能的；在它们的理论部分，这些科学直接展开为数学。正如大量其他的应用一样，这些事实使数学享有在公众中无与伦比的权威。

尽管如此，所有数学家都拒绝将应用作为数学价值的标准。高斯 (Gauss, Carl Friedrich) 在说到是什么让数论成为这位数学

① 日本战国时期大名织田信长在其即将完成天下布武的时候遭遇本能寺之变。传说其在临终时吟诵了表现平敦盛之死的《敦盛》(幸若舞) 中的一段：人間五十年、化天のうちを比ぶれば、夢幻の如くなり、一度生を享け、滅せぬもののあるべきか？(人生五十天，与天地长久相较，如梦似幻；一度得生者，岂有不灭者乎？) 后人常以"如梦似幻"比喻事业如日中天，却暗藏危机。

第一人最喜爱的学科时，提到的是它那魔法般的吸引力而不是它目前为止超越所有其他数学分支的那无穷无尽的丰富性。克罗内克 (Kronecker, Leopold) 将数论学家比作食莲族①，一旦尝到了甜头便再也无法离开它了。

伟大的数学家庞加莱 (Poincaré, Henri) 曾以令人震惊的犀利抨击了列夫·托尔斯泰 (Tolstoy, Count Lev Nikolayevich)，后者声称"以科学的名义追求科学"是愚蠢的。例如，若只有那些实用主义头脑存在而没有那些无私的傻瓜来推动进步的话，工业上的成就是永远没有可能的。

正如格尼斯堡的数学家雅可比 (Jacobi, Carl Gustav Jacob) 所说，人类精神的荣耀才是所有科学唯一的目标。

我们绝不相信那些今天还以哲学的姿态或以优越的口吻所做的关于文化衰落的预言并接受**不可知**。② 对我们来说，**不可知**是不存在的，并且在我看来，在自然科学中也不存在。让我们抛弃那个愚蠢的**不可知**，代之以下面的口号：

我们必须知道，

我们必将知道。③

而本书要讲述的故事正是从这里开始的。

1.1 数理逻辑与分析哲学的蜜月期

这个时期被逻辑史学家称作"数理逻辑的黄金时代"(Dawson, 2003)，而分析哲学家则把它作为分析哲学史上的"英雄时期"(Bell and Cooper, 1990)(Glock, 2013)。然而，当我们分别回顾数理逻辑和分析哲学的那段历史时，我们发现，其中诸多"英雄事迹"是重叠的。

---

① 食莲族 (Lotus-eater)，古希腊史诗《奥德赛》(*Odýsseia*) 中记载的以某种类莲花植物为食的岛民。食用这种植物的果实会幻幻，令人流连忘返。

② 不可知 (*ignorabimus*)。德国生理学家杜·波依斯-雷孟德 (du Bois-Reymond, Emil) 在其著作《论我们理解自然的极限》(*Über die Grenzen des Naturerkennens: die sieben Welträthsel; zwei Vorträge*, du Bois-Reymond, 1903) 中以拉丁格言 *ignoramus et ignorabimus* (我们不知道，我们未来也无法知道) 强调科学知识的极限。

③ 这是希尔伯特 (Hilbert, David) 1930 年在格尼斯堡面向德国科学家与生理学家协会所做的演讲，翻译自 (Smith, 2014)。

1.1.1　弗雷格《概念文字》与《算术基础》

弗雷格 (Frege, Gottlob) 一直以来被认为是现代逻辑的奠基人。弗雷格对现代逻辑的主要贡献是指他在其早期的小册子《概念文字》(*Begriffsschrift*, Frege, 1879) 中所勾勒并最终在其两卷本《算术基本法则》(*Grundgesetze der Arithmetik*, Frege, 1893/1903) 成型的形式化的谓词逻辑。事实上，逻辑学形式化的工作在弗雷格之前已经有一定的突破。德摩根 (De Morgan, Augustus) 在《形式逻辑》(*Formal Logic*, De Morgan, 1847) 中已尝试引入专门的符号来展示逻辑规律。而布尔 (Boole, George) 更是早在《逻辑的数学分析》(*The Mathematical Analysis of Logic*, Boole, 1847) 中就已经把逻辑作为一种数学对象进行研究，即把命题逻辑刻画为一种代数。弗雷格工作的特别之处在于 "使用自变量 (argument) 和函数 (function) 分别代替主词 (subject) 与谓词 (predicate)"(Frege, 1879) 来分析命题内部的结构。由此，弗雷格把逻辑学家从亚里士多德 (Aristotle) 以来对主词谓词严格区分的要求中解放了出来 (布尔等人关于命题逻辑的工作并不涉及命题内部结构)，数理逻辑与分析哲学的其他工作，如数理逻辑基于量词 (quantifier) 对无穷和复杂性的刻画、罗素 (Russell, Bertrand) 的摹状词理论 (description theory) 等才得以可能。

> 　　在弗雷格逻辑中，每个函数符号都伴随固定的占位符 (placeholder)，又称作自变量符号。如加法符号 ( )+( ) 有两个占位符。它是一个不完全的表达式，它可以和两个 (或一对) 单名 (simple name)，如 1 和 2 组成一个完整的表达式，即词项 (term) 1+2。正如单名可以指称具体的对象，一个完整的表达式也可以指称一个具体的对象。
> 　　在弗雷格看来，句子 (或命题) 也是一种词项。一个初始命题可能有如下形式：Φ(a)。这里，Φ( ) 是带有一个自变量的函数符号，指称一个命题函数；a 是一个单名，指称一个恰当的对象；该命题函数运用于该对象得到一个唯一的值，非"真"即"假"，即真值 (truth value)。上面这种以真值为值的函数如果只有一个自变量，那就是概念 (concept)。[①]命题的复合也被统一使用函数和自变量来刻画。例如，━━( ) 指称

[①] 值得一提的是，弗雷格的概念是依附于语言的。

这样一个函数，它把真映射为假，把其他输入映射为真。而

指称的函数把第一个为真第二个不为真的一对值映射为假，而把其他值映射为真。按照现代术语，前者是否定这个逻辑运算所对应的真值函数，而后者正是实质蕴涵 (material implication) 所对应的真值函数。我们现在通常分别使用 ¬ 和 → 来表示否定和蕴涵，从而避免了二维的书写。更有趣的是，弗雷格引入了我们现在称作量词符号的函数符号：

$$ \text{—}\!\!\curlyvee\!\!\text{—}\,(\ )(\mathfrak{a}) $$

指的是某种 "二阶" 函数，它运用于某个 "一阶" 函数 (即概念) Φ 得到的是 —ᵛ—Φ(𝔞)(现在通常写作 ∀𝔞Φ(𝔞))。如果 Φ 是把所有对象映射为真的函数，那么 —ᵛ—Φ(𝔞) 就为真，否则为假。此外，值得一提的是，弗雷格用 —ᵛ—Φ(𝔞) = Ψ(𝔞) 表示断言两个函数 (概念) Φ 与 Ψ 相等的判断，并且还可以用 —ᵛ—f(a) = f(b) 表示对象 a 和 b 落在相同的那些概念下。可以看到，弗雷格逻辑对 "阶" 的区分并不敏感。

弗雷格的形式系统与今天的 (希尔伯特) 系统已十分接近。在《概念文字》中，他挑选了九条核心法则 (即公理，分别刻画了否定、蕴涵、全称量词和等词)，并通过运用分离 (*modus ponens*) 等规则得出了更多逻辑法则。弗雷格意识到，自己设定的形式系统并非唯一可能的，他也意识到完备性问题，只是并没意识到这是一个有解的问题。①

> 考虑到有无限多的【逻辑】法则可以被阐明，我们无法把它们全部列出。除非把那些**以其自身力量**包含所有法则的法则全部搜寻出来，否则我们无法达到完备性。现在必须承认，下面这种方式并不是完成演绎推理的唯一方式。(Frege, 1879, p. 29)

弗雷格在对比《概念文字》与布尔的工作时坦言："我的意图并不是用公式表示一个抽象的逻辑，而是通过书写符号以【日常语言】语词无法达

---

① 对一阶完备性的现代刻画直到 (Hilbert and Ackermann, 1928) 才出现，完备性问题才可解。

到的精确性来表达内容。"(Frege, 1882) 弗雷格想创造的不仅仅是 *calculus ratiocinator* (计算推理), 而是 "莱布尼茨 (Leibniz, Gottfried Wilhelm) 意义上的 *lingua characterica* (语言文字)"。弗雷格自觉地将自己的工作看作是莱布尼茨通用文字 (*characteristica universalis*) 纲领的部分实现。

> 莱布尼茨······他关于通用文字或者哲学演算 (*calculus philosophicus*) 或推理 (*ratiocinator*) 的想法太过庞大······即使这是一个有价值的目标, 它也无法一步就达到。我们无需为一个缓慢而步步为营的迫近而感到失望。当一个问题看似无法以其最一般的形态得到解决时, 可以暂时做个限定; 或许它可以靠渐进的方式来征服。算术、几何、化学中的符号可以被看作是莱布尼茨的想法在特定领域的实现。而这里所给出的概念文字又增加了一个领域, 实际上是一个中心领域, 与其他所有领域相连。(Frege, 1879, p. 6)

当代分析哲学家在回顾其历史时一般认为, 弗雷格为了将数学奠基于逻辑之上而创造了概念文字, 而弗雷格所发明的工具恰巧为分析哲学的诞生创造了条件。但弗雷格本人其实有更长远的哲学抱负。他创造概念文字的目标是为了摆脱日常语言造成的各种误解, 更精确地表达各个领域的思想内容, 不仅仅是算术, 也包括自然科学甚至哲学。这是一项基于某种哲学立场的哲学志业。今天看来, 弗雷格为现代数理逻辑奠基的工作无论以其动机还是影响而言, 都是一项典型的哲学工作, 并且的确如其所期望的那样 "经受住了时间的检验"(Frege, 1879, p. 7)。

达米特 (Dummett, Michael) 在《分析哲学的起源》 (*Origins of Analytical Philosophy*, Dummett, 1996) 中重新发现了弗雷格并将其奉为分析哲学真正的奠基人。然而, 他的主要依据并非概念文字的创造, 而是弗雷格在《算术基础》(*Die Grundlagen der Arithmetik*, Frege, 1884) 中提出并实践的语境原则 (context principle)。

前文中提到, 弗雷格主要工作的目标是最终将数学建立在逻辑这个基础之上。该目标预期由两卷本的《算术基本法则》(Frege, 1903) 最终实现。而其主要的思想与方法在《算术基础》(Frege, 1884) 这本小册子中就已经基本成形了。

《算术基础》的主题是 "(自然) 数" 这个概念, 目的是把 "数" 概念建立在更清晰的逻辑概念之上。从这本小册子目录的一部分我们就能清晰地看出一套典型的层层推进的概念分析过程。

II 一些著作家关于数概念的观点

　　显然，弗雷格论证的总体思路是先给出一系列对于 "数" 概念的可能的解释 (外部事物的属性、主观的东西、事物的聚集)，接着指出这些解释面临的困难，然后给出可能的改良 (数是单位的集合)，并再次指出改良后仍然存在的问题，如此往复，最后提出自己的解决方案并说明它能解决所有已知问题。

　　为了指出其他对 "数" 概念的解释所面临的问题，弗雷格贯彻了他的 "语境原则"。例如，在论证数不是外部事物的属性时，弗雷格给出了几则具体的涉及 "数" 概念的命题。我们可以说一棵树 "有 1000 树叶"，也可以说 "绿色的树叶"。但当我们取出一片树叶，它依然有 "绿" 这个属性，却不太能说它有 "1000" 这个属性。因而，显然 "1000" 与 "绿" 这样的属性有本质的不同。② 再如，面对桌上的一堆牌，我们理应可以问它们的属性，但问 "这些牌的数" 是什么却让人感到所指不明。它可以指牌的张数，也可以指它们的分数之和，等等。限于篇幅，笔者不再举更多的例子。读者应该能看出，所谓 "语境原则" 就是指在考察一个概念或表达方式时列举它们可能的使用场景 (它们在其中出现的命题) 并将备选的解释代入其中，看看所得到

---

① 这里讨论的是把数看作是事物的聚集 (collection) 的观点。

② 注意，这个例子有赖于西方语言的一些特性，譬如英语中是 "1000 leaves"，而汉语实际应该是 "一千片树叶"，有表示单位的量词，不容易造成误解。不过，弗雷格在后文中对单位有专门的处理。

的命题是否仍然保持原意或会否产生明显的怪论。理想的解释应该能顺利地运用于各种场景。①

弗雷格最后给出的答案是将数解释为由概念组成的在概念的 "等数" 这个等价关系下的诸等价类。今天看来，弗雷格实际上将算术建立在了一种关于概念的二阶逻辑 (其中一阶变元遍历个体，二阶变元遍历概念) 之上，而这个基础是不一致的。公正地说，弗雷格的失败是偶然的，从某种意义上也是可修正的。重要的是，他所使用的研究方式，经过罗素的发展与宣传，逐渐成为早期分析哲学的 "典范"。

1.1.2 罗素《论指称》

罗素的《论指称》(*On Denoting*, Russell, 1905) 被认为是 "哲学的典范"(Braithwaite, 1931, p. 263)。事实上，它是运用弗雷格发明的概念文字来解决传统哲学难题的一次较为成功的尝试。论文中要处理的是对于**指称短语** (denoting phrase) 的通常理解下所产生的一系列困境，具体有同一替换失效、排中律失效和否定存在式带来的关于主词是否存在的困扰。这些困扰来自人们对指称短语语义的通常理解，即指称短语指称所指 (denotation)。关于这些困境，罗素首先讨论了弗雷格可能给出的解决方案: 指称短语不仅有所指也有意义 (meaning)。这一方案似乎可以解决一些问题。例如，在造成同一替换失效的命题中，起作用的不仅有指称短语的所指，也有其意义，所以所指相同而意义不同的指称短语不能相互替换。但接下来，罗素设计了一个非常人为的例子:

格拉伊《挽歌》中的第一行的意义

罗素经过一番令人眼花缭乱的演绎宣称证明了，"我们无法同时做到，既保留意义与所指的 (逻辑) 关联，又阻止两者被混淆"。因而，"这无法摆脱的纠缠不清似乎证明了意义与所指的区分完全想错"。罗素在这里的论证引入了许多预设和文中第一次出现的概念 (complex, constituent of complex, subject, get at 等) 而未加说明，不够审慎地使用符号 C 和引号，这使得 "哲学的典范" 还是留下了让后人批判的空间。然而，罗素还是大致达到了他的目的，让多数人相信这种弗雷格可能主张的处理方式是有问题的。罗素为他自己的理论辩护的策略非常清晰: 给出对于指称短语通常的语义解释，表明弗雷格式解释无法解决上述困难，而他的理论提供了一个统一的解决方案。罗素的解决方案是: 宣称 "指称短语本质上是句子的一部分，其本身没有任

---

① 值得注意的是，上述语境原则只能用以表明某种备选的解释是不合适的，而无法用以论证某种解释是正确的，或只能构成一个经验性的辩护。

何意思"，并"给出了将所有出现指称短语的命题归约为不含这种短语的命题的方法"。而所谓"不含这种短语的命题"，就是弗雷格发明的概念文字中带量词的公式。

罗素是公认的分析哲学先驱。显然，罗素的这些工作受弗雷格的影响深刻。他在《论指称》中的工作是其逻辑原子主义 (logical atomism) 构想的一次实践，他关于世界的逻辑原子主义则是其关于数学基础的逻辑主义 (logicism) 的推广，而他在数学哲学上为自己设定的道路其实是完成弗雷格未尽的工作。罗素在《论指称》中所使用的工具也未超出弗雷格发明的概念文字或今天所说的谓词逻辑。

1.1.3 刘易斯对严格蕴涵的刻画

刘易斯 (Lewis, Clarence Irving) 由于其在《符号逻辑综述》(*A Survey of Symbolic Logic*, Lewis, 1918) 中对"蕴涵"概念的处理被认为是现代哲学逻辑奠基人，从而被接受为早期分析哲学的代表人物。而事实上，刘易斯在书中为自己设定的任务也是有关数学基础的。刘易斯批评却无奈接受了他那个时代的"纯数学不再关心公设和定理的真，且定义总是随意的"。但他坚持，一个符号逻辑系统"只有当其中的'蕴涵'的意义是'恰当的'(proper) 时，它才能作为有效推理的标准"。(Lewis, 1918, p. 324) 因此，他的主要目的就是寻找"蕴涵"的"恰当的"含义。

罗素和怀特海 (Whitehead, Alfred North) 在《数学原理》(*Principia Mathematica*, Whitehead and Russell, 1913) 中是这样解释"蕴含"的："$p \rightarrow q$ 等价于 $\neg(p \wedge \neg q)$，它是真的当且仅当并非 p 真且 q 假。"我们知道，这种解释会导致"真命题被一切命题蕴涵"以及"假命题蕴涵一切命题"。刘易斯将蕴涵的这种解释称作*实质蕴涵* (material implication)，并指出实质蕴涵"显然是关于命题真值之间的关系，而不是命题的内容或含义之间的关系"。(Lewis, 1918, p. 326)。与此相对，他提出了一种称作"*严格蕴涵*"(strict implication) 的概念。

我们知道，"蕴涵"是一种基础逻辑概念，通过归约的方法来解释往往或进入循环或毫无用处。对这类基础逻辑概念的解释方式有两种，一种是提供语义模型，另一种就是公理化的方法。①刘易斯主要采取了公理化的方法。他给出了一个严格蕴涵逻辑的公理系统，其中既有表示实质蕴涵的符号

---

① 简单地说，用语义模型解释基础概念就是定义一个涉及有关概念的命题在哪些"场景"下为真。前一段中对实质蕴涵的解释实际上是提供了一个语义模型——真值表。而公理化方法表现为枚举一些含有有关概念的命题和推演规则，由此可以推出更多命题。这些命题是被预期为真的。公理化方法本质上就是直接提供一个能行方法来选出一些涉及该概念的被预期为真的命题。两种方法可以结合使用，既给出公理系统，也提供语义模型，再证明公理系统的推论在该语义模型下的解释都成立，即可靠性证明。

⊂，也有表示严格蕴涵的符号 ⥽。接着，他证明了实质蕴涵的公理系统是它的一个子系统。而严格蕴涵逻辑去掉实质蕴涵符号的部分构成了另一个子系统——日常推理演算 (the calculus of ordinary inference)。后者接近刘易斯心目中对 "蕴涵" 概念 "恰当的" 的解释。

刘易斯是这样为严格蕴涵概念辩护的。首先，他利用他对实质蕴涵和严格蕴涵概念的公理化得到有关概念的很多推论，再在一系列案例中检视这些推论是否能够反映案例中的蕴涵概念。例如，$q \subset (p \subset q)$ 是实质蕴涵逻辑系统的一个推论，但是我们不会仅仅因为 "$2 + 2 = 4$" 而认为 "月亮是由绿色奶酪做成的" 蕴涵 "2+2=4"。对严格蕴涵的辩护中，比较棘手的问题是日常推理演算系统中与实质蕴涵系统中类似的定理：$\sim p \multimap (p \multimap q)$ 和 $\sim -p \multimap (q \multimap p)$。即 "如果 p 是不可能的，那么 p 蕴涵任何命题 q" 以及 "如果 p 是必然的，那么 p 被任何命题蕴涵"。为此，刘易斯必须论证，例如，"在 '蕴涵' 的通常意义上，不可能的命题的确蕴涵任何东西"(Lewis, 1918, p. 336)。为此，他还是给出了几个自然语言中的具体例子说明关于严格蕴涵的这两个推论并没有什么不对。接着，他试图给出更一般的证据，以 "p 蕴涵非 p" 这个不可能的命题为例：

【要证明】如果 p 蕴涵非 p，那么 p 蕴涵任何命题 q。我们已经证明了，如果 q 蕴含 r，那么 "q 是真的且 r 是假的" 蕴涵任何命题。因此，如果 p 蕴涵非 p，"p 是真的但非 p 是假的"，即 "p 是真的且 p 是真的" 蕴涵任何命题 q。但是 p 等价于 "p 是真的且 p 是真的"。因此，如果 p 蕴涵非 p，p 蕴涵任何命题 q。(Lewis, 1918, p. 338)

刘易斯宣称他的证明 "不依赖任何符号系统，只使用了日常逻辑中无可非议的原理"(Lewis, 1918, p. 336)。因此，这个看似自欺欺人的论证最终还是诉诸我们对逻辑概念的常识理解。

容易看出，刘易斯为严格蕴涵所做的辩护与弗雷格和罗素的工作有着类似的形式。《论指称》(Russell, 1905) 中处理的对象是指称短语，《算术基础》(Frege, 1884) 的问题是 "数" 这个概念，而《符号逻辑调查》的主题是 "蕴涵"。它们都是语言的构件，并出现在一些哲学问题的陈述中，造成困扰。另一方面，它们解决问题的方式，也即所谓 "语言分析" 的结果都是给出一个更清晰明确的解释 (或得到这种解释的一个能行方法)。例如，罗素给出了把含有指称短语的命题转化为不含这种短语的谓词公式的能行方法，弗雷格把"数"显定义为一种由概念组成的类，刘易斯则用一组公理来刻画"严格蕴涵"概念。所谓"语境原则"，不仅体现在最终给出的语义解释往往是语境敏感的①，更多地是指他们的辩护策略。这类辩护实际上是一组思想实验，通过更换语境 (变量) 来检验各种备选的解释 (理论假设)，如果有且仅有一种解释能通过所有的检测，那么它自然是最似真的了。

1.1.4 塔斯基的真定义

"真"从某种意义上说是一个终极哲学概念。因为，按照日常的理解，似乎所有的概念都可以被归约到"真"。即任给一个概念 P、一个对象 a，问 a 是否落在 P 之下，即问句子 "a 落在 P 之下" 是否落在 "真" 之下。通过更细致的考察容易发现，日常的理解会产生一些问题。例如，我们取 P 为"真"概念本身，而 a 指称 "a 并非落在 P 之下" 这句话，就会产生所谓的说谎者悖论。关于"真"概念的思考分化出诸多真理论，如真的对应理论 (the correspondence theory of truth)、真的融贯论 (the coherence theory of truth)、真的冗余论 (the deflationary theory of truth) 等。塔斯基 (Tarski, Alfred) 的真定义并不依附任何特定的真理论。相反，当代逻辑哲学关于真理论的任何讨论几乎都无法绕开塔斯基的形式定义。

塔斯基真定义最早正式发表于波兰语论文《演绎科学语言中的真概念》(*Pojęcie prawdy w językach nauk dedukcyjnych*, Tarski, 1933)。②塔斯基真定义主要的特点是采用了一种合成的 (compositional) 方式根据句子的结构来确定其真值，并且塔斯基试图在定义中避免涉及语义 (semantic) 概念而只采用语法 (syntactic) 概念，由此真可以作为其他语义概念的基础。

> **塔斯基真定义**
>
> 塔斯基 1933 版的真定义只适用于 "按科学方法构造的语言"，也即类似弗雷格概念文字的形式语言。并且，要求存在比该语言更高阶的元语言。对目标语言的真定义发生于元语言 (metalanguage) 中。塔斯基所描述的元语言至少包括目标语言所有语法部件的对应 (翻译)、必要的集合论或类型论概念

---

① 譬如刘易斯对蕴涵的解释：只考虑真值的时候可以解释为实质蕴涵，而在考虑到内容和含义的日常理解中，往往应该解释为严格蕴涵。又例如罗素对指称短语的解释实际就是一个函数，以含有该短语的命题为输入 (语境)，以改造后的命题为输出 (解释)。

② 现代模型论式的真定义直到 (Tarski and Vaught, 1957) 才被完整给出。

(以谈论目标语言的语法并使得我们现在所说的递归定义得以可能)，以及一个用来表示真的一元谓词，如 T。塔斯基所说的元语言其实是包含了形式语言、公理和推演规则的一个形式系统。

在进行真定义之前，塔斯基首先定义了一套记法来指称语言中的公式，同时揭示公式的结构。例如，用 $\iota_{k,l}$ 表示由二元关系符号 $\subset$、变元符号 (即弗雷格的自变量)v_k, v_l 相连组成的符号序列 (塔斯基首先以一个谈论类的对象语言为例，其中非逻辑符号只有一个二元关系符号 $\subset$)；用 $\bar{\alpha}$ 表示 $\neg$ 连上公式 α 得到的符号序列；用 $\alpha + \beta$ 表示 $\vee, \alpha, \beta$ 按顺序连接而成的符号序列；$\bigcap_k \alpha$ 表示 $\forall, v_k, \alpha$ 连成的序列。我们现在一般分别用 $v_k \subset v_l$、$\neg\alpha$、$\alpha \vee \beta$ 和 $\forall v_k \alpha$ 来指称这些公式，后文也将沿用这些现代表示方式。这些就是塔斯基所谓的结构描述名 (structural descriptive name)。事实上，塔斯基通过这一系列定义试图强调的是，对象语言对象的结构描述可以在元语言中完成，包括定义什么是公式中的自由变元 (free variable)，以及把句子定义为不含自由变元的特殊公式。我们现在知道，集合论、类型论甚至算术语言就已经能够谈论这些语法概念了。

定义真必须通过一个二元的中间概念：满足。它是关于一个赋值 (assignment) 和一个公式的二元关系。其中赋值指的是对语言中的变元符号的解释，即把语言中的每个变元映射为一个个体对象。塔斯基首先定义，一个赋值 v 满足一个公式 φ，当且仅当有下列情况之一发生：

(1) 存在变元 x, y 使得 $\varphi = x \subset y$，且 $\pi(\subset)v(x)v(y)$；

(2) 存在公式 α 使得 $\varphi = \neg\alpha$，且 v 不满足 α；

(3) 存在公式 α, β 使得 $\varphi = \alpha \vee \beta$，且 v 满足 α 或者 v 满足 β；

(4) 存在变元 x 和公式 α 使得 $\varphi = \forall x \alpha$，并且对任意赋值 w，如果 w 与 v 关于除 x 之外的变元的赋值一样，那么 w 就满足 α。

按照塔斯基的想法，上面的定义发生在一个元语言中。显然，该元语言除了能给出句子的结构描述名之外，还必须能谈论

(可能是无穷对象的) 赋值函数。注意，$\pi(\subset)$ 是对象语言符号 $\subset$ 在元语言中的翻译。$\pi(\ )$ 其实是元元语言 (metametalanguage) 的表达式，用来表示那个从对象语言到元语言的翻译。而所谓合成的定义，即该满足关系仅依赖于公式 φ 的最外层结构，以及 v 与 φ 上一层子公式的满足关系。

由满足关系就可以定义：一个句子 σ 是真的，当且仅当任意赋值 v 都满足 σ。

从定义子句 (4) 不难看出使用 "满足" 这个中间概念是必要的。因为一个形如 $\forall x \alpha$ 的句子是否为真，依赖于其子结构 α 的情况，而 α 可能并非句子，无法直接谈论真假。

塔斯基在之后又给出了论域限制版本的真定义，即将赋值限制为将变元映射到一类个体对象。这更接近于现代运用集合论语言表述的模型论中的真定义。因为，在类型论或二阶算术语言中，所谓个体 (individual) 有明确的所指，即一阶的对象或自然数，而集合论语言中没有这样一类特殊的对象。我们之后会看到，如果让对象语言变元的所指遍历元语言变元的所指，那就可能导致悖论。因此，有必要限制对象语言变元的赋值。

此外，当代模型论的真定义对非逻辑连接词 (有固定的解释) 非变元 (由赋值解释) 的符号，如上例的 $\subset$，有更一般的处理。我们姑且称这些为参数符号。参数符号主要有关系符号、函数符号和常量符号 (零元函数符号)。我们不再要求参数符号在元语言中有固定的对应。一个 n 元关系/函数符号可以被解释为个体域上任何一个 n 元关系/函数。如果以集合论语言为元语言，个体域和对参数符号的解释，例如上面的函数 π，都是在元语言中表达的。它们合起来就被称为一个结构 (structure)。满足关系就成了关于结构、赋值和公式的三元关系，而 "真" 就成了关于结构和句子的二元关系。如果一句句子在一个结构中真，我们就称该结构是该句子的模型。这种现代模型论的真定义直到 (Tarski and Vaught, 1957) 才明确给出。

事实上，除了详尽地给出真的形式定义之外，塔斯基在长达 159 页 (按波兰语原版) 的论文中，投入了相当大的篇幅解释这种合成的定义方式何以必要，以及为什么真定义只能在特定的形式语言中被给予。

使用**结构描述名** (structural descriptive name) 来指称句子，是塔斯基真

定义的主要特点。为了论证使用结构描述名的必要性，塔斯基以日常语言中使用**引号名** (quotation-mark name) 来指称句子作为候选方案，并说明这是不合适的。如果用引号名来指称句子的话，塔斯基首先给出了一个例子：

$$\text{"正在下雪" 是真句子，当且仅当正在下雪。} \tag{1.1}$$

为了让 (1.1) 成为真定义的一个例式，真定义就应该形如

$$\text{对任意 } p, \text{ "}p\text{" 是真的，当且仅当 } p \tag{1.2}$$

或

$$\text{对任意 } x, \text{ 如果 } x \text{ 是真句子，那么存在 } p, x = \text{"}p\text{" 并且 } p\text{。} \tag{1.3}$$

但是，这里引号名 "p" 应该被看作是一个完整的专名，事实上在日常的理解中指称了一个字母。"我们没有正当理由可以替换作为引用名一部分的 'p' 中的字母 (正如我们不可以替换 "true" 一词中的字母 "t" 一样)"(Tarski, 1933, p. 160)。换句话说，"p" 中并不含有变元 p。因此，由 (1.2) 可以得到 "'p' 是真的，当且仅当 α" 以及 "'p' 是真的，当且仅当 $\neg\alpha$"，因而是矛盾的。而 (1.3) 的一个推论是：" p" 是唯一的真句子。这显然是荒谬的。而如果可以在元语言中运用结构描述名来指称对象语言的句子，这种名称本身就携带了所指句子的语法结构的信息，并且这些信息正好是判定其真假所需要的全部信息，我们就可以期待一个关于真的语法定义了。

为了论证无法对特定的语言 (如日常语言) 给出恰当的真定义，塔斯基给出了关于真定义的两条标准。

第一条标准是**形式正确** (formally correct)，即真定义必须有如下形式：

$$\forall x\big(T(x) \leftrightarrow \varphi(x)\big), \tag{1.4}$$

其中，φ 是元语言中的公式，不能含有 T。由于元语言中只有 T 这一个指称语义概念的符号 (除非对象语言中已经有指称语义概念的符号了)，所以对真的定义应该是不涉及其他语义概念的。直观上，φ 可以看作是以 x 为输入的运算，它先判断 x 是不是一句句子的结构描述名，再解码其包含的结构信息并由此判断是否为真。

真定义必须符合的另一条标准是**实质恰当** (materially adequate)，也即塔斯基的 T-约定："一个形式正确的对 T 的定义是*恰当的*"，则所有形如

$$T(x) \leftrightarrow p \tag{1.5}$$

的命题 ("把其中的 x 替换为对象语言任意一句句子的结构描述名，把 p 替换为该句子在元语言中的翻译") 都可以由该真定义和元语言的公理推出。

塔斯基认为如果一种语言足够强，以至于能谈论自己的语义，尤其是真概念的话，就会出现前文所说的说谎者悖论。因而，关于日常语言的真定义是不可能的。也因此，关于某个语言的真定义只能是在更强的元语言中发生的，即我们期望元语言能谈论对象语言的语义，而对象语言必须不能谈论自己的语义。

具体而言。假设对象语言就是元语言，并且我们可以找到该语言中的一句句子 σ 和它的结构描述名 $\ulcorner\sigma\urcorner$，使得 $\sigma \leftrightarrow \neg\varphi(\ulcorner\sigma\urcorner)$。由(1.4)，$\sigma$ 所指称的句子似乎就是在说 "我不真"，即 $\neg T(\ulcorner\sigma\urcorner) \leftrightarrow \sigma$。再由(1.5)，$T(\ulcorner\sigma\urcorner) \leftrightarrow \sigma)$ 是该定义与元语言中那些公理的推论。因此，关于该语言的任何同时满足真定义标准(1.4)和(1.5)的真定义与公理矛盾。

这里的关键是找到 "我不真" 这句话和它的结构描述名。这在日常语言中是平凡的，而在算术或更强的形式语言中的存在性则是由哥德尔不动点引理 (Gödel's fixed point lemma) 给出的。

引理 1.1 (哥德尔不动点引理) 给定语言 $\mathcal{L}$。令 Σ 是语言 $\mathcal{L}$ 的一个理论 (句子集)，并且 Σ 足以证明关于形式系统语法的诸事实，那么对任何 $\mathcal{L}$ 公式 $\psi(x)$ (其中只有 x 是自由变元)，都存在一个 $\mathcal{L}$ 句子 σ 和它的结构描述名 $\ulcorner\sigma\urcorner$，使得下述句子是 Σ 的推论：

$$\sigma \leftrightarrow \psi(\ulcorner\sigma\urcorner).$$

对哥德尔不动点引理的类似运用可以得到塔斯基真不可定义定理 (Tarski, 1936)。

定理 1.2 (塔斯基真不可定义定理) 令 $\mathcal{L}$ 为一阶算术语言，$\mathfrak{N}$ 是对 $\mathcal{L}$ 的标准算术模型解释。$T \subset \mathbb{N}$ 是所有 $\mathfrak{N}$ 解释下为真的句子的哥德尔编码 (Gödel number，一种结构描述名) 组成的自然数集合，那么 T 是 $\mathfrak{N}$ 中不可定义的。

如果说逻辑学的研究目标就是掌握关于真的规律，那么对 "真" 本身的研究无疑是逻辑学的核心。哥德尔完备性定理 (Gödel's completeness theorems) 和塔斯基真不可定义定理 (Tarski's undefinability theorem) 须在接受塔斯基真定义的前提下才有其通常被理解的意义。这种赋予技术成果以意义的工作无疑是哲学的，它甚至可以在一定程度上与那些技术性工作相互

独立。本例中, 该定义的正式发表甚至晚于哥德尔完备性定理。①塔斯基本人对这个工作的哲学属性有明确的自觉:

> ……当前的工作在方法论上脱离了主流研究。它的中心问题——构造真句子的定义并为真理论奠定科学的基础——属于知识论, 并且构成了这一哲学分支的主要问题。因此, 我特别希望这个工作将会激起知识论学者的兴趣, 并且他能够给予该工作的成果以批评性分析并判断这些成果在该领域后续研究中的价值。我希望他不会因为这里的概念分析装置和所使用的方法 (有些地方确实很难, 并且迄今未在他所工作的领域被使用过) 而气馁。
> (Tarski, 1933, p. 267)

塔斯基这里所说的方法无非是指包括递归定义在内的形式化方法。以今天的标准来看, 塔斯基真定义并不算很复杂的工作, 事实上他的工作在哲学界也的确如其所愿地激励了一批学者。

1.1.5 图灵对能行过程的刻画

20 世纪 30 年代, 数理逻辑领域的另一项重要成就是对能行 (effective) 或机械 (mechanical) 过程的刻画。

什么是能行的或机械的, 看起来像是纯技术甚至是工程学的问题, 实际上却与人对自身的认识这类古老的哲学话题密切相关。人类总是通过与周遭事物的比较、区分来认识自己的。例如, 亚里士多德在《论灵魂》(De Anima) 中, 将灵魂的能力分为营养、知觉与心灵。植物具有营养的功能, 动物具有营养与知觉功能, 而人类拥有全部三种灵魂的能力。亚里士多德对于使得人类区别于其他物种的心灵的描述是: "灵魂的一部分, 通过它灵魂认识 (know) 并理解 (understand)。"(Shields, 2016)

随着技术以及人对自身认识 (如解剖学) 的进步, 人类自我认同遇到了新的挑战——机器。这并不是指某一台具体实现了的机器, 而是机器这个概念。人们发现, 但凡某个人类的机能可以被清晰明白地刻画出来, 那么往往就能制造一台机器来实现它。例如, 随着工业革命的发展, 人类双手的的神秘性逐渐消失, 人手的功能原则上都能使用机器来替代。更严峻的是, 一般被认为属于心灵能力的智力活动也逐渐可以通过机器来实现了。帕斯卡 (Pascal, Blaise) 在 17 世纪中叶就设计制造了第一台能实际使用的加法计算器帕斯卡利娜 (Pascaline)(见图1.1), 以帮助其父亲完成计税工作。

---

① 首次发表于 (Gödel, 1929)。

图 1.1　帕斯卡利娜 (Pascaline)①

　　无论是试图找出机器与人之间的差别还是试图论证人就是机器，都必须给出关于机器的严格刻画。要论证前者，就要找到某种人的能力并证明其不是机器的，这就需要明确给出机器的界线。而要论证后者，即说明人的并不比机器的更多，这甚至需要给出人的界限以及机器的界限。而对能行或机械过程的刻画，正是为机器划界的一种努力。

　　正如希尔伯特 (Hilbert, David) 所言：“只有当我们提炼出一门自然科学的数学内核并将其彻底揭开时，我们才算掌握了它的理论。”(见第 1 页)。运用这些理论解决问题，如工程上的问题，即通过该理论将有关问题归约为一类数学问题。更准确地说，往往是计算问题。例如，*广义相对论 (general theory of relativity)* 的核心是*爱因斯坦场方程组 (Einstein field equations)*。而在 GPS(Global Positioning System) 中基于相对论效应对卫星和地面控制台原子钟由于相对运动和引力位 (gravitational potential) 所产生的偏差的校准就被归约为一套机械的计算程序内植于卫星、控制台和终端中 (Parkinson and Spilker, 1996, ch. 18)。而我们日常应用中所进行的计算几乎全部可以被归约为或近似地归约为自然数结构上的算术运算。因此，当我们谈论机械过程时，我们实际谈论的是进行算术运算的机械过程。

① 图片来源: https://en.wikipedia.org/wiki/Pascal's_calculator。

那么，是不是所有算术问题都可以被能行地解决，或者说是不是任何自然数上的函数①都有一个机械过程来计算它？抑或更保守一点，是不是凡是能被精确表达的问题或函数都能被能行地解决，正如希尔伯特等当时的数学家们所期望的那样？例如，加法函数通常被定义如下：

$$x + 0 = x,$$
$$x + (y + 1) = (x + y) + 1.$$

该函数的定义本身就暗示了计算它的过程。

希尔伯特的期待是可以理解的。要说明某个函数有能行的解法，我们只需要给出计算该函数的一个具体程序并证明该过程确实能正确计算这个函数就行了。要说明某类函数全都有能行的解法，往往只需要找到一个通用 (universal) 函数，并给出计算该通用函数的机械过程就行了。例如，塔斯基的真函数 (将每句算术句子对应于它的真值) 就是一个通用函数，而如果像希尔伯特所期望的那样，找到算术的一个公理系统并证明它是完备且一致的话，似乎就可以能行地解决所有算术问题了。② 然而，如果关于这些问题的答案是否定的话，我们该如何证明它？

看起来，我们只需要找到一个函数，并证明它不是能行或机械可计算的就行了。而要证明这点，即证明不存在一个能行或机械的过程能够计算这个函数，就需要遍历所有的能行或机械过程。遍历所有能行或机械过程的前提是：概念 “能行的” 或 “机械的” 有一个明确的界线。当我们说一个方法或过程是能行的或机械的时候，我们到底指的是什么意思？

首先，(1) 一个能行的或机械的过程必须仅依赖一组有穷的指令集，每条指令也必须是有穷的。正如一个计算器就其基本单元的数量而言，一个计算机程序就其本身所含字符数而言是有穷的。否则，即如果我们允许无穷指令集的话，对任何函数，我们只需要把它全部信息 (每组输入对应的输出) 写入指令集，那么该指令集就成为可以计算该函数的过程了。而这显然不符合我们关于能行或机械过程的直观。

其次，(2) 当我们说一个方法或过程能行地计算某个函数时，我们要求对任何一组输入这个方法都能在可识别的有穷步内得到期望的结果。或许有人会指出，某个机械过程可以每一步都有一个临时的输出并逐渐逼近期望的结果，或者说它每一步输出的极限就是期望的结果。但这里所考虑的是自然数上的运算，一个无穷的自然数序列有极限当且仅当它在有穷步内就

① 一个自然数上的 n 元函数是一个特殊的自然数上的 $n + 1$ 元关系，它将每个 n 元自然数组对应于至多一个自然数。参见 (郝兆宽、杨睿之、杨跃，2014, p. 10)。

② 此即希尔伯特纲领 (Hilbert's Program)。哥德尔不完备性定理、塔斯基真不可定义定理以及将要提到的图灵 (Turing, Alan M.) 等人的工作从各个层面证明，希尔伯特纲领是不切实际的。

收敛了。所以，期望的结果要么通过该方法在有穷步内就能得到，要么该方法在这组输入下无法得到期望的结果因而无法能行地计算目标函数。

再次，(3) 能行或机械的方法只须严格按照其指令集运行即可保证成功，而不依赖任何洞见 (insight) 或灵机一动 (ingenuity)。

有些定义还要求，(4) 能行方法原则上能由一个人在不借助除纸笔以外工具的情况下独立完成。这里的 "原则上" 是指抽象掉一些具体的生理或物理上的限制，如人类的寿命、全世界木材总量 (限制了纸张的数量)、宇宙物质总量等。这里有关的只是人类进行计算的那种能力，或者说是亚里士多德所说的那种名为心灵的灵魂，也即一种形式 (form)。①

以上四条标准的前两项比较明确。标准 (4) 有一定的争议。在这条标准下，任何机器的计算能力原则上不超过人类。而标准 (3) 是限制 "能行" 或 "机械" 概念的关键，却比较模糊。哥德尔不完备性定理、爱因斯坦场方程组、麦克斯韦方程组不算洞见或灵机一动？我们不确定这里的洞见或灵机一动是指天才相对于普通人而言的能力还是某种超越人类的能力，是指超越经典物理抑或是超越任何物理理论可解释的现象。因此，仅仅这几条标准尚不足以作为能行或机械的精确定义。

20 世纪 30 年代，哥德尔 (Gödel, Kurt)、丘奇 (Church, Alonzo) 和图灵 (Turing, Alan M.) 分别以看似非常不同的方式给出了关于能行可计算函数的严格定义。它们分别是*递归函数* (recursive function)、*λ-可计算函数* (λ-computable function) 和*图灵机可计算函数* (Turing computable function)。

λ-演算

  λ-可计算基于丘奇发明的 λ-演算 (λ-calculus)。λ-演算由一组递归定义的*λ-表达式* (λ-expression) 和若干归约规则组成。

  定义 1.3 (λ-表达式) 假设我们有可数无穷个变元。

(1) 每个变元 x 是 λ-表达式；

(2) 如果 x 是变元，t 是 λ-表达式，那么 $\lambda x.t$ 是 λ-表达式，我们称之为一个 *λ-抽象*；

(3) 如果 t, s 都是 λ-表达式，那么 ts 是 λ-表达式，我们称这是一个应用；

(4) 除此以外没有别的 λ-表达式。

---

① 亚里士多德关于灵魂与身体的区分是其形式与质料 (matter) 之区分的一个实例。

18

直观上，λ-抽象是一种函数构造方式。例如，$\lambda x.x+1$ 表示输入 x 输出 $x+1$ 的函数，也即后继函数。而应用表示一个将一个变量输入一个函数得到的值。例如，$(\lambda x.x+1)x$ 表示将 x 输入后继函数得到的值，也即 $x+1$。对应用的直观的理解由接下来要定义的 β-归约 (β-reduction) 来刻画。

类似谓词逻辑，λ-演算中也有变元的自由出现和约束出现的概念，可以被递归定义如下。

定义 1.4 (自由变元(λ-演算))

(1) x 中有且仅有自由变元 x；

(2) $\lambda x.t$ 中的自由变元是除 x 以外的 t 中的自由变元，此时我们称 t 中的 x 是在 $\lambda x.t$ 中约束出现的或 $\lambda x.t$ 中出现的 x 是一组约束变元；

(3) ts 中的自由变元是 t 中或 s 中的自由变元。

直观上，x 是自由变元即没有出现在某个 λx 的辖域中而被 "约束" 住。

我们称 λ-表达式 t 与 s 是 α-等价的或 t 是 s 的 α-归约 (α-reduction)，当且仅当 s 是通过替换 t 的若干组约束变元得到的。这类似于谓词逻辑的约束变元替换定理 (参见 (郝兆宽、杨睿之、杨跃, 2014, p. 81))。

接下来，我们定义一个关于 λ-表达式的正则代入算子。

定义 1.5 (正则代入 (λ-演算)) 假设 x, y 是变元, t, s, r 是 λ-表达式。我们定义：

(1) $y[x := r] =_{\mathrm{df}} \begin{cases} r, & \text{若 } y = x, \\ y, & \text{否则。} \end{cases}$

(2) $(\lambda.yt)[x := r] =_{\mathrm{df}} \begin{cases} \lambda y.(t[x := r]), & \text{若 } x \neq y \text{ 且 } y \text{ 不是} \\ & \quad r \text{ 中的自由变元,} \\ \lambda y.t, & \text{否则。} \end{cases}$

(3) $ts[x := r] =_{\mathrm{df}} (t[x := r])(s[x := r])$。

其中，唯一需要解释的是第二条子句。直观上，正则代入仅替换自由变元。如果 x 等于 $\lambda y.t$ 中的 y 的话，其中的 x 就是约束出现的，因而不作代入。另一方面，如果 y 是 r 中的自由变元，那么如果用 r 代 x 就会使得 r 中原本自由出现的 y 变得约束出现了，这会造成 λ-表达式预期语义的意外变化。例如，假设 $x \neq y$，则 $\lambda y.x$ 表示一个常值为 x 的函数，如果 y 不在 r 中自由出现，那么 $\lambda y.x[x := r] = \lambda y.r$ 是一个常值为 r 的函数。但如果 $r = y$ 并且我们允许它代替 x，就会得到 $\lambda y.y$，变成一个等同函数了。

我们定义，S 是 T 的 β-归约当且仅当存在 T 的一个子表达式 $(\lambda x.t)r$，使得 S 是通过将 T 的某一处 $(\lambda x.t)r$ 替换为 $t[x := r]$ 得到的。直观上，$t[x := r]$ 就是把函数 $\lambda x.t$ 应用到 r 所得到的"计算结果"。我们说两个 λ-表达式 t, s 是 β-等价的，当且仅当 $t = s$ 或存在一个有穷序列 $\langle s_0, \ldots, s_n \rangle$ 使得：$s_0 = t, s_n = s$，且对任意 $0 \leq i < n$，要么 s_i 是 s_{i+1} 的 β-归约，要么 s_{i+1} 是 s_i 的 β-归约。

接下来，我们运用 λ-表达式来表达一些算术对象。首先是自然数。

定义 1.6 (丘奇数)

$$0 =_{\mathrm{df}} \lambda f.\lambda x.x,$$
$$1 =_{\mathrm{df}} \lambda f.\lambda x.fx,$$
$$2 =_{\mathrm{df}} \lambda f.\lambda x.f(fx),$$
$$\cdots\cdots$$
$$n + 1 =_{\mathrm{df}} \lambda f.\lambda x.\underbrace{f(\cdots(f\,x)\cdots)}_{n+1\text{个}f}。$$

直观上可以这样理解：自然数被定义为一些关于函数的函数，0 把所有函数映射为等同函数，$n + 1$ 把函数 f 映射为对其自身做 n 次复合得到的函数。由此，我们可以定义后继函数为

$$\mathrm{succ} =_{\mathrm{df}} \lambda n.\lambda f.\lambda x.f(nfx),$$

定义加法函数为

$$\mathrm{add} =_{\mathrm{df}} \lambda m.\lambda n.\lambda f.\lambda x.mf(nfx),$$

定义乘法函数为

$$\text{mult} =_{\text{df}} \lambda m.\lambda n.\lambda f.m(nf)。$$

定义 1.7 (λ-可计算) 令 $F : \mathbb{N} \to \mathbb{N}$ 是自然数上的函数。我们说 F 是 λ-可计算的，当且仅当存在一个 λ-表达式 f，使得对任意 $n, m \in \mathbb{N}$，有 $F(n) = m$ 当且仅当 fn 与 m β-等价。

更多关于 λ-演算的内容可以参考 (Alama, 2016) 和 (Barendregt, 2012)。

递归函数

递归函数 是通过递归定义的一类函数。其中，初始函数包括零函数

$$Z(x_0, \ldots, x_n) = 0、$$

后继函数

$$S(x) = x + 1$$

以及投影函数

$$\pi_i^n(x_0, \ldots, x_n) = x_i \qquad (i \le n)。$$

原始递归函数是由初始函数通过函数复合和原始递归生成的函数。而递归函数的构造还允许使用正则极小算子 (regular μ-operator)。更详细的介绍参见 (郝兆宽、杨睿之、杨跃, 2014, 第七章)。

我们现在知道，这些刻画都是彼此等价的。这给了我们很强的经验证据，即这些定义的确正确刻画了能行或机械概念。这也就是人们所说的丘奇-图灵论题 (Church-Turing thesis)。然而，在这些等价的定义中，图灵通过图灵机 (Turing machine) 所做的刻画被认为是最符合人们对能行或机械过程的直观的。哥德尔曾给予图灵的工作以高度评价，并常把图灵的刻画作为所有这些等价刻画的代表。根据王浩的报道 (Wang, 1996, 7.3.1)，哥德尔曾说："我们之前就已经有了关于机械过程的精确概念，但直到了解了图灵的工作之后，我们才清晰地感知 (perceive) 到它。"

由于篇幅原因，这里仅简单介绍图灵机的定义、整篇文章的结构和论证

思路，希望可以将 (Turing, 1937) 作为一篇分析哲学的范文呈现给读者。

图灵机是一个严格的数学概念，一台图灵机由有穷字母表、有穷状态集、有穷指令集决定。直观上来说，图灵机运行在一条有无穷个方格向左右延伸的纸带上，有一个读写头可以在纸带上读写字母表中的字母，图灵机在每个时刻都处于状态集中的某个状态下。图灵机根据指令集、当前读到的字母和当前状态来决定下一步的操作，可以是让读写头向左或向右移动一格或在当前方格擦写一个字母，如图 1.2 所示。更详细的介绍可以参考 (郝兆宽、杨睿之、杨跃, 2014, p. 132)。

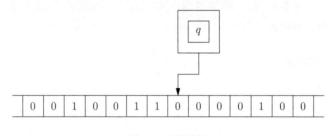

图 1.2　图灵机

图灵论文的第一节直截了当地给出了**计算机器** (computing machine) 的数学定义，也即我们现在所说的图灵机的定义。该节刻意回避了关于该定义是否符合某种直观的讨论："直到第九节之前，我们不会真正地去为这里给出的定义辩护。"(Turing, 1937, p. 231) 第二节进一步定义了什么样的计算机器是**自动机器** (automatic machine)，以及什么是**循环** (circular) 和**非循环** (circle-free) 的机器。前者就是我们现在所说的确定性的图灵机(deterministic Turing machine)，它在每一种情况下至多有一条合适的指令指导其下一步操作，因为如果有多条的话，就需要外界干涉来选择执行哪一条指令。循环的机器可以被大致类比于一个会陷入死循环或无进一步指令的计算机程序。一个**可计算的数** (computable number) 就是由一个非循环的机器写下来的无穷 01 序列。①

在第三节中，图灵给出了计算机器的一些例子。例如，能写出 0 1 0 1 0 1 . . . 和 0 0 1 0 1 1 0 1 1 1 0 1 1 1 1 0 1 1 1 1 1 . . . 等 01 序列的非循环自动机器。第四节则是介绍了一些描述计算机器的缩写方式以方便写出更复杂的机器。这两节主要是通过直观的例子让读者熟悉前两节的定义，也为接下来的证明做准备。

---

① 显然，图灵这里的数 (number) 是指类似于实数的无穷 01 序列，它们也可以被看作是定义在自然数集上以 {0,1} 为值域的函数。在集合论中，所有无穷 01 序列组成的集合 2^ω 可以构成康托尔空间 (Cantor space)，它与实数集 $\mathbb{R}$ 等势。

第五节给出了对所有可计算 01 序列的一个枚举。实际上是给出了对图灵机的编码，并通过这些编码枚举所有图灵机机器运行结果，这使得第六、第七节关于通用图灵机的构造成为可能。第八节运用通用图灵机构造定义了不可计算的对角线函数。由此，如果假设丘奇-图灵论题成立的话，我们之前的问题得到了否定的答案，即存在不可计算的函数，甚至我们可以严格定义一个不可计算的函数。

第九节可能是全篇最精彩的部分。在本节中，图灵尝试为丘奇-图灵论题辩护。我们知道，这不可能是一个数学证明，因为无论是"能行的"还是"机械的"都是模糊不清的。这是关于某个严格的形式化定义是否正确地刻画了一个模糊的非形式概念的哲学论证。图灵在本节开篇就明确了这部分内容的定位。

> 【本文】到此为止尚未试图证明"可计算的"数囊括了所有会被自然地认为是可计算的数。对此，所有可以被给出的论证都注定是从根本上诉诸直观的，也因此是在数学上不令人满意的。(Turing, 1937, p. 249)

图灵区分了三种"从根本上诉诸直观的"论证：

(1) 直接诉诸直观的论证；

(2) 证明两种不同的定义等价；

(3) 给出一大类"被自然地认为是可计算的数"，并证明它们是可计算的。

其中，后两条都是间接地诉诸直观的，即考虑人们对于那些直观的理解所形成的经验。第二条是对丘奇-图灵论题最常用的论证，即人们基于各自的直观给出了关于"能行"和"机械"的定义，通过经验归纳这些定义，发现它们互相等价，以此作为所有可能的定义全都刻画了同一个直观的经验证据。第三条是指收集大量人们通过各自直观认定为可计算的函数并证明它们是图灵可计算的，从而经验地使人相信图灵可计算概念确实囊括了所有可能"被自然地认为是可计算的"东西。这两种归纳都是仅涉及正面证据，可以加强我们对于丘奇-图灵论题的信心——正如每探测到一次引力波或其他时空扭曲事件符合爱因斯坦 (Einstein, Albert) 的预测就会增加我们关于该理论正确刻画了物理世界规律的信心一样。

图灵在第九节中给出的论证是直接诉诸我们对于"能行"或"机械"的直观的。其中涉及一个数学证明，证明了存在皮亚诺算术 (Peano arithmetic) 的一个有穷部分 PA^- 使得：一个函数是图灵机可计算的，当且仅当能被 PA^-

表示。①这本身可以作为上面所说的第 (2) 种论证的论据，同时也可作为整个第九节直接诉诸直观的论证的一部分。接下来，笔者试着简单重现这部分论证。

图灵显然预设了第 18 页提到的关于能行或机械过程的标准 (4)，即能行过程必须是原则上人能完成的 (能行可计算 ⇒ 原则上人能计算)。检验图灵机的定义容易接受凡是图灵机可计算的确实是一般认为的可计算的 (图灵机可计算 ⇒ 能行可计算)。如果能论证所有原则上人能完成的计算过程也可以由图灵机完成 (原则上人能计算 ⇒ 图灵机可计算)，那么就可以得到"图灵机可计算 ⇔ 能行可计算"了。要论证"原则上人能计算 ⇒ 图灵机可计算"，理想的情况是"原则上人能计算"有一个严格的数学定义。然而，这样的定义是否合适仍然需要辩护。图灵在这里以一套精彩的分析终结了无穷倒退。

图灵从对一个理想的计算者 (computer)②的计算过程的分析出发，试图将她的"操作分解为基本的'简单操作'以至于很难想象再怎么继续划分了"(Turing, 1937, p. 250)。

首先，一个计算者总是需要使用一些纸张来工作。其次，需要有一套符号 (字母表) 供计算者在纸张上记录。我们可以假设纸上画着方格，符号必须写在方格中，正如儿童的写字练习簿一样。由于我们可以证明使用方格二维展开的纸张 (无论是一片有无穷个格子二维展开的纸，还是无穷张有穷格子的纸张的序列) 与使用一维的纸带 (即纸带被分为格子向左右无穷展开) 工作没有本质的区别。③不妨假设计算者总在一维纸带上工作，并且可以假设字母表总是有穷的。

> **图灵关于符号有穷的论证**
>
> 有趣的是，图灵在 (Turing, 1937, p. 249) 脚注中关于"能被印刷出来的符号是有穷的"的论证并没有像当代物理主义者那样直接诉诸普朗克长度 (Planck length) 下测不准等物理结果，而是提供了一个有趣的数学证明。
>
> 图灵假设符号总是被印刷在一个 1×1 的方格上的，即所谓的符号都是 $[0,1] \times [0,1]$ 的一个子集。为了刻画符号之间的

---

① 函数 $f : \mathbb{N} \to \{0,1\}$ 能被 PA^- 表示，即存在一个一阶算术公式 $\varphi(x)$，对任意 $n \in \mathbb{N}$，$\mathrm{PA}^- \vdash \varphi(n) \Leftrightarrow f(n) = 1$。图灵原文中的"$\mathfrak{A}$ 定义 (defines) a"就是我们这里所说的"一个公理系统 $\mathfrak{A}$ 可以表示一个函数 a"。

② 现在，computer 往往被用来指称计算机或电脑。而在当时，computer 指的是那些被雇佣以科学研究或其他目的做计算的人，且往往是女性。

③ 本质的区别指：按照不同的刻画，会导致有的函数在一种刻画下可计算，而在另一种刻画下不可计算。下同。

区别，图灵假设符号都是勒贝格可测 (Lebesgue measurable) 子集。即使如此，如果作为集合来考虑，也会有 $2^{2^{\aleph_0}}$ (这是一个非常大的无穷) 个不同的符号。但有些符号之间恐怕很难区分。图灵将符号之间的距离定义为两个符号 (集合) **对称差**[1]的测度。例如，图 1.3 中的白色部分是符号 "符" 与 "号" 的对称差。由此，我们就得到了一个由所有符号组成的度量空间 (metric space)。这是一个紧致的空间，因此不存在两两不交的无穷邻域集。

图 1.3　符号间的距离

因此，如果我们考虑到识别问题，即把某个符号的某个邻域中的 (如距离它小于 10^{-1000} 的) 所有符号识别为同一个符号，并且不允许混淆 (即那些邻域两两不交) 的话，那么无论**识别精度多高**，也只能分辨有穷个符号。换句话说就是："如果我们允许无穷多个符号的话，那么符号之间的距离会任意小。"(Turing, 1937, p. 249)

如果字母表总是有穷的话，具体限制符号个数也变得不重要了。因为，"总是可以用符号序列来代替一个符号"。计算者在某一时刻会观察到一些纸带上的符号。然而，她在同一时刻至多观察到一定数量的符号。若如此，假设她每个时刻只能观察到一个符号也不会有本质的差别。

此外，计算者某一时刻的行为不仅仅取决于她所观察到的符号，还关系到她当下的**心灵状态** (state of mind)。图灵意识到这是一个复杂的对象，想要从生理学等角度来分析它还不太现实。这里，图灵天才地设想了心灵状态的一种外部对应，而不是像当代一些心灵哲学家、脑科学家一样妄图用扫描大脑活跃片区等方法来解释心灵。

---

[1] 集合 A, B 的对称差 $A \triangle B =_{df} (A \setminus B) \cup (B \setminus A)$。

　　　　计算者总是可以暂停她的工作然后继续这项工作。如果她暂停了她的工作，她必须留下一条**指示笔记** (note of instructions)，以某个标准形式书写，说明这项工作如何继续下去。这条笔记就是 "心灵状态" 的对应。我们假设这个计算者工作得如此断断续续以至于她每次坐下只能工作至多一步。指示笔记必须让她可以进行一步并且写出下一条笔记。(Turing, 1937, p. 253)

　　基于类似符号有穷的理由，人的 "心灵状态" 或其对应的 "指示笔记" 也必须是有穷的。否则，"其中的某些会变得 '任意接近' 以至于被混淆"(Turing, 1937, p. 250)。只是这里我们没法像字母表那样把心灵状态的个数限制为某个特定的自然数。

　　图灵宣称计算者的每一步操作 "完全取决于" 她的当时的心灵状态 (或指示笔记) 以及观察到的纸带上的符号。她能做的操作，当被拆分得尽量简单时，无非是：(a) 改变纸带上的一个符号；(b) 改变关注的方格。我们可以假设计算者在每一步观察的方格和可能改变其中符号的方格都只有一个，而进一步假设这两个方格是同一个也不会带来本质的不同。此外，有理由假设当我们将所关注的方格切换到另一个时，这两个方格的距离总是在某个特定范围之内，如不超过 10^9 格。而这与假设每次只能将注意力移至相邻方格上是没有本质区别的。此外，当执行这些操作时，计算者的心灵状态也可能会改变。因此，"最一般的简单操作总是以下两者之一"：

(A) 改变 (也可能不改变) 当前关注的方格里的符号，同时改变 (也可能不改变) 心灵状态；

(B) 改变关注的方格为左右某个方格，同时改变 (也可能不改变) 心灵状态。

　　因此，计算者进行计算某个时刻的**系统状态** (state of system) 可以通过一个简单的表达式 (符号序列) 来描述，它包括纸带上的符号序列 (有穷)、目前关注的方格在该序列上的位置以及当前的指示笔记。图灵又将这个表达式称作**状态公式** (state formula)。根据图灵的假设，某一步的状态公式必须完全取决于上一步的状态公式，并且这种对应关系 (函数) 能够在 "函数演算"(functional calculus, 不妨就理解为 PA^-) 中表示出来。又根据 PA^- 可表示与图灵机可计算的等价性，计算者的整个计算过程也就是图灵机可计算的了，从中不难提取出她的计算结果。因而，"原则上人能计算 $\Rightarrow$ 图灵机可计算"。

　　严格来说，图灵的论证仍然有可商榷的地方。例如，假设能行可计算的必须是原则上人可计算的；假设计算者的操作总是完全取决于当前的心灵状态和观察到的符号；以及假设心灵状态总是有穷的。[1]然而，图灵的整个分析过程 (包括将能行或机械过程归约为一个理想的计算者的计算过程，以及对该计算过程的尽可能的拆解，对每个 "不失一般性" 的论证) 既严谨又充满智慧，不失为分析哲学史上的典范之作。

以上，笔者介绍了从弗雷格到图灵等人的工作。这些工作大多被认为是现代逻辑学奠基性的成果，也大多在哲学界受到广泛重视，甚至被奉为经典。这些工作是数理逻辑与分析哲学共同之诞生的见证。不仅如此，它们或许是第一批见证了自笛卡尔 (Descartes, René)、莱布尼茨乃至康德以来的梦想——让哲学成为一门可以进步的科学——是可实现的工作。

1.2 分道扬镳

然而，自 20 世纪中叶以后，分析哲学与数理逻辑似乎分道扬镳了，类似的交叉成果鲜有出现。蒯因 (Quine, Willard Van Orman) 的逻辑学工作在当代数理逻辑学界几乎没有影响。[2]普特南 (Putnam, Hilary) 参与证明了 MRDP 定理，但这基本上被认为是一个纯数学的结果，哲学上的影响很小。

> **MRDP 定理**
>
> MRDP 定理解决了希尔伯特第十问题。希尔伯特第十问题要求寻找一个算法来判定给定的**丢番图方程** (Diophantine equation) 是否有解。丢番图方程是一种整系数多项式方程，含有一个或多个未知数，未知数的解也必须是整数。例如，$x^2 + y^2 = z^2$ 有无穷多解，费马 (Fermat, Pierre de) 在 1637 年猜测 (并声称证明了)，对任意整数 $n > 2$，$x^n + y^n = z^n$ 没有非平凡的整数解，怀尔斯 (Wiles, Andrew) 在 357 年后证明了这点。希尔伯特希望找到一个能行的算法，输入任何一个丢番图方程，它都能在有穷步内正确返回该方程是否有整

---

[1] 哥德尔批评图灵关于只有有穷可辨别的 "心灵状态" 的论证是一个**哲学错误** (philosophical error)。他说："图灵完全忽视了的是，*心灵在发挥作用时不是静止的，而是不断发展的……因此，尽管在每一个阶段我们能够处理的抽象词项的数量和精度可能都是有穷的*，但两者 (因而也包括图灵的可辨别心灵状态) 都可能在运用这套程序的过程中收敛于无穷。"(Gödel, 1972)

[2] 蒯因在 (Quine, 1937) 中提出了一套集合论公理，即现在被称作 NF(New Foundation) 的公理系统。蒯因本意在于使用尽可能少的公理模式。事实上，NF 只包含一条外延公理和一组分层概括 (stratified comprehension) 公理模式。然而，NF 并没有获得太多的关注，甚至它相对于 ZF 或相关系统的一致性还尚未解决。参见 (Forster, 2014)。此外，蒯因也撰写了若干本逻辑学教材：(Quine, 1940)、(Quine, 1941)、(Quine, 1950)。但今天的逻辑学教学已不再使用甚至提及这些教材。

> 数解。
>
> 在哥德尔不完备性定理和图灵等人发现存在可定义而不可计算的函数后, 人们就开始预期希尔伯特第十问题可能有否定解。因此, 普特南等人的结论并不令人意外, 它在哲学界产生的影响也远不如之前的两个结果。

克里普克 (Kripke, Saul) 关于模态逻辑语义的工作可能是唯一的例外。在此之前, 由刘易斯出于对实质蕴涵的不满而开创的那种非经典逻辑 (见第 8 页 1.1.3 小节) 经哥德尔的发展 (Gödel, 1933) 在语法上已基本呈现为当代形态。由此逐渐形成了我们今天所熟悉的各种模态逻辑公理系统。

哥德尔模态逻辑公理系统

哥德尔将模态词从命题演算中分离出来。例如, $p \prec q$ 变成了 $\Box(p \to q)$[①], 并且给出了现代版本的 S4 公理系统, 其中包括命题演算的公理和推演规则、关于模态词的公理:

T　　　$\Box p \to p$

K　　　$\Box p \to \Box(p \to q) \to \Box q$

4　　　$\Box p \to \Box\Box p$

以及必然化规则: 由 p 可证, 可得 $\Box p$ 可证。

并且, 人们逐渐意识到模态逻辑可以被用于分析各种 "二阶" 哲学概念。只是, 在塔斯基给出一阶逻辑的语义三十年之后, 类似的模态逻辑语义仍付之阙如。当然, 在克里普克之前, 模态逻辑的代数语义学已经有一定的发展, 只是代数语义被认为本质上是模态逻辑语法的伪装, 而且缺乏直观。克里普克在 (Kripke, 1963) 中完整给出了现代版本的可能世界 (关系结构) 语义学, 这使得模态逻辑得以成为某种意义上经典的非经典逻辑, 并且被广泛应用于对证明、认知、道义、时间等哲学概念的分析。

不过, 克里普克的工作在数学上还是相对平凡的。事实上, 荣松 (Jónsson, Bjarni) 和塔斯基的工作 (Jónsson and Tarski, 1951)(Jónsson and Tarski, 1952) 从某种意义上已经暗示了关系结构语义学 (relational semantics) 的完备性定理。尽管如此, 克里普克的工作再一次向我们展示了将形式化工具运用于哲学研究的力量。

[①] 哥德尔在原文中使用 B 作为德文 *beweisbar* (可证) 的缩写。

然而,更普遍的现象是,数理逻辑在分析哲学界逐渐被遗忘。塞尔 (Searle, John) 关于美国分析哲学现状的一份报告 (Searle, 1991) 甚至涵盖了罗尔斯 (Rawls, John) 的政治哲学, 却 "对逻辑学的纯技术工作没什么可说的"。有些忽略甚至是有意的。普勒斯顿 (Preston, Aaron) 在对分析哲学史的反思中说道: "上个世纪在形式系统上的投入获得的产出太小, 以至于没有理由继续这种程度的投入。"(Preston, 2007, p. 23)

与此同时, 随着公理化集合论, 尤其是策梅洛-弗兰克尔集合论 (Zermelo-Fraenkel set theory, 缩写为 ZFC) 的成功 (ZFC 系统在实践上被数学家普遍接受为他们工作的基础), 越来越多的数学家、逻辑学家甚至集合论学家选择拥抱形式主义 (formalism)。正如谢拉 (Shelah, Saharon) 在 (Shelah, 1993) 中的自白: "证明定理的意思就是在 ZFC 中证明它。" 即使哥德尔不完备性定理逐渐为主流数学界所理解也没能减缓这个趋势, 因为这是一种比希尔伯特更朴素的形式主义, 它把数学归为 ZFC 却并不诉求对于 ZFC 本身的辩护。

在笔者看来, 分析哲学与数理逻辑的分道扬镳带来了一系列有趣的问题。到底是哪些因素造成了两者的分离? 这一现象的背后是否有人为的推动, 抑或纯粹是历史的偶然? 如果是人为的推动, 其背后是否有严肃的学理上的考量以支持两者摆脱彼此的束缚各自发展? 这些考量是否充分, 其依据是否有效? 如果是一系列偶然事件造成了分离的现状, 这些情况是否可以避免, 抑或早晚会发生?

要找寻造成分析哲学与数理逻辑从共同起源到分道扬镳这一状态变化的原因, 首先能做的是去寻找具有相关性的变化。回顾分析哲学简短的历史不难注意到, 在差不多同一时期 (20 世纪中叶), *日常语言哲学* (ordinary language philosophy) 兴起, *语言学转向* (linguistic turn) 被广泛接受为分析哲学运动的主要内涵, 而盛行于当代的自然主义 (naturalism) 也是从那个时候崛起的。而在数理逻辑方面, 那个时期最有影响的成果无疑是连续统假设 (continuum hypothesis) 独立性的证明。以下, 笔者试图分析这些线索的相关性以及可能的内在联系。

1.2.1 形式语言 vs. 日常语言

一些分析哲学家将分析哲学运动理解为哲学的语言学转向。这股思潮认为哲学的本质是语言分析, 语言哲学是第一哲学, 或者通过语言分析可以消解一切哲学问题。弗雷格因为他所提出的语境原则而被达米特、肯尼 (Kenny, Anthony) 等人追奉为这股思潮的起源。

如果说分析哲学诞生于 "语言学转向" 的出现, 那么它的生

> 日必须被定为《算术基础》在 *1884* 年发表的时候，也正是弗雷
> 格做了下面这个决定的时刻：研究自然数的途径是分析出现数字
> 的那些句子。(Kenny, 1995, p. 211)

　　早期分析哲学家确实注重对语言的分析，并认为通过澄清语言中的混淆可以解决或消解很多哲学问题。例如，罗素在《论指称》(Russell, 1905) 中借用弗雷格发明的形式语言重写 (reformulate) 自然语言中的一些命题，以解决诸如 "主词不存在" 等曾经以为的哲学难题。卡尔纳普 (Carnap, Rudolf) 断言许多哲学难题都是由于对语言的误用导致的伪问题 (pseudo-problems)，而这些误用根源于日常语言的模糊性。

　　日常语言哲学被认为是哲学的语言学转向的一个分支，一般指 20 世纪中叶以剑桥大学和牛津大学为中心的一种思潮。晚期维特根斯坦 (Wittgenstein, Ludwig) 被认为是日常语言哲学的主要思想来源。其主要代表人物有维特根斯坦返回剑桥以后的学生，如马尔科姆 (Malcolm, Norman)，以及牛津学派的赖尔 (Ryle, Gilbert)、奥斯丁 (Austin, John Langshaw) 和斯特劳森 (Strawson, Peter Frederick) 等。日常语言哲学的基本信条是：日常语言并没有什么问题，在处理哲学问题时使用日常语言是恰当的。更进一步，一些日常语言学派的哲学家们认为，正是对语言的非日常的 (non-ordinary) 使用才造成了诸多哲学困惑，而在日常的使用中，这些难题并不会出现。

　　日常语言哲学的信奉者往往将维特根斯坦下述格言奉为要旨：

> 就绝大多数情况而言——尽管不是全部情况——当我们采
> 用 "意义" 这个词时，它可以被如此定义：一个语词的意义就是
> 它在语言中的使用。(Wittgenstein, 1958, 43)

他们认为语言的意义在于语言的使用，此即所谓 "意义的使用理论"(use-theory of meaning)。而他们反对的是弗雷格、罗素、塔斯基等人的意义理论。后者试图赋予词项、命题以固定的意义，如所指的对象或真值。他们主张，语言在日常使用中总是依情况而真 (contingent truth)。对日常语言哲学的信奉者来说，哲学的工作仅仅是描述语言的日常使用，而使用日常语言就足以胜任这个工作。

　　主张改造日常语言的学者认为日常语言的模糊性会导致矛盾。而马尔科姆认为，语言的日常使用不仅不会产生矛盾，而且甚至 "'没有日常语言是自相矛盾的' 这个命题本身是一则重言式"(Malcolm, 1942)。

> 因为自相矛盾的表达是绝不会被用来描述任何一种情况的，
> 所以没有日常语言是自相矛盾的。自相矛盾的表达没有描述这个

用途。*一个日常的表达是要被用来描述某一种类的情况的；而因为它会被用来描述某一种类的情况，它就确实描述了那种情况。与之相反，一个自我矛盾的表达不描述任何东西。*(Malcolm, 1942)

显然，马尔科姆通过把所有自我矛盾的表达归为非日常的 (由于 "不描述任何东西") 从而消解或者说回避了这一问题。这是日常语言哲学的信奉者在消解哲学难题时经常使用的技巧。

基于类似的理由，日常语言哲学的信奉者往往拒斥形而上学。首先，语言在形而上学问题中的使用往往是非日常的。例如，哲学家会说 "我看到了我妻子的一些感觉材料" 而不是单单说 "我看到了我妻子"。前者是非日常的，因为说话者必须事先与对方约定特定的语境，否则对方是无法理解的；而后者不必。其次，由于形而上学总是追求*必然真* (necessary truth)，因而一些形而上学论题会与语言的日常使用相冲突，甚至使后者成为不可能。例如，当我们接受 "物质是无法被感知的" 这一形而上学判断为真，那么当我们在日常使用语言时断言 "我感知到某物" 就相当于在说 "我感知到了某个不可感知的东西"，而后者不描述任何情况。与此相对的，语言在科学上的使用虽然也不是日常的，但它同日常语言一样仅*断言依情况而真*，从而不会使得语言的日常使用成为不可能。①

从日常语言哲学的论证中容易看到，对语言的日常使用与非日常使用的区分是立论的关键。然而，日常语言哲学的信奉者往往只是通过举例子来说明存在日常与非日常的使用，或至多给出诸如是否需要额外解释才能被理解等模糊且不完的标准。②事实上，日常语言哲学的信奉者不得不避免给出明确的区分。因为，那不仅不符合他们拒绝必然真的信条，而且一旦承认任何一种严格的区分就会得到形而上学与日常使用之间普遍有效的防火墙，其借以指责进而逃避形而上学问题的论证也就无效了。

日常语言哲学的信奉者不仅认为日常语言是恰当的，足以胜任哲学的研究，同时也认为在哲学中使用理想语言或形式语言是不恰当的。他们反对自莱布尼茨以来试图使语言成为演算的想法。如果语言变成可计算的，例如，如果其中的表达式的意义被规定为一个真值函数，那么它们的意义就是事先给定的，是先于并独立于它们在具体语境中的使用的。这与日常语言哲学的基本原则是相冲突的。

日常语言哲学牛津学派的代表奥斯丁的主要工作是通过观察语言的使

---

① 日常语言哲学与逻辑实证主义 (logical positivism) 同样拒绝形而上学，但基于完全不同的论证。后者试图通过逻辑分析严格区分基于事实而真与逻辑真，并说明形而上学判断不属于任何一种真，既非逻辑有效又无法被证实，因而是无意义的。

② 即使在日常使用语言交流的过程中，语境也是随着交流的推进而变化的。可以说，对每一句话的使用都基于之前的对话所确立的语境，即需要事先的解释才能被理解。

用指出其中非常细微的差别。例如，在婚礼上当新郎说："我愿意 (娶这个女人作为我的合法妻子)。"那么这句话不仅仅描述了一个事实，即它不仅有真假这个维度，还有所谓快乐与不快乐 (happy and unhappy) 或幸福与不幸福 (felicity and infelicity) 的维度。例如，如果说话者在已经结婚了的情况下再说这句话就会被认为是一次无效的言语行为 (misfire)。又如，若说话者并非真诚地想要娶那个女人而只是被胁迫或出于其他的考虑而这么说，那么这就是一种对日常语言的滥用 (abuse)。无论是对语言的无效使用或滥用都被看作是一种不幸，而不在于真假这个维度。奥斯丁将此类句子称作行为表述句 (performative sentence)，由他开创的这套做法被称作言语行为理论 (speech act theory)。①

显然，言语行为理论所处理的细微差别主要在于语句的使用场景而非语句本身的结构。日常语言哲学的实践者们希望用这些例子表明日常语言的丰富性与可塑性。日常语言的精妙往往体现于某些词语的选择，它们或许有相同的所指也不会造成句子结构的改变却可能产生幸福维度的差别。而他们认为形式语言往往是单一维度的，在作为工具用以分析人们日常交流时是十分迟钝的。形式语言的表达力相比日常语言要弱得多。因而，使用形式语言与对其"更准确"或"更精确"的期望是相互矛盾的。

塔斯基在《演绎科学语言中的真概念》一文的结论中写道：

> 那些不习惯于在他们的日常工作中使用演绎方法的哲学家倾向于以轻蔑的态度看待所有形式语言，因为他们将这些"人工的"构造与唯一的自然语言——通俗语言 (colloquial language) 相对立。正因为这个原因，这里得到的结果是针对形式语言的这一事实【即真定义仅仅针对形式语言】使得它继续被研究的价值在许多读者看来减少了。对我来说，与人们分享下述观点是很困难的。在我看来，§1 中的考虑着重证明了，当把真概念 (其他语义概念也一样) 应用于通俗语言并结合标准的逻辑规则就会不可避免地导致混淆和矛盾。任何人，且不考虑任何困难，如果希望借助精确方法来寻求通俗语言的语义，都会被迫使首先承担起改造这个语言这一吃力不讨好的工作。他会发现必须定义它的结构，以克服其间所出现的词项的模糊性，并最终将该语言分离为一系列越来越丰富的语言，其中每一个语言与另一个语言的关系都像形式语言与其元语言的关系一样。(Tarski, 1933, p. 267)

显然，塔斯基的担心在日常语言哲学的信奉者中得到了应验。他们并没有正

---

① 有关讨论和更多例子参见 (Austin, 1962)。

视塔斯基所给出的一系列难以反驳的论证，而是选择彻底避开关于真的讨论，单单强调语言的使用。

日常语言哲学家们并没有就他们对日常语言的偏好和对形式语言的拒绝给出像塔斯基那样的严格证明。仅就其观点本身而言，日常语言哲学对形式语言过于单调的指责恐怕也是偏颇的。形式语言的真值函项未必以 $\{0,1\}$ 为值域，也可以是任意一个布尔代数[1]，甚至是一个 n 元组，可以编码语言的使用场景以及该场景下的幸福程度等信息。事实上，近年来比较热门的二维语义学 (two-dimensional semantics) 就是这样一个例子。它不仅可以区分不同的可能世界，也可以区分在某个可能世界中的不同使用场景。[2]二维或者任意 n 维语义学不过是克里普克关系结构语义学的一个特例，而后者是所谓 "一维的" 塔斯基语义学的一个推广。

日常语言哲学强调语言的使用本无可厚非。但拒绝形式化方法的日常语言哲学家是否真的试图清楚地刻画语言的使用？克里普克关系结构语义学和二维语义学虽然只是搭建了一个框架，也并没有涉及什么更高级的技术，如何编码语言的使用场景和效果还有待进一步建模。但有了形式化方法提供的框架，我们才有可能来精确地刻画语言的使用。诚然，句子的结构不足以决定句子的使用，但以此为理由而认为讨论句子的使用可以无视句子的结构则是一个显而易见的逻辑错误。

作为日常语言哲学代表性成果的言语行为理论可以被看作是对不同语言使用的一系列分类学研究，并且尚未形成如现在生物分类学那样基于遗传学的系统的分类学元理论 (或许日常语言哲学本就不谋求任何一般的理论)。这种研究形态之于莱布尼茨、康德、弗雷格心目中的哲学或许可以比作博物学之于现代科学。

分析哲学史家哈克 (Hacker, Peter) 如此总结日常语言哲学的立场：

> 　　如果有的话也是极少数会相信谓词演算的装置提供了揭开哲学难题的钥匙，更不用说它包含了任何可能的语言的深层语法。但大家普遍会同意，对任何一个哲学问题的解决或消解 (solution and resolution) 都是以耐心并系统地描述相关词项 (可能是也可能不是特殊科学的技术词汇) 在自然语言中的 (即在它们的家里的) 使用为前提的。(Hacker, 1998, p. 23)

然而，这里的 "普遍同意" 只能是指语言学转向这股思潮内部的共识，例如，

---

[1] 克里普克关系结构语义学对模态命题赋值的值域是集合代数，也是一种布尔代数 (Boolean algebra)。力迫法 (forcing) 生成的脱殊扩张 (generic extension) 也就是一种布尔值模型。

[2] 可参考 (Chalmers, 2006)。

可能包括逻辑实证主义 (logical positivism)。而早期分析哲学家与日常语言哲学的隔阂可能更深。

罗素早期的哲学立场被称作逻辑原子主义，它假设世界由互相独立的对象和它们之间的关系组成；关于世界的真总可以被最终分解为诸原子事实 (atomic fact)；而世界由原子事实组成的结构与语言中由原子语句组成复杂语句的结构相对应。因此，理解世界的一个途径就是分析语言的结构。显然，罗素预设了一个很强的形而上学立场，而他的目的是理解语言之外的世界。

在早期分析哲学家那里，至少有一点是可以肯定的，真理或弗雷格的思想是某种独立于我们对语言的使用的东西。我们当然需要用语言来表达思想，但我们对语言的使用就表达思想而言是充满错误、值得警惕的。妄图从我们对语言的日常使用的各种偶然现象中汲取真理是荒谬的。

> 如果哲学的使命是通过揭示语言使用所产生的假象 (这一假象在使用语言表达概念之间的关系时是几乎不可避免地产生的) 并让思想从只有通过【日常】语言来表达的限制中解放出来，从而打破语词对人类精神的支配，那么我的概念文字 (正是为此而生) 就可以成为哲学家们有力的工具。(Frege, 1879)

弗雷格由于他提出的语境原则而被认为是哲学语言学转向的先驱。但他本人的元哲学立场显然与哲学语言学转向的精神南辕北辙。弗雷格哲学试图理解的是诸如意义 (sense)、思想 (thought) 等客观地存在于 "第三域"(the third realm, 既非精神又非物理) 中的东西。

今天，在元哲学上为日常语言哲学辩护的声音已十分微弱。然而，人们对于形式化方法的兴趣并没有随之恢复，或仅在部分领域有所复兴。而随着奥斯丁、赖尔、斯特劳森以及塞尔等人作品的影响，日常语言哲学以热点话题或研究写作风格的形式流传至今，并已内化为今日分析哲学基因的一部分。

1.2.2 自然化的分析哲学

20 世纪中叶以来，分析哲学的另一个重要变化是自然主义的兴起。蒯因的《经验主义的两个教条》(*Two dogmas of emprircism*, Quine, 1951) 从某种意义上吹响了分析哲学自然主义转向的号角。尽管蒯因这篇文章即使在后来的自然主义者内部也广受争议，但仍被认为是 "整个 20 世纪哲学最重要的一篇论文"(Godfrey-Smith, 2009, p. 31)。

《经验主义的两个教条》直指卡尔纳普逻辑经验主义 (逻辑实证主义) 的两个主要立论支点，即: (1) 分析命题与综合命题有严格的区分; (2) 所有有意义的命题都可以通过逻辑分析还原为直接的感觉经验。在完成对逻辑经验主义的批评后，蒯因提出了自然主义和整体主义 (holism) 的纲领作为替代。

蒯因关于经验主义的第一则教条 (即分析命题与综合命题存在严格的区分) 的批评占据了整篇文章三分之二的篇幅，而其中主要论证都围绕着 "我们无法清晰地界定 '分析' 概念" 展开。

蒯因首先给出了一个候选定义: "一个陈述是分析的，当且仅当它仅仅凭借其意义 (meaming) 而真，而不依赖于事实。" 然后指出该定义中的 "意义" 需要进一步界定。我们知道，弗雷格在《算术基础》(Frege, 1884) 中是利用 "等数" 概念为中介来定义 "数" 的。即一个概念的数是与其等数的诸概念组成的等价类。类似地，蒯因指出如果我们能清晰地定义什么是同义的 (synonymous)，那么也就可以定义什么是 "意义" 乃至什么是 "分析的" 了。例如，一个词项的意义可以被定义为所有与其同义的词项组成的等价类; 而一个陈述是分析的，当且仅当在对其词项进行同义替换后能够得到一个逻辑真。这里，蒯因区分了两类所谓的分析命题，一种是逻辑真，如

$$未结婚的男人没有结婚, \tag{1.6}$$

它不依赖于逻辑词项以外词项的解释，是逻辑真; 而另一种例如

$$单身汉没有结婚, \tag{1.7}$$

则需要通过对其中词项进行同义替换，成为逻辑真，才能被认为是分析的。后者才是蒯因在整篇文章中着重讨论的例子。接下来，蒯因讨论了两种可能的对于 "同义" 的刻画。

第一种是基于定义而同义，即两个词项是同义的当且仅当存在一个定义来见证这点。在这里，蒯因区分了四种定义。按今天的说法就是词典定义 (dictionary definitions)、描述性定义 (descriptive definitions)、阐释性定义 (explicative definitions) 以及规定性定义 (stipulative definitions)。

词典定义被认为是字典编撰者对其观察到的同义现象的经验报告，因而 "不能作为同义的基础"，否则无异于本末倒置。①

描述性定义一般由哲学家或科学家在他们的著作中给出。与词典定义

---

① 如果蒯因坚持他的自然主义，那么就没有理由反对下面这种情况，即 "同义" 乃至 "分析与综合的区分" 有着自然主义意义上的实在基础，因而是可以通过经验观察来得到越来越清晰的认识的。

类似①，两者都是基于**先在的同义** (pre-existing synonymy)。即，这种定义有个是否正确的问题，而其是否成立依赖于先在的同义。所以，再反过来通过 "存在一个正确的描述性定义" 来刻画同义就循环了。当然，我们也可以认为所谓 "先在的同义" 无非是基于语言的日常使用。这样，"报告了一些同义实例的定义成了关于【语言】使用的报告"。这当然也不能作为 "同义" 的基础。支持分析与综合严格区分的哲学家们显然不能接受，两个词项的同义仅仅是依靠存在一些语言的使用实例来支持的。因为这会导致判断一个陈述是否是分析的依赖于其中一些词项是否能根据一些使用实例替换为另一些词项，即分析与综合的划分是基于经验的了。

阐释性定义与描述性定义不同，它不限于 "先在的同义"，还试图 "细化或补充被定义项的意义"。因而，基于阐释性定义而同义看起来不会被简单归约为基于先在的同义而同义。但阐释性定义仍然有恰当与否的问题，即定义项与被定义项在 "所希望的语境"(favored contexts) 中保持同义。因此，基于阐释性定义来刻画同义虽不至于是直接的同语反复，也仍然是循环的。

规定性定义往往是为了方便，通过定义来引入一个全新的表达式以代替某个已有的较复杂的表达式。这种定义没有正确或恰当与否的问题，因而也不依赖什么先在的同义。蒯因承认，在这种情况下，"我们有了一个真正透明的通过定义来创造同义的案例。" 但蒯因认为这只是极端的情况，"对于其他情况，定义依赖同义而非解释同义。"②

另一种刻画同义的方式是通过**可互换性** (interchangeability)，即两个语言组件是同义的，当且仅当将它们互换后不会改变真值。对于这种刻画，蒯因首先指出了两个问题。

一个问题是会有一些反例，如一些成语 "bachelar of arts"(艺术学士)、"bachelor's buttons"(矢车菊) 或是句子

$$\text{"单身汉" 是三个字。} \tag{1.8}$$

中的单词 bachelar(单身汉) 不能被替换为被认为是同义的 "未婚的男人"。一种解决方案是规定可互换性只能运用于不可分的基本单词，而 "bachelar of arts""bachelor's buttons" 或 "'单身汉'"(连带一层引号) 应该被视作一个单词。由此，同义又需要依赖于 "不可分的基本单词" 这个模糊的概念了。

第二个问题是，这里的 "可互换性" 并非是在任意情况下可互换。例如，不同的词项可以有不同的情绪表达，但互换后不影响真值就行，蒯因称之为

---

① 一般认为，两者的目的不一样。词典定义的目的在于教会读者如何在语言中运用被定义项，而科学或哲学中定义的目的在于明确被定义项的意义 (这点对阐释性定义和规定性定义也是一样的)。从形式上看，描述性定义总是 "用熟悉的词汇来解释晦涩的术语"；字典定义则未必。

② 值得一提的是，弗雷格认为至少在数学中，只存在规定性定义 (见 (Frege, 1914))。如果承认这点，那么至少在数学中可以严格地刻画同义，从而可以严格定义哪些数学真是分析的了。

认知同义 (cognitive synonymy)。他进一步断言,说两个词,如"单身汉"与"未结婚的男人"认知同义,即

$$必然地,所有单身汉也只有单身汉是未婚的男人。 \tag{1.9}$$

因此,对认知同义的刻画依赖于"必然地"的意义。而"'必然地'这个副词被用来修饰真,当且仅当这个真是个分析命题"。所以,"这虽然不是一个直白的循环论证,但也类似"。

显然,第一个问题只在日常语言中出现。在形式语言中,符号与符号的复合有明确的界定。蒯因也的确考虑了形式语言,即一阶谓词语言。这是一种外延性的语言,即任意两个具有相同外延的谓词或命题[①]都是可以互换的。蒯因还是以单身汉的例子来说明,在外延语言中,可互换性无法确保认知同义。例如,即使"单身汉"与"未结婚的男人"有相同的外延,因而可互换,也只能保证"所有单身汉也只有单身汉是未婚的男人"[②]是真的,而不能保证它是必然地真的或者说分析的。

因此,可互换性也不能很好地刻画 (认知) 同义和分析。

接下来,蒯因考察了一种绕过"同义"而使用所谓语义规则 (semantical rule) 来刻画分析的方法。语义规则往往是对人工语言语义的规定。例如,塔斯基的真定义 (参见本书 1.1.4 小节)。蒯因宣称用以刻画分析的语义规则应该有如下形式:

$$一个陈述 \ S \ 对语言 \ L \ 是分析的,当且仅当…… \tag{1.10}$$

令人惊讶的是,蒯因否定这种刻画方式的理由竟然也是循环定义。

> 这些规则包含了词语"分析的",而我们并不理解它!我们理解这些规则将分析性赋予哪些表达式,但我们不理解这些规则赋予了那些表达式什么。简而言之,在我们能够理解以"一个陈述 S 对语言 L_0 来说是分析的,当且仅当……"开头的规则之前必须先理解一般的关系词项"……对……是分析的";我们必须理解 "S"对"L"是分析的 (其中"S"和"L"是变元)。(Quine, 1951, p. 32)

我们没有理由怀疑,蒯因不知道或不理解塔斯基的真定义。蒯因显然应该非常了解递归定义并非循环定义,尽管看起来被定义项出现在定义项中;他也

---

① 一般来说,例如,一个一元谓词的外延是所有满足这个谓词所表达的属性的对象组成的类;而一个命题的外延就是它的真值。

② 一般将这个命题的形式化写作:$\forall x(Bx \leftrightarrow \neg Mx)$。这当然不是一个在任何解释下都成立的逻辑有效式。

应该知道，当我们处理一个形式语言的语义概念的时候可以假设我们工作于一个更丰富的元语言中；他也应该非常清楚，一个带有被定义项的句子集可以看作是关于被定义项的隐定义 (implicit definition) 或公理化定义①，且不论这些语义规则看起来就像是显定义。或许，蒯因不满意的仅仅是，我们必须为每个语言 L 特别规定一条语义规则，因而我们刻画的仅仅是许许多多 "对语言 L 是分析的"，而没有刻画 "是分析的"。由此，人们有理由认为，虽然蒯因在这里宣称只考虑人工语言，但这并不是真诚的。事实上，他考虑的仍然是日常语言中的分析概念，而不满足于刻画某个给定人工语言的分析概念。作为对比，塔斯基在考虑刻画真概念时也遇到类似的情况，而他的结论是日常语言中的语义概念无法被定义，形式语言的真概念可以被定义，但我们需要对语言分层。读者可以参考第 32 页的引文。

由此，蒯因完成了他对经验主义教条一的驳斥。蒯因的论证思路无非是挑选了若干刻画分析性的尝试，并说明这些尝试都有各自的问题。蒯因也意识到，"并非所有卡尔纳普和他的读者知道的关于分析性的解释都被上面的讨论覆盖到了。" 甚至，关于每个具体尝试的否定，蒯因也只是指出了若干困难，而缺乏关于这些困难本质上不可解决的论证，例如像塔斯基关于 "日常语言真定义不可能" 那样的论证。因此，他能得到的结论只能是：分析和综合陈述之间的界线 "尚未被划出"。

《经验主义的两个教条》中关于教条二，即还原主义 (reductionism) 的篇幅并不大。蒯因驳斥的激进的还原主义认为："每个有意义的陈述总能被翻译为关于直接经验的 (或真或假) 的陈述。" 而蒯因反驳的主要依据仍然是：至今尚没有如激进的还原主义者所希望的那种翻译出现。实际上，他声称卡尔纳普是第一个 (考虑到蒯因与卡尔纳普几乎是同时代的，也可以认为卡尔纳普是蒯因所能看到的唯一一个) 真正尝试实践还原主义纲领的经验主义者。由此，蒯因只需指出卡尔纳普尚未成功便完成他的论证了。

到此为止，蒯因的论证除了指出经验主义者的工作离他们的理想相去甚远外，并没有什么令人启发的内容。不过，值得注意的是，他在分析还原主义的实践困难时发现最 "不可忍受的" 问题是：还原主义者试图通过把一个一个词项 (term-by-term) 对应于感觉材料来实现命题到经验的还原。显然，每个词项出现在不同的陈述中未必对应同样的感觉材料，这与弗雷格的 "语境原则" 并无二致。进一步，蒯因指出以陈述为单位的翻译仍然不可行。由此，自然地带出了蒯因的整体主义论断："经验有效意义的单位是整个科学。"(Quine, 1951, p. 39)

---

① 例如，我们可以把一阶逻辑公理系统看作是对逻辑连接词和等次的隐定义，把集合论公理系统看作是对集合和集合的属于概念的隐定义。而显定义 (explicit definition) 是隐定义的一种，它由形如 $\forall x(Px \leftrightarrow \varphi(x))$ 的一个句子构成，其中 P 是被定义项。

在蒯因的整体论中，所有所谓的知识与信念织成一张网。即使逻辑规则在其中也没有明确的更高的优先级，它们不过是在这张网中更远离外围，即更难以被具体的经验所撼动而已，但也并非不可改变。在蒯因的信念之网中，一个命题成立与否往往都不能被还原为某个直接的经验或者逻辑真，而是以一种说不清道不明的方式依赖全部经验的。因而，传统的哲学与科学的区别失去了基础，所有的问题都可以被视为经验科学的问题，而"经验归纳是我们得以继续的全部"(Quine, 1969a)。

虽然在蒯因看来，不存在所谓的第一哲学，也不存在什么特别的哲学方法或哲学真理。但哲学或本体论仍然可以以另一种形式存在。在物理学中，我们为了简单或方便而断言存在物质，这就是一则本体论陈述，并且在蒯因看来是合理的，因为它有助于科学实践。基于此类理由，他认为哲学家的工作就是对科学的编制化 (regimented)。具体而言，就是为科学实践提供一个统一的语言，使科学的表达更清晰且简单。

> 就某种程度而言……科学家可以通过选择他的语言来增进客观性并降低来自语言的干扰。而我们【哲学家】通过提取科学论述中的实质，可以有益地净化科学的语言，甚至超出实践中的科学家所合理地要求的。(Quine, 1957, p. 7)

表面上，蒯因是日常语言哲学的批评者。至少他心目中的能覆盖整个科学也即全部人类知识的编制化的理论不是以日常语言书写的："日常语言只是并不能蕴涵一个围起来的 (fenced) 本体论①……科学家与哲学家们在寻找一种关于这个世界的综合系统，而这个系统要比日常语言更直接且彻底地面对其所指。"(Quine, 1981, p. 9) 事实上，蒯因为他的编制化的理论所准备的语言正是一阶谓词语言。他甚至认为没必要使用二阶语言或引入模态算子，这当然是与他的自然主义倾向有关的。

蒯因对形式语言的偏好仅仅是基于清晰和简单两个理由。这两个形容词的边界未见得比分析更清晰。一阶谓词语言自然有一个清晰明确的定义，我们也可以明确地给出一个一阶语言的初始符号、句法规则，而模糊的地方在于如何将科学理论翻译到给定的形式语言中。②蒯因本人也意识到这点并提出了翻译的不确定性，即翻译的确定性的前提是把握整个科学理论乃至整张"信念之网"。而后者看起来是不可能的，也与编制化的动机形成循环。

---

① 作为科学的一部分的本体论。

② 在数学中，经过笛卡尔、魏尔斯特拉斯 (Weierstrass, Karl)、戴德金 (Dedekind, Richard)、康托尔 (Cantor, Georg)、希尔伯特、策梅洛 (Zermelo, Ernst)、图灵等数学家一系列的努力，我们有了关于许多数学概念在公理化集合论下的 "标准" 翻译，但仍然有许多数学概念并没有这样的标准翻译，例如我们将在 2.2 节介绍的随机性概念。而我们对作为基础概念的集合概念本身的刻画也是不完备的。

因此，有理由认为确定性的翻译并非蒯因的追求。编制化本身是一种实用主义的纲领，并需要常常根据"清晰"或"简单"等要求进行调整。

因此，蒯因对形式语言的偏好仅仅是权宜之计。蒯因在《经验主义的两个教条》中用来见证"分析"或"同义"概念模糊性的例子全部来自日常语言。蒯因其实很清楚："一般在哲学上被称为分析的陈述……分为两类，第一类的那些可以被称作逻辑真。"(Quine, 1951, p. 23) 蒯因通篇考虑的是诸如"单身汉没有结婚"这样的"第二类分析陈述"，而对逻辑真没有任何讨论。事实上，蒯因对逻辑真的回避是不得不为之。因为在形式语言中，蒯因所谓的逻辑真，即逻辑有效式，的确有明确的定义和清晰的边界。而弗雷格在谈论分析命题时，考虑的显然是用他的概念文字表述的数学命题。弗雷格要论证的正是这些数学命题都是分析的。当然，到底哪些数学真是分析的仍有争议。人们可能会对"$5 + 7 = 12$""存在无穷多的素数"或"存在不可测的实数集"的分析性有不同的看法，但没有人会怀疑诸如"$a = a$"的逻辑有效式是分析的。[1]所以，蒯因关于分析与综合判断难以区分的论证完全是基于日常语言的，这与早期分析哲学家所讨论的对象根本不属于一个论域。早期分析哲学家当然会同意语言的日常使用中难以区分分析与综合，而正是为了避免这些模糊性才需要构造形式语言。在形式语言中，无论逻辑主义者、直觉主义者、形式主义者或实在论者都可以基于自己的立场给出关于分析命题的明确界线。

事实上，早期分析哲学家，如弗雷格、罗素、卡尔纳普选择形式语言而拒绝日常语言的理由与蒯因的完全不同。他们认为通过形式语言能够揭示被日常语言所掩盖的思想或世界或认知的结构，而后者是客观的，这就自然有从那些客观的结构到语言的翻译是否正确的问题。我们知道，形式语言优势正在于它通过递归定义的结构具有**唯一可读性** (参见 (郝兆宽、杨睿之、杨跃, 2014, p. 36))，使得关于翻译是否正确的判定成为可能。这也是塔斯基真定义(参见 1.1.4 小节) 为何只适用于形式语言的原因之一。而翻译是否正确的问题在蒯因那里是不可解因而不存在的。可以说，蒯因对形式语言的偏好并不基于形式语言结构唯一可读这一根本优势，而是"清晰""简单"等模糊的实用主义标准，因此是不稳定的。事实上，当代的自然主义者中已难觅编制化理论的追随者。

至此，笔者简述了 20 世纪中叶以来分析哲学内部开始产生并影响至今的两个变化——日常语言哲学与自然主义，并指出这两种变化在元哲学思想上都与早期分析哲学有较大分歧。笔者希望读者至少能认同这是一组相关性证据，它暗示了分析哲学内部元哲学思想的上述变化是导致分析哲学与

---

[1] 即使直觉主义者不承认排中律，但他们仍然承认相当一部分逻辑有效式是分析的，而且他们所承认的逻辑有效式也有明确的边界。

数理逻辑分道扬镳的原因之一。

1.2.3 新形式主义

数学家群体曾经十分热衷于对**基础**的哲学讨论。庞加莱不仅有关于数学基础的论述，对更一般的科学哲学问题也有专门的著述 (参见 Poincaré, 1913)。希尔伯特纲领 (Hilbert's Program) 或许可以被视为数学家们试图以纯数学的方式解决基础问题的野心的巅峰。

戏剧性的是，1930 年，正是在希尔伯特宣称 "我们必将知道"(见第 2 页) 的那个会议上，年轻的哥德尔公布了一个定理，以纯数学的方式证明了希尔伯特的梦想是无法实现的。鉴于其对数学基础问题出人意料的回应，这则后来被称作哥德尔不完备性定理的命题被许多数学家认为是 20 世纪最重要的数学定理。然而，也正是这条定理使得数学家群体对于基础问题的热情骤然降温。

我们知道，公理化集合论 ZFC 是一个严格的公理系统，避免了所有已知的数学悖论，并且以非常优美的方式将几乎全部当代数学纳入其中。然而，作为数学基础，它仍然无法真正满足数学家们苛刻的期待。它的一致性来源于人们的信念而不是证明，并且即使它是一致的，它也不是完备的。当代数学家接受 ZFC 或其他公理系统作为基础似乎都只是权宜之计，只是期望那个基础在他自己的工作范围内足够用且不会出岔子。基础问题在数学家的心目中似乎逐渐成为不可解乃至不值得解的问题。

连续统假设独立性结果 (见第三章) 是另一个震动数学基础的纯数学结果。但它并未扭转，反而加速了数学家远离基础问题的过程。根据哥德尔和科恩 (Cohen, Paul) 的结果，ZFC 无法证明也无法证否连续统假设。以哥德尔为代表的实在论者认为这一独立性结果并不能算作连续统问题的解决。连续统假设要么真要么假。既然 ZFC 无法判定，那就需要通过寻找新公理来判定其真值。但更多的数学家不认为任何新的候选公理能具有如 ZFC 一般的自明性。而任何数学定理 σ，即使它的证明看似使用了某条独立于 ZFC 的大基数公理 (large cardinal axiom, 见 4.1.3 小节) LCA，即 ZFC+LCA $\vdash \sigma$，也仍然可以被看作是在 ZFC 中证明了一条以该大基数公理为前件的假言命题：ZFC $\vdash$ LCA $\to \sigma$。似乎将全部数学工作简单地等同于在 ZFC 中做证明 (如 Shelah, 1993) 也并不会损失什么。笔者将这种想法称作数学的**新形式主义**。

与其说新形式主义是一种数学哲学立场，不如说它是数学家们常常借以回避关于他们工作意义的反思的安慰剂。科恩形象地描述了数学家们面对哲学困境时的心理活动：

> 实在论可能是最被数学家们所接纳的立场。而直到他开始意识到集合论中的一些困难时，他才会开始怀疑这个立场。如果这个困难令他特别沮丧，他就会冲向形式主义的避难所……(Cohen, 1971, p. 11)

事实上，无论实在论还是形式主义，它们之所以受到数学家的欢迎，是因为可以用来抵挡对他们工作意义的非难，捍卫数学自治。而朴素的实在论在当代面临大量难以解释的独立性现象，于是数学家们只能借形式主义暂避。

只是今天的新形式主义与希尔伯特形式主义有相似的主张，却在动机上有本质的不同。历史上，弗雷格等人的逻辑主义与希尔伯特形式主义都是以捍卫经典数学为己任的，并都反对数学修正主义 (如直觉主义) 者关于修正已有数学的主张。逻辑主义与形式主义的策略都是诉诸基础。前者试图在纯逻辑的基础之上构造出全部经典数学，而后者希望为经典数学找到一个完备的形式系统作为基础，并在有穷主义数学 (finitary mathematics) 中证明该基础是无矛盾的。当然，这两种努力都失败了。表面上是因为罗素悖论 (Russell's paradox) 和哥德尔不完备性定理的发现，实质上，无论逻辑主义还是形式主义框架下的数学工作都不足以解决基础问题。无论是逻辑主义的立足点——纯逻辑，还是形式主义的有穷主义数学，都仍然需要一个辩护，并且也还不足以覆盖全部经典数学。面对这些困扰，实际工作着的数学家们不再谋求对他们的基础 (如 ZFC) 本身的辩护；或将辩护诉诸实用——无论是在物理学等经验科学中的实用还是在数学研究本身中的实用。此即新形式主义。

新形式主义实质是寻求数学自治 (autonomy) 与所谓 "哲学最后原则" (philosophy-last-if-at-all principle, Shapiro, 2000, p. 14) 的结合。数学家们显然不会喜欢蒯因和普特南的不可或缺性论证 (indispensability argument)。后者仅仅因为数学是科学研究不可或缺的工具而接受它，即数学研究必须依附科学研究而获得其意义，这与数学自治的原则相悖。同样，自称自然主义者的麦蒂 (Maddy, Penelope) 则坚持数学在方法论上的自治：

> 正如蒯因坚持，科学 "不用回应超科学的审判，且不需要任何超过观察和假设—演绎方法的辩护"……数学的自然主义者补充道，数学不用回应任何数学之外的审判，且不需要任何超过证明和公理化方法的辩护。(Maddy, 1997, p. 184)

麦蒂的说法自然更受数学家们的欢迎，但在理论上更难自治。例如，她不认为数学新公理的选择需要来自哲学的辩护，而哲学上对新公理的意义的解释则要服务于自然科学的需要。因此，要寻求极端的数学自治并避免哲学上的困难，只能将数学实践与关于数学工作的解释割裂开来。然而，稍微深入的思考会发现，这种割裂恐怕比放弃所谓数学自治更让人难以接受。

ZFC 是一个递归的公理集，它的推论构成一个递归可枚举的 (recursively enumerable，见 2.1.1 小节) 公式集，即我们可以编一个计算机程序来枚举 ZFC 的所有推论。尽管这将是一个无穷的过程，但 ZFC 的每个推论终有一天会被发现。按照新形式主义对数学的理解，全部数学家的工作无非就是这样一个程序的运行。大概数学家们不会乐于接受这个推论，但要赋予数学除此以外的意义，就仍然必须面对"为什么是 ZFC 这个程序？"这样的问题。

1.3　危机与困境

或许按照日常语言哲学家或自然主义者的看法，今天逻辑学在哲学中地位的下降是合理的。我们并不需要特别的人工语言，也并没有一类特别的真。数理逻辑逐渐形成了稳定的问题域和研究方法，来自哲学的指手画脚似乎并不会带来更多的启示。然而，在经历了近半个世纪相对独立的发展，分道扬镳后的分析哲学与数理逻辑似乎都遇到了各自的瓶颈。

1.3.1　分析哲学的危机

20 世纪 90 年代以来，分析哲学已经开始对自己百年历史的反思，并意识到危机的存在。冯·赖特在 20 世纪末指出："在本世纪下半叶，分析哲学……逐渐失去了独有的面貌；它变得越来越折衷，它的同一性可能陷入迷途。"(von Wright, 1993, p. 25) 而格洛克 (Glock, Hans-Johann) 认为："如果说失去同一性是一个普遍的担忧，那么失去活力是另一个。"(Glock, 2008, p. 1)

笔者认为这两种担忧更具体地体现为缺乏*方法*的危机和缺乏*问题*的危机。显然，冯·赖特担心的"同一性危机"指的是 20 世纪下半叶兴起的诸多新的分析哲学流派，它们与早期分析哲学以及彼此之间在元哲学和方法论上都有明显的分歧，以至于今天已经很难再找到某个特征能恰好把握人们所认为的分析哲学工作。格洛克使用维特根斯坦的*家族相似* (family resemblance) 来消解对"什么是分析哲学"的追问 (Glock, 2008)，这本身是对分析哲学同一性危机的再次确认。我们知道，分析哲学自诞生之初就以其特色鲜明的工具、方法和形态截然区别于传统哲学。它通过全新的工具巧妙地处理了古老的哲学难题并由此获得声誉。而从今天的分析哲学研究中已经不太可能总结出区别于传统哲学或经验科学的标志性方法；从它们所处理的问题来看，似乎也丢失了早期分析哲学家的野心。

即使今天的分析哲学家恐怕仍然承认分析哲学的主要研究方法是分析，但对于分析方法的具体所指却莫衷一是。一般认为，所谓分析就是将复杂的对象，无论是语句、思想或事实，分解为较简单的诸组成部分，以使得模糊或者不确定的东西变得清晰明确。早期分析哲学的方法一般指逻辑分析和概念分析。**逻辑分析**一般是指用形式语言重新书写目标命题或论述，以揭示其中被遮蔽的结构。例如，罗素的摹状词理论 (见第 7 页 1.1.2 小节)。而**概念分析**往往是指将目标概念分解为更简单明确的其他概念，其结果往往是目标概念的一个定义。例如，弗雷格对数概念的分析 (见第 5 页) 以及图灵对可计算概念的分析 (见第 15 页 1.1.5 小节)。

但如果说分析哲学的特点仅仅是概念分析或意义澄清，那么自苏格拉底 (Socrate) 以来的哲学传统大概都能被算作是分析哲学的了。笔者以为，分析哲学家相对于苏格拉底、亚里士多德、笛卡尔、莱布尼茨、洛克 (Locke, John)、休谟 (Hume, David)、康德等传统哲学家的主要优势恐怕是他们所掌握的先进方法。事实上，早期分析哲学那些坚实的成果之所以可能，正是由于引入了在当时还十分新鲜的形式化手段。罗素的摹状词理论自不必说，刘易斯对严格蕴涵、策梅洛 (Zermelo, Ernst) 对集合概念的分析结果以隐定义的方式呈现，而这种隐定义的严格性依赖于建立在形式语言上的公理化方法。①

然而，随着日常语言哲学与自然主义在哲学界影响的扩大，形式逻辑尤其是经典数理逻辑逐渐不再受到哲学家们的青睐。分析哲学如蒯因所愿成为 "科学的延续"，而丧失了自己区别于传统哲学和自然科学的独特方法。

蒯因本人的工作就贯彻了他在方法论上向经验科学的妥协。他在《经验主义的两个教条》中的论述确实如其本人所言，能让 "我们对分析与综合之间的区分是如何顽固地排斥直接的划界而*感到印象深刻*"(Quine, 1951, p. 39, 楷体由笔者添加)。但也仅此而已。蒯因在论证中仅讨论了一个案例——"单身汉没有结婚"，以及试图刻画分析性的若干失败的尝试。由此，蒯因就宣称把这些失败 "推广到其他形式也不难理解" (the extension to other forms is not hard to see)(Quine, 1951, p. 34)。请对比图灵的宣称："假设【图灵机】每次更改的方格总是那个 '观察到的' 方格*是不失一般性的*" (without loss of generality)(Turing, 1937, p. 250, 楷体由笔者添加)。"推广到其他形式也不难理解" 与 "是不失一般性的" 表面上都是一种一般化

① 一般认为，公理化方法始于欧几里得 (Euclid)《几何原本》(*Elements*)，但对于什么是一个公理系统的严格刻画则依赖于形式语言。因此，现代公理化方法晚至 20 世纪初才定型。

(generalization)，但两者背后的那种迫使我们信其为真的力量是有明显落差的。前者是经验的归纳，而后者是演绎证明的结论。方法论的自然主义者对于经验归纳的方法是人们认识世界的唯一方法的论证几乎都是基于这样一个经验 "事实"：理性主义者所宣称那些超越经验的方法至今为止并没有给我们带来相比经验科学更可靠的知识。而这并不是事实。例如，自然主义者必须首先宣称人类的数学成就 (包括那些演绎证明) 全部依赖于经验归纳才能自圆其说。由此，自然主义者陷入了循环论证，并且不可避免地回到了早期分析哲学家所反对的数学心理主义 (psychologism)。

为了避免使他们的论证成为一个明显的闭环从而使其论点沦落为信仰，一些方法论的自然主义者援引达尔文主义为经验归纳方法及其唯一性辩护：

> 那些在【经验】归纳上有着根深蒂固的错误的物种具有可悲而非值得称赞的倾向，在繁殖更多同类之前就走向灭绝了。(Quine, 1969b, p. 126)

然而，达尔文 (Darwin, Charles) 的理论只是一个框架，诉诸 "进化的结果" 远不是一个完整的故事。人们仍然要问，自然选择的结果是不是总是这样？如果是的话，为什么总是这样？如果不是的话还有哪些可能，以及为什么有且仅有这些可能？正如在进化论的框架下我们可以回答：为什么从完全不同的路径，海豚和鲨鱼都进化出了纺锤形体型。答曰：因为适者生存。但这显然不足以满足人们的好奇心。人们自然会问，为什么这种体型是合适的，是有进化优势的？对这个问题的追问会将人们引入流体动力学的研究，而后者 (用宏观抽象的方法来研究系统特性，假设流体是连续的) 又依赖于数值分析、统计学技术及其背后的数学原理，而这些数学原理的基础仍然需要一个辩护。难以想象，仅仅通过经验归纳的方法可以得到对这些问题令人满意的回答。而当我们追问为什么我们的经验归纳方法是合适的或正确的甚至唯一可行的时，我们所期待的显然不仅仅是这样一个回答：因为人类就是这么做的，而人类至今为止都一直活得好好的。

普特南自己也意识到当代哲学在方法上所面临的危机：认为哲学的任务是 "预测最终解决形而上学问题的科学成果可能是什么样子的"，而又 "相信我们能够在当今科学的基础上做这种预测"，是很 "诡异" 的。他深信 "就哲学的现状而言，它要求一个复兴，一个新的开始 (renewal)"(Putnam, 1992, p. ix)。

当代分析哲学的另一个问题恐怕是没有 (大) 问题。今天，发表于正式期刊上的分析哲学研究论文常常被诟病 "脱离世界的真实"、只是 "被小难题 (puzzle) 所驱使"(Preston, 2007, p. 24)、" 没有很高的智力水准"(Hintikka, 1998)，这与分析哲学先驱们的研究形成鲜明的对比。弗雷格和罗素从事的数学基础问题研究回应了时代的关切，由此得到数学界和哲学界主流的关注。①罗素的逻辑原子主义试图处理语言与世界的一般关系，塔斯基试图刻画 "真" 这个 "终极哲学概念"(见第 10 页)。即使卡尔纳普和蒯因也试图重新定义哲学的任务，并且一度投身于非常宏大的研究纲领②，然而，此后的分析哲学作为 "科学的延续" 似乎有了正当的理由来回避过于艰深的基础问题，逐渐陷于各种琐碎的描述与解释。无法想象，这些对经验科学成果的描述与修饰能真正得到科学界的关注与重视。因为，它们既没有回应科学家们已有的困惑与不安，也无法激起他们的反思。

日常语言哲学家无疑要为当代分析哲学回避大问题的流行趋势负责。他们所理解的哲学研究仅仅是描述性的，描述辨别语言的各种日常使用。他们多强调各种言语行为之间的区别，而拒绝深入挖掘它们背后统一的、不变的规律。日常语言哲学家的理由是，必然真与语言的日常使用冲突。不难看出，这是用一个偏好来为另一个偏好辩护。而后者不仅丢失了早期分析哲学品质，甚至背离了哲学本身的初衷——追求真理。日常语言哲学关注哲学争论 (dispute)，得意于消解 (resolve) 问题而非解答 (solve) 问题，正如智者学派注重修辞与论辩而不关心真与正义一样。在苏格拉底与智者派、真理与论辩术之间，当代分析哲学的工作正渐渐偏向后者。

自然主义在对传统哲学问题的拒绝上贯彻得比逻辑实证主义更彻底，无论在方法和论题上，都没有什么超出经验科学的哲学的东西。表面上，自然主义者也接受实在论，但只是承认经验科学断定存在的对象存在。他们宣扬科学自治，对经验方法本身的研究同样只是描述性的。这背后或许是因为他们更关注人们的知识和信念，试图描述这些知识和信念是如何这般的，而拒绝谈论独立的真。且不论自然主义者的自我限制是否正当，但这确实大大限制了他们所能提出的问题的范围。

面对分析哲学的危机，人们自然会问，谁该为此负责，甚至 "谁在杀死分析哲学？"(Hintikka, 1998) 而更具建设性的问法应该是，如何恢复分析哲学的活力乃至重建哲学的声誉？对此，一些分析哲学家提出要继承 "维特根斯坦的遗产"(Searle, 1991) (Hacker, 1996)、与更广泛的哲学传统开展对话 (Preston, 2007) 或进行历史学转向 (Reck, 2013)。但与数理逻辑的重新结合似乎仍然是一个被忽视的选项。

如果接受经验方法一定程度的有效性的话③，那么笔者在上文中展示的

---

① 相比数学界，哲学界对弗雷格的发现更晚。

② 卡尔纳普与蒯因都试图让所有经验科学使用统一的语言。卡尔纳普试图运用逻辑分析把科学理论还原为直接经验。蒯因的编制化理论见第 39 页。

③ 笔者并不否定经验科学及其方法可以并且已经为人类对诸多哲学问题的思考做出了贡献，而是希望不会因为一些哲学意见而使得另一些曾经十分有效的途径仅仅因为其在一段时间内未能继续提供更好的结果而被抛弃。

一组相关性证据至少是值得注意的：日常语言哲学或自然主义与早期分析哲学具有不同的气质和元哲学立场，两者的信奉者与早期分析哲学家对于形式语言和数理逻辑的态度有明显的转变，两者的兴起同分析哲学和数理逻辑的割裂在时间上偶合，而分析哲学早期的成功与现在的平庸同分析哲学与数理逻辑的合与分具有相关性。这些观察当然不足以构成对日常语言哲学或自然主义"定责"的证据，但至少能够提示我们一种至今为止尚被忽视的可能性——重启哲学的逻辑学传统或带来哲学的复兴。

1.3.2　数理逻辑的困境

根据冯·赖特的报道 (von Wright, 1993, p. 19)，塔斯基曾苦恼于如何让数理逻辑在伯克利的数学系得到尊重。按照金森 (Kanamori, Akihiro) 的说法，今天的集合论已经是"一个独特的数学领域"，是"现代的、成熟且高度技术化的 (sophisticated) 领域"(Kanamori, 2008)。不仅如此，数理逻辑主要分支都已基本形成一套较稳定的问题域和技术方法。可以说，数理逻辑已经确立了它作为一门数学分支的地位，塔斯基的目标在相当程度上实现了。然而，无法回避的现实是，今天的数理逻辑研究作为数学的一个分支在数学界的地位并不能令很多逻辑学家感到满意。数理逻辑即使获得一些同行的关注，也仅仅是因为它提供了一些有趣的工具，例如模型论方法在代数和分析中的应用。这与数学基础研究在 20 世纪初所受到的广泛而深入的关注无法相提并论。

当代数理逻辑研究本身的艰深及其相对其他数学分支几乎可以忽略的经济上的实用性，使得许多学者在选择方向时对这个领域敬而远之。这在客观上降低了数理逻辑研究在整个数学界的存在感。更严肃地说，数学家们对于基础问题变得兴味索然或许是出于这样一些考虑：公理化方法对罗素悖论的回应目前看来并没有什么问题；想要一劳永逸彻底解决基础问题似乎又是不可能的；而实际的数学工作甚至在安全得多的基础上就足以完成。基础问题既不迫切也无法立即解决，在其上耗费大量智力资源也就是不明智的了。这也是 1.2.3 小节中所描绘的新形式主义者的思想来源。

然而，那些基础问题仍然在那儿，而且在这个人类的秘密被逐一揭开并由机器实现的时代变得更加尖锐和迫切。数学家要证明他们的工作与一台定理枚举机有本质的区别，就不能将他们的工作仅仅局限于那些关于是否"存在一个从公理系统 Λ 到公式 φ 的证明"这样的 Σ_1^0 问题。①数学家们如果仍然相信他们的工作是有关真理的，就不得不面对"为什么选择 Λ 这个

---

① 引号中的命题可以通过编码翻译为关于是否存在具有某种有穷主义方法可判定的 (或称原始递归的) 属性的自然数的问题，这类问题 / 命题被称作 Σ_1^0 的。

公理系统, 而不是其他的", 或者 "为什么公理 σ 是真的或自明的" 这样的问题。即使是同一个公理系统的定理, 数学家会认为有一些比另一些更有趣、更丰富或更深刻。这或许也不是一台给定的机器能辨别的, 而数学家则宣称对此有直观, 但这些直观却与数学这门特殊的学科引以为傲的清晰性与严格性相去尚远。人们的好奇心和追求普遍的冲动仍然会时不时地迫使人们面对这些问题。

事实上, 驱动当代数理逻辑研究的许多问题仍然可以被追溯到那些关于数学基础的核心问题, 只是当代数理逻辑的很多成果确实让人们在面对这些问题时感到空前的茫然无措。新兴的反推数学 (reverse mathematics) 计划 (Simpson, 2010) 仍然是为了帮助解决公理选择的问题。起初, 人们发现常见的公理系统可以按照一致性强度乖巧地排列成一个由弱到强的线序 (两两可比), 即哥德尔层谱 (Gödel hierarchy, 见图 1.4)。越强的系统能证明越多的定理, 但不一致的危险也越高。反推数学就是要告诉人们选择某个公理系统到底意味着什么 (可以保留而又必须放弃哪些经典数学定理)。但随着研究的推进, 人们发现公理系统线性排列现象绝非事情的全貌。大量中间系统被发现, 并且许多是两两不可比的。于是现在的图景, 仅系统 ACA_0 与 RCA_0 之间的主要公理系统就构成如图 1.5 所示的繁杂景象。

而在 ZFC 之上, 哥德尔曾希望 ZFC + LCA (LCA 指越来越强的大基数公理) 能构成一排通向完备数学真理的阶梯, 解决所有已知的独立问题 (Gödel, 1947)。但自 1963 年科恩发明力迫法 (forcing) 之后, 用 ZFC+LCA 解决连续统假设的梦想破灭了。[1]不仅如此, 更多独立于 ZFC 甚至 ZFC + LCA 的命题相继被发现, 它们成立于各种各样的集合论宇宙中。如何解释集合论学家们在这些集合论宇宙中对各种集合概念的 "经验" 对认为只存在唯一一个 "集合" 概念的传统实在论是一个空前的挑战 (Hamkins, 2012)。

面对这幅乱局, 已有的数学哲学立场都显得捉襟见肘。数学真到底意味着什么, 一则数学命题何以是真的, 又或者我们究竟能否无矛盾地谈论数学真? 这些无论如何都无法回避的数学基础问题不仅没有解决, 反而在当代显得更加扑朔迷离。无论出于对这些问题本身的好奇还是对数理逻辑这个领域发展的关切, 复兴数学基础研究都是值得考虑的选项。而纯数学的方法被证明在处理基础问题时是不够的。因此, 或有必要以更开明的态度来考量那些看起来不如纯数学方法那样严格的思考 (例如, 哥德尔关于心灵、概念、绝对证明的思想), 并尽力使之严格。而后者也是分析传统下的哲学的主要工作。

一个世纪前人类对理性或 "人类精神" 的自信达到了一个巅峰, 希尔伯

---

[1] 科恩用以改变连续统基数的力迫法往往不会改变更大基数的大基数性质, 因此, 原证明几乎不加改变就可以用来证明 Con(ZFC + LCA) $\rightarrow$ Con(ZFC + LCA + ($\neg$)CH)。详见第三章和 4.2 节。

$$
强的
\begin{cases}
\vdots \\
超紧致基数 \\
\vdots \\
可测基数 \\
\vdots \\
ZFC\ (策梅洛\text{-}弗兰克尔集合论) \\
ZC\ (策梅洛集合论) \\
简单类型论
\end{cases}
$$

$$
中等强度
\begin{cases}
Z_2\ (二阶算术) \\
\vdots \\
\Pi_2^1\text{-}CA_0\ (\Pi_2^1\ 概括\ (公理)) \\
\Pi_1^1\text{-}CA_0\ (\Pi_1^1\ 概括\ (公理)) \\
ATR_0\ (算术超穷递归) \\
ACA_0\ (算术概括\ (公理))
\end{cases}
$$

$$
弱的
\begin{cases}
WKL_0\ (弱柯尼希引理) \\
RCA_0\ (递归概括\ (公理)) \\
PRA\ (原始递归算术) \\
EFA\ (初等函数算术) \\
有界算术 \\
\vdots
\end{cases}
$$

图 1.4 哥德尔层谱[①]

---

① 图表翻译自 (Simpson, 2010)。

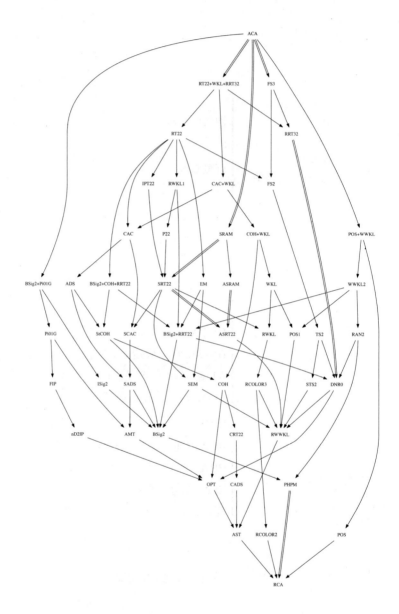

图 1.5　反推数学的动物园①

① 截至 2013 年人们所知道的以 RCA₀ 为基础证明的 ACA₀ 与 RCA₀ 之间主要二阶算术子系统的蕴涵及严格蕴涵关系。图片引自：http://rmzoo.math.uconn.edu/。

特宣布人类将战胜 "不可知"。然而此后的一百年间，伴随着一次次人类社会的浩劫和种种试图把握普遍真理的挫折，人们渐渐失去了对理性的信心。哲学家们又开始热衷于为可知的王国划界树墙，并宣布外面的世界 "不可知"。

然而，"不可知" 本身仍然要求一个证明。哲学家要么通过精巧的辞令回避了这个要求，要么给出了无效的论证。蒯因将其自然主义——彻底的经验主义的立场建立在对分析性不可判定的断言上，而对后者的论证最终落实于 "存在一个可以划定的边界是经验主义的非经验的教条"(Quine, 1951, p. 34，楷体由笔者添加)。显然，这个论证要么仅在预设经验主义的前提下才有效，要么就是一则循环论证，非经验的不可知因为它是非经验。按理说，《经验主义的两个教条》的影响应该仅仅是经验主义内部的事情，却成为了 "整个 20 世纪哲学最重要的一篇论文"(Godfrey-Smith, 2009, p. 31)。这进一步印证了这一百年中理性光芒的暗弱。

哲学家们关于 "不可知" 的另一种论证，是一种典型的经验论证。蒯因在展示了若干种尝试之后说道 "关于分析的和综合的之间的边界只是尚未被划出"(Quine, 1951, p. 34，楷体由笔者添加)，并由此得出，不存在这样的边界。经验论证在一定的范围内有其有效性，但是，在这里用 "尚未知道" 这一经验论据来论证 "不可知" 恰恰是不合适的。任何 "可知的" 在被知道之前都是 "尚未知道的"。

当然，这类论证的流行还是反应了一个现实：理性在这一百年间取得的成就未能回应人们的期待，这或许才是理性主义的衰弱乃至数理逻辑与哲学互相远离的根本原因。然而，这一根本的原因却可能只是偶然的。面对这一现象，我们至少可以问三个问题：(1) 人们是否公正地评价了理性在这期间业已所取得的成就？(2) 人们的期待是否合理，在理性的拷问下，到底有哪些仍然是可以期待的？(3) 人们又如何能取得更多的理智上的成就？笔者希望本书介绍的几则数理逻辑研究至少能从一个特定的视角对这几个问题给出一些积极乐观的回应。

第二章　计算与随机

确实，所有已知的事物都拥有数 (*have number*)，因为，任何事物无论如何都不可能在没有数的情况下被理解或认识到。

——菲洛劳斯(Huffman, 1993, p. 172)

菲洛劳斯 (Philolaus of Croton)①的断言从未像今天这样令人无以辩驳。虚拟现实 (VR) 技术的进步让人们相信，人类通过感官知觉所能获得的全部经验材料都能被数字化。通过编码，人们甚至可以用 0 和 1 两个符号来书写人类已有的全部知识。如果物理宇宙是有穷的话，就可以用一个自然数编码整个宇宙的全部信息，无论是马里亚纳海沟底部那只单细胞有孔虫 (Xenophyophores) 的 DNA 序列，还是 129 亿光年外类星体 ULAS J1120+0641 的整个生命周期。对虔诚的自然主义者来说，那一个自然数就是人类全部智力活动的绝对上限。

计算机和互联网产业在今天取得的成功的确让人们感受到数字化的力量。实际上，早在 20 世纪 30 年代，哥德尔和图灵的数字化工作就已经预言了今天的图景。哥德尔通过对所有可能的人工语言单位和形式证明编码证明了形式系统的不完备性；图灵则对所有可能的计算过程编码，从而构造了通用计算模型，并证明存在可以描述却不可计算的问题。编码实质上是一种翻译。工程师通过编码，将各种信息翻译为数字语言，从而可以在通用数字计算机上统一处理。而理论工作者关心的是可以应用于任意复杂对象的抽象概念或性质。给定一套编码，可以将论域中的个体对应于一个个自然数，也同时将概念或性质对应为自然数集。这样做的好处是可以更方便地使用自然数上的归纳法来证明关于所有可能个体的全称命题，从而在无法经验地遍历所有个体的情况下就给出概念与概念之间的关系的证明，正如哥德尔和图灵的工作所显示的那样。

---

① 克罗顿的菲洛劳斯是毕达哥拉斯学派主要代表人物，著有《论自然》(*On Nature*)，据称是毕达哥拉斯学派首部著作 (Huffman, 1993, p. 15)。

数字化的另一个意义是让人们可以用精确的数学语言来谈论 "个体与概念" 或 "概念与概念" 这样抽象的哲学论题。个体与概念或抽象与具体之间的界线一直是具有争议的问题。[①]在数字化的语境下，我们可以抽象地将个体等同于自然数，而将关于个体的概念或性质等同于自然数集。与更抽象地模拟概念系统并允许概念不断自我迭代的集合论不同，作为数理逻辑另一个方向的递归论主要关注自然数集的性质，在这里具体与抽象有简单明了的区分 (即自然数与自然数集)。例如，我们可以清晰地谈论，何以有时候一些作为概念的自然数集也能被看作具体的：有些自然数集可以通过具体的程序来生成，而每个程序都可以被编码为自然数，因此就可以通过对自然数的枚举来表示对这些自然数集的枚举。

将各种概念抽象为自然数集后当然会丢失很多关于这些概念的属性。不同却等价的编码方式也可以让一个概念对应于不同的自然数集，从而抽象掉它们之间的区别。例如，我们可以把所有计算机程序一一地编码为所有奇数，也可以编码为所有偶数。在一些情况下，奇数集和偶数集似乎并没有什么不同。忽略掉一些区别可以让人更专注于保留下来的其他属性。对于逻辑学家来说最关注的是与定义复杂度密切相关的可计算性和无法被简单归约到前者的随机性。

2.1 不可计算的度

图灵1937 年的文章 (Turing, 1937) 为通用计算机的出现奠定了理论基础，也使现代理论计算机科学成为可能。从此，人们可以用图灵给出的模型来分析可计算函数或集合的计算复杂度。一个集合是可计算的，当且仅当存在一个计算机程序 (或图灵机) 来判定任何一个自然数是否属于这个集合。例如，所有素数组成的集合是可计算的；在给定编码下，所有命题逻辑重言式是可计算的。

可计算的函数或集合

由于每个计算机程序 (或图灵机) 都可以写成 01 序列 $\sigma \in 2^{<\omega}$，因此可以用自然数编码计算机程序。令 $\{\Phi_e \mid e \in \omega\}$ 是所有计算机程序的典范枚举。由于任何有穷自然数序列都和单个自然数一样只携带有穷信息，可以被能行地编码成自然数，因此，在递归论中不需要区分它们。不妨假设所有程序的输入输出都是自然数。令 e, n, s 是自然数，一般用

[①] 有关讨论的综述参见 (Burgess and Rosen, 1997)。

$\Phi_{e,s}(n)\uparrow$ 表示，程序 Φ_e 在输入 n 下运行 s 步[1]后没有停机，用 $\Phi_{e,s}(n)\downarrow$ 表示程序 Φ_e 在输入 n 下运行 s 步内停机，用 $\Phi_{e,s}(n)\downarrow= m$ 表示在 s 步内停机并输出 m，而用 $\Phi_e(n)\downarrow(=m)$ 表示 $\exists s\ \Phi_{e,s}(n)\downarrow(=m)$，即程序 Φ_e 在输入 n 下会停机 (并输出 m)。每个程序 Φ_e 都定义了一个部分可计算函数或部分递归函数 (partial computable / recursive function) f_e (在上下文清楚的情况下，也用 Φ_e 指代函数 f_e)：

$$(n,m)\in f_e \Leftrightarrow \Phi_e(n)\downarrow= m.$$

一个自然数上的 (全) 函数 $f: \mathbb{N}^n \to \mathbb{N}$ 是可计算的 (又称作递归的)，当且仅当存在一个计算机程序 Φ_e，对任意输入 n，$\Phi_e(n)\downarrow= f(n)$。一个自然数集合 $A \subset \mathbb{N}$ 是可计算的或递归的，当且仅当它的特征函数

$$\chi_A(n) = \begin{cases} 0, & \text{若 } n \notin A, \\ 1, & \text{否则,} \end{cases}$$

是可计算的。

然而，进一步的考察不难发现可计算的集合是一类非常特殊的集合。且不论自然数集有连续统 $2^{\aleph_0}$ 那么多个，而可计算的集合限于程序的基数只有可数多个。在理论研究实践中，人们也经常会遇到不可计算的集合。例如，图灵在 (Turing, 1937) 中用对角线法证明所有生成可计算函数的程序组成的集合是不可计算的。此外，给定一阶逻辑语言，其中逻辑有效式的集合是不可计算的；令 $\mathfrak{N} = (\mathbb{N}, +, \cdot, 0, 1)$ 表示一阶算术结构，那么一阶算术真命题 $\{\sigma \mid \mathfrak{N} \vDash \sigma\}$ 也是不可计算的。

对角线法

康托尔 (Cantor, Georg) 曾使用对角线法证明连续统的基数 $2^{\aleph_0} > \aleph_0$。反设，可以用自然数枚举所有无穷 01 序列 $\{x_n \mid n < \omega\} = 2^{\aleph_0}$。定义无穷 01 序列 y，使得对任意 $n < \omega$，$y(n) = 1 - x_n(n)$，那么 y 与任何一个 x_n 在第 n 位不同。所

---

[1] 在图灵的定义中，对图灵机的"步"有严格的定义。在之后递归论的研究中，"步"往往是在语境下的相对概念。在复杂性理论中，对每个输入 n，程序停机所需的步数 $s(n)$ 函数的增长速度是度量程序或函数复杂度的重要依据。而在递归论中，往往只关心是否停机。

以，y 不在枚举 $\{x_n \mid n < \omega\}$ 中，矛盾 (见图 2.1)。

y	0	1	$\cdots$	n	$\cdots$
x_0	$1 - x_0(0)$				
x_1		$1 - x_1(1)$			
$\vdots$			$\ddots$		
x_n				$1 - x_n(n)$	
$\vdots$					$\ddots$

图 2.1 对角线法

类似地，假设 $C = \{e \mid f_e$ 是可计算的$\}$ 是一个可计算的集合，那么，我们就可以设计一个程序 Φ: 对任意输入 e，调用程序判断是否 $e \in C$。如果是的话，运行 $\Phi_e(e)$，并输出 $1 - f_e(e)$; 如果不是的话，输出 0。这样，Φ 就定义了一个可计算的函数 f，并且 f 与每个可计算的函数 $\{f_e \mid e \in C\}$ 都不一样。

因此，有必要将视野扩展到可计算集合之外，更一般地考察自然数集的复杂度与可计算性。在讨论复杂性问题时，人们常使用多项式可归约概念来分类各种可计算集合。类似地，在讨论不可计算集合的复杂度时也需要使用各种归约概念对集合分类。例如，利用对角线法可以证明，集合

$$K = \{e \mid \Phi_e(e) \downarrow \}^{①}$$

(即所有满足 "e 号程序在输入 e 下停机" 的编号 e 组成的集合) 是不可计算的。K 也被称作停机问题 (halting problem)。定义

$$K_0 = \big\{(e, n) \mid \Phi_e(n) \downarrow \big\}.$$

似乎 K_0 被称作停机问题更符合直观，但可以证明这两个集合在下述意义上是等价的。假设存在判定任意自然数对 (e, n) 是否属于 K_0 的程序，那么也存在程序来判定任意自然数 e 是否属于 K，因为只需要运行前一个程序并输入 (e, e) 就可以了。反过来，假设存在判断 e 是否属于 K 的程序。要判断任意 (e, n) 是否属于 K_0，首先可以能行地算出程序 $\Phi_{p(e,n)}$ 的编码 $p(e, n)$。$\Phi_{p(e,n)}$ 这个程序在任何输入下均执行 Φ_e 在输入 n 下的动作，即

$$\Phi_{p(e,n)}(m) \simeq \Phi_e(n).$$

① 在下文定义图灵跃迁运算 X'(见定义 2.9) 后，又将 K 记作 $\emptyset'$。

特别地，$\Phi_e(n) \downarrow$ 当且仅当 $\Phi_{p(e,n)}(p(e,n)) \downarrow$。因此，判断 (e,n) 是否属于 K_0，只要算 $p(e,n)$ 是否属于 K 就行了。所以，K 和 K_0 实际上是同样复杂的一类集合。

递归论中最常使用的归约概念是图灵在他的博士论文 (Turing, 1938) 中首次提出的图灵归约 (Turing reduction) 概念。图灵对可计算性的定义基于图灵机这个数学模型：一个集合或函数是可计算的当且仅当有一台图灵机来计算它。图灵通过将图灵机概念推广为带神谕 (oracle) 的图灵机而定义了相对可计算性概念：我们说集合 A 相对于集合 B 是可计算的，当且仅当存在一个带神谕的图灵机以 B 的信息为神谕能计算任何一个自然数是否属于 A。

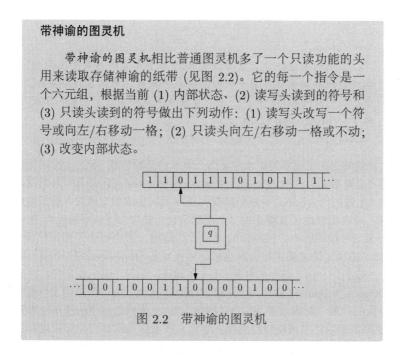

带神谕的图灵机

　　带神谕的图灵机相比普通图灵机多了一个只读功能的头用来读取存储神谕的纸带 (见图 2.2)。它的每一个指令是一个六元组，根据当前 (1) 内部状态、(2) 读写头读到的符号和 (3) 只读头读到的符号做出下列动作：(1) 读写头改写一个符号或向左/右移动一格；(2) 只读头向左/右移动一格或不动；(3) 改变内部状态。

图 2.2　带神谕的图灵机

在现代术语中，为区别于别的归约概念，一般以 A 图灵可归约于 B(记作 $A \leq_T B$) 来表示存在以 B 为神谕的图灵机来算 A。如果 $A \leq_T B$ 且 $B \leq_T A$，则称集合 A 与 B 是图灵等价的 (Turing equivalent，记作 $A \equiv_T B$)。容易验证，$\equiv_T$ 确实是一个等价关系。在上面的例子中，K 与 K_0 就是图灵等价的。

2.1.1 递归可枚举集

K 和 K_0 虽然不是可计算的，但仍然可以 "能行地生成"。例如，我们可以编写程序逐一尝试运行 $\Phi_e(e)$[1]，一旦发现 $\Phi_e(e)\downarrow$，就把该指标数 e 记录下来。可以说，该程序随着时间的推移机械地生成集合 K。这类集合在现代术语下被称作递归可枚举集或计算可枚举集 (recursively / computably enumerable sets)。直观上，所有递归的集合都是递归可枚举的。而递归可枚举集 K_0, K 则不是递归的。因此，递归可枚举是一个更宽泛的概念。波斯特 (Post, Emil Leon) 在 (Post, 1944) 中对递归可枚举的研究被认为是 "对计算可枚举集现代研究的开始"(Soare, 1999)。

在 (Post, 1944) 中，波斯特使用 "生成的"(generated) 集合来表示直观上的递归可枚举集概念：

> 生成的集合……只需要该集合的每个元素作为某个先定的能行过程的结果被在某个时刻写下来并被标记为属于这个集合。正如人们所理解的，一旦一个元素被放入这个集合，它就一直在那了。(Post, 1944, p. 286)

而将正式的递归可枚举集概念定义为一个递归函数值域。此外，波斯特还定义了 "正规系统生成的 (generated by a normal system) 集合" 来刻画直观上的 "生成的集合" 概念。波斯特宣称正规系统生成的与递归可枚举的是等价的，两者都刻画了直观上的 "生成的集合" 概念，这似乎是丘奇-图灵论题的递归可枚举版本。波斯特的论证虽然简短，但也包含了图灵论证 (见第 23—26 页) 的主要策略，即直接诉诸直观的论证和诉诸经验的 (已有的关于生成的集合的严格刻画都是等价的) 论证。有趣的是，波斯特不满克莱尼 (Kleene, Stephen Cole) 用 "论题" (thesis) 来指代关于严格定义与直观概念等价的判断，而倾向于使用 "自然律" (law) 来描述这里的情形。无论是丘奇-图灵论题还是波斯特自然律，其意义在于让现代递归论学家可以用更自然语言化的书写风格来进行严格的证明，而无须在每个证明中都把完整的图灵机或计算机程序编写出来。波斯特这篇文章本身就是这种写作风格的模板。

---

[1] 当我们希望同时运行所有 $\Phi_e(e)$、随着时间的推移不漏过任何 $\Phi_{e,s}(e)$ 的结果时，我们可以先运行 $\Phi_0(0)$ 到第 2 步 (即 $\Phi_{0,2}(0)$)、$\Phi_1(1)$ 到第 1 步 (即 $\Phi_{1,1}(1)$)，然后运行 $\Phi_{0,3}(0)$、$\Phi_{1,2}(1)$、$\Phi_{2,1}(2)$，如此类推。这是递归论中常用的方法，后文中提到 "逐一" 运行时均指采用这种方式运行。

递归可枚举集的等价定义

定义 2.1 称自然数集 $A \subset \omega$ 是递归可枚举的，当且仅当 $A = \emptyset$ 或存在一个递归函数 f，使得 $A = \operatorname{ran} f = \{f(n) \mid n \in \omega\}$。

显然，递归可枚举集是直观上可以机械地生成的。只需要采用计算 f 的程序 Φ，逐一输入 $0, 1, 2, \ldots$，并将运算结果 $\Phi(0), \Phi(1), \Phi(2)$ 记录下来就可以了。可以证明，递归可枚举有许多等价的定义。

引理 2.2 给定自然数集 $A \subset \omega$，下列命题等价。

(1) A 是递归可枚举的；

(2) 存在一个部分递归函数 f 使得 $A = \operatorname{ran} f$；

(3) 存在一个部分递归函数 f 使得 $A = \operatorname{dom} f$；

(4) A 是 Σ_1^0 集合，即存在一个 Σ_1 公式 $\exists y \varphi(x, y)$ 在一阶算术结构中定义 A：

$$A = \{n \in \omega \mid \mathfrak{N} \vDash \exists y \varphi(n, y)\}.$$

因为递归可枚举集也可以被等价地定义为部分递归函数的值域或定义域，而对应于部分递归函数的程序集是可枚举的，所以递归可枚举集类本身也是在一定意义上可枚举的。例如，定义

$$W_e = \{n \in \omega \mid \Phi_e(n) \downarrow\}, \tag{2.1}$$

那么，$\{W_e \mid e \in \omega\}$ 就枚举了所有的递归可枚举集。

此外，值得注意的是，集合的计算复杂度与它们的可定义性具有密切的相关性。我们知道，Σ_0^0 的集合都是原始递归的，而递归可枚举集都是 Σ_1^0 集。容易证明，如果集合 A 和它的补集 $\omega \setminus A$ 都是递归可枚举的，当且仅当 A 和它的补集都是递归的。因此，递归集合就是 Δ_1^0 的集合。所以，在定义公式复杂度的意义上，递归可枚举集就是紧接着递归集的下一类集合。

然而，定义复杂度直观上是一个较粗略的划分方式。波斯特在 (Post, 1944) 中为递归论学家提出的问题本质上是：在递归可枚举集中是否还存在不同的计算复杂度，或按照波斯特的原文——"不可解的度"(degree of un-solvability)。后人称之为波斯特问题 (Post's problem)。如果所有非递归的递归可枚举集都具有本质上相同的计算复杂度，那么计算复杂度可能就没

有什么独立的意义，而是可以被定义复杂度替代的了。反之，如果能发现递归可枚举集中本质上不同的非递归的计算复杂度，无疑将大幅增加人们对不可计算集合计算复杂性的理解。

回到之前定义的停机问题 K 和 K_0。容易证明，停机问题是所有递归可枚举集中"最复杂的"。任何递归可枚举集都可以图灵归约为停机问题。任给递归可枚举集 W_e，根据 (2.1) 定义，要回答自然数 n 是否属于 W_e，只需要问 (e, n) 是否属于 K_0，或者 $p(e, n)$（见第 56 页）是否属于 K 就行了。此时，可以称递归可枚举集 K（或 K_0）是递归可枚举完全的。由此，波斯特问题就可以更清晰地表达为：是否存在计算复杂度严格小于停机问题的非递归的递归可枚举集？

为了在递归可枚举集中寻找不同的计算复杂度，波斯特的策略是刻画尽可能严格的归约概念，由此带来更加精细的复杂度划分。

波斯特首先定义的是多到一可归约 (many-one reducibility)。称一个集合 A 多到一可归约于 B（记作 $A \leq_m B$），当且仅当存在一个递归的全函数 $f : \mathbb{N} \to \mathbb{N}$ 使得对任意自然数 n，$n \in A$ 当且仅当 $f(n) \in B$。[1]也就是说，当我们想知道一个自然数 n 是不是在 A 里面的时候，我们只需要问 B 一个问题，即 $f(n)$ 在不在 B 里面。显然，多到一可归约是比图灵可归约更严格的概念，后者并不限制问神谕问题的数量。但依然容易证明，在多到一可归约关系下，停机问题仍是递归可枚举集中最"复杂"的。事实上，在说明停机问题是递归可枚举完全的论证中，为判定 n 是否属于 W_e，确实只问了 K（或 K_0）一个问题。也因此，递归可枚举 $K \leq_m K_0$ 且 $K_0 \leq_m K$。此时，可以称 K 与 K_0 是多到一归约等价的 (many-one equivalent)，记作 $K \equiv_m K_0$。

为寻找在多到一可归约概念下位于可计算与停机问题之间的计算复杂性，波斯特注意到停机问题的一个性质：K 不仅是不可计算的，并且是能行地不可计算的。由于 K 本身是递归可枚举的，那么 K 可计算当且仅当它的补集也是递归可枚举的。但是对任意包含于 K 的补集的递归可枚举集 $W_e \subset \omega \setminus K$，它的指标 e 本身就见证了 $W_e \neq \omega \setminus K$。因为，如果 $e \in W_e$，即 $\Phi_e(e)\downarrow$，那么 $e \in K$，与 $W_e \subset \omega \setminus K$ 矛盾。所以，$e \notin W_e$ 并且由此可证 $e \in \omega \setminus K$。换句话说，停机问题 K 以一种很强的方式成为非递归的集合。波斯特将具有这种性质的集合定义为创造集 (creative set)。

定义 2.3 (创造集) 称递归可枚举集 C 是创造集，当且仅当存在一个递归的函数 f，对每个递归可枚举的集合 $W_e \subset \omega \setminus C$，都有 $f(e) \notin W_e$ 且

---

[1] 多到一可归约的命名对应于一到一可归约。后者要求见证可归约的递归函数是一一的，也即，要判定不同的自然数是否属于 A 时，需要问 B 不同的问题。这是比多到一可归约略强的归约概念。

$f(e) \notin C$ (见图 2.3)。

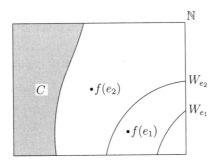

图 2.3 创造集: 能行地非递归

波斯特认为这个性质是对哥德尔不完备性定理的推广，显示了数学不断创造的本质，创造集由此得名。创造集也确实如人们对它的直观一样是递归可枚举集中非常不可计算的。事实上，可以证明，所有创造集在计算复杂度上与停机问题没什么区别。即，对任意创造集 C 都有 $C \equiv_m K$。因此，任何递归可枚举集都多到一可归约于任何创造集，任何创造集都是在多到一可归约下完全的。

接着波斯特根据"创造集"的特征"量身定做"了一种被称作单集 (simple set) 的递归可枚举集。

定义 2.4 (单集) 我们称一个递归可枚举集 S 是单集，当且仅当它的补集 $\omega \setminus S$ 是无穷的，并且 S 与所有无穷递归可枚举集相交 (见图 2.4)。

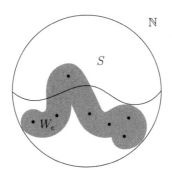

图 2.4 单集

显然，一个单集的补集不是递归可枚举的，因而它不是递归的。同时，单集的补集非常"薄"，以至于无法将任何创造集 C 或它的补集 $\omega \setminus C$ 整个嵌入其中，也就不能以这种最直接的方式将是否属于 C 的信息编入 S。容易证明，任何创造集都不能多到一可归约于一个单集。接着，波斯特证明，确实存在一个单集。那么，这样一个集合的复杂度在多到一可归约的意义上就严格位于递归集和停机问题之间了。

> **单集见证多到一可归约在递归可枚举集类上是非平凡的**
>
> 首先，证明任何创造集 C 不能多到一归约于一个单集 S。假设 S 是单集，递归函数 f 见证 C 是创造集，且存在一个递归函数 $g : C \to S$ 见证 C 多到一可归约于 S，那么，对任意 S 补集的一个有穷子集 A_0，$f^{-1}[A_0]$ 是 C 的补集的一个递归可枚举的子集，并且我们可以能行地写出枚举 $f^{-1}[A_0]$ 的程序，记作 $W_{e(A_0)}$。因此，我们也可以能行地找到一个在 C 的补集中而不在 $f^{-1}[A_0]$ 中的元素 n_{A_0}，而 $g(n_{A_0})$ 就是一个在 S 的补集中却不在 A_0 中的元素。由此，我们可以生成一个与 S 不相交的无穷递归可枚举集，矛盾。
>
> 要构造一个单集并不难，只需要逐一枚举所有的递归可枚举集合 $\{W_e \mid e < \omega\}$，然后在每个 (非空) 递归可枚举集中取一个元素放入 S。为了确保 $\omega \setminus S$ 是无穷的，只需要规定每次放入 S 见证 S 与 W_e 相交的元素 $> 2e$ 就可以了。对任意自然数 m，考虑区间 $[m+1, 2m+2]$，其中包含 $m+2$ 个自然数。而只有当 $e < m+1$ 时 (一共有 $m+1$ 个这样的 e)，S 与 W_e 相交的见证才会被放进 S。所以每个区间 $[m+1, 2m+2]$ 中都会有不属于 S 的元素，$\omega \setminus S$ 无穷。又由于我们只需要保证 S 与所有无穷的递归可枚举集相交，上述规定并不会令我们遗漏什么。

然而，多到一可归约作为刻画相对可计算性的归约概念显然过于严格了。似乎没有理由要求在每一次计算中只能问神谕一个问题，还要求神谕的回答和求解问题的答案同为真或同为假。那么，单集是否能在更合理的归约概念下作为在可计算与停机问题之间存在其他计算复杂度的见证呢？遗憾的是，波斯特紧接着就构造了一种单集，它们在图灵可归约意义上是递归可枚举集中最复杂的，也即可以用来计算停机问题。这意味着，第一，单集的存在无法作为波斯特问题正面解的一个见证；第二，多到一可归约作为对相对可计算概念的刻画的确太苛刻了，许多直观意义上相对可计算的在多到一可归约意义上是不可计算的。

接下来，一个自然的想法就是稍微放宽相对可计算概念的要求。波斯特定义了一种介于图灵可归约与多到一可归约之间的概念——真值表可归约(truth table reducible)。

定义 2.5 (真值表可归约) 称集合 A *真值表可归约*于集合 B (truth table reducible，记作 $A \leq_{tt} B$)，当且仅当存在一个能行的程序 t，当我们希望知道 n 是不是在 A 里面时，我们用 t 计算出一个真值表 $t(n)$，再比对 B，取 $t(n)$ 中与 B 的前段相符的那行作为答案 (见图 2.5)。

	$t(n)$			
			$A(n)$ 可能值	
	0	0	1	
$B\upharpoonright 2$:	0	1	0	咨询 B 后决定的 $A(n)$ 取值
	1	0	0	
	1	1	1	

图 2.5 真值表归约

与多到一可归约定义中只能问神谕集 B 的一个位置的值相比，真值表可归约允许*一次性*问 B 中任意有穷个位置的值。但这个概念相对图灵可归约还是有更多的限制。与图灵可归约不同，真值表可归约只有问一次问题的机会，不允许根据 B 的反馈调整下一个要向 B 咨询的问题，而这种“互动”在相对可计算概念的直观中似乎是应该被允许的。可以类似地证明，存在一个单集在真值表可归约意义上是所有递归可枚举集中最难的。这说明，真值表可归约的确是比多到一可归约更宽松的相对可计算性概念，也进一步佐证了多到一可归约作为对相对可计算性概念的刻画过于严格了。

构造“最难的”单集

任意给定创造集 C，我们试图能行地生成一个单集 S_C 将计算 C 所需要的信息编入其中，这样，就可以用 S_C 作神谕计算所有递归可枚举集了。

第 62 页中给出了一个生成单集 S 的机械方法，并且任意形如 $[m+1, 2m+2]$ 的区间都不会被 S“占满”。考虑区间序列

$$\begin{array}{cccccc} [1,2] & [3,6] & [7,14] & \dots & [2^{i+1}-1, 2^{i+2}-2] & \dots \\ \sigma_0 & \sigma_1 & \sigma_2 & & \sigma_i & \end{array}$$

定义 S_C 为下述程序生成的集合：同时运行生成 S 和 C 的程序。每当一个自然数 e 被放入 S 中，将 e 放入 S_C。每当一个自然数 i 被放入 C 中，将整个 σ_i 区间中的数全部放入

S_C。容易验证，这样生成的 S_C 确实是单集，并且携带了计算 C 所需要的信息：问 i 是否属于 C，只需要看是否区间 $[2^{i+1} - 1, 2^{i+2} - 2]$ 中的自然数全部在 S_C 就行了。换句话说，利用 S_C 计算 C 时，针对每一个 i，只需要一次性问 S_C 关于 $[2^{i+1} - 1, 2^{i+2} - 2]$ 的问题就可以了。所以，我们实际上证明了 $C \leq_{tt} S_C$。

寻找在真值表可归约意义上介于可计算和停机问题之间的计算复杂度会更困难。波斯特设法刻画了比单集具有更"薄"补集的超单集 (hyper-simple set)。

定义 2.6 (超单集) 称集合 H 是超单集，当且仅当它是递归可枚举的、它的补集是无穷的，并且对任意由两两不相交的有穷自然数集组成的无穷递归可枚举集合族 $\mathcal{X}$[①]，存在 $s \in \mathcal{X}$ 使得 $s \subset H$(见图 2.6)。

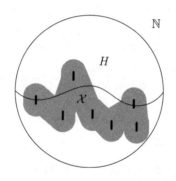

图 2.6　超单集

显然，超单集是单集。类似地，可以证明，存在一个超单集。而超单集的定义使得创造集的信息不能以最直接的方式编入一个超单集。事实上，可以证明任何创造集都不能真值表归约于一个超单集。因而，超单集的存在似乎有可能成为波斯特问题正面解的一个有力的候选。然而，再一次，波斯特证明了超单集可以与停机问题图灵等价。这个方向上的努力再一次失败，并且暗示了真值表可归约仍然是过于严格的刻画，那么接下来自然的想法是定义更严格的概念，如超超单集 (hyper-hyper-simple set)。

---

① 由于每个自然数的有穷集合都可以被编码为一个自然数，因此，说一个由有穷自然数集组成的集合族是递归可枚举的就是说由这些有穷集合的编码组成的自然数集是递归可枚举的。

定义 2.7 (超超单集)　一个递归可枚举集 H 是超超单集，当且仅当它的补集是无穷的，并且对任意两两不交的递归可枚举集序列

$$\{W_{f(n)} \mid n \in \omega\}$$

(f 是递归函数)，总存在 $W_{f(n)} \subset H$。

超超单集显然是超单集，并且有更 "薄" 的补集。波斯特在文章中并没有构造出一个超超单集。麦希尔 (Myhill, John) 在 (Myhill, 1956) 中提出了**极大集** (maximal set) 概念，这是非递归的递归可枚举集中在一定意义上拥有最 "薄" 补集的一类集合，因此，极大集也是超超单集、超单集、单集。弗里德贝格 (Friedberg, Richard M.) 证明了存在极大集，因而也存在超超单集。耶茨 (Yates, C. E. Mike) 证明了存在与停机问题图灵等价的极大集。波斯特原本的计划是：定义一个性质 $\mathcal{P}$，使得满足该性质的非递归的递归可枚举 X 的补集非常 "薄" 以至于无法编入足够计算停机问题的信息，由此证明 X 的计算复杂度严格介于可计算集合与停机问题之间。耶茨的结果标志了上述计划的失败，因而波斯特最初的直观是错误的。[①]

极大集

定义 2.8　称递归可枚举集 M 是**极大集**，当且仅当 M 的补集 $\omega \setminus M$ 是无穷的，并且对任意递归可枚举 W，要么 $W \cap (\omega \setminus M)$ 是有穷的，要么它的补集 $(\omega \setminus W) \cap (\omega \setminus M)$ 是有穷的。

极大集之所以得名，是因为它的补集不仅不能包含任何无穷递归可枚举集，甚至不能在忽略有穷例外的意义上包含任何无穷递归可枚举集。定义 $A \subset^* B$，当且仅当 $A \setminus B$ 是有穷的；$A =^* B$，当且仅当 $A \subset^* B$ 且 $B \subset^* A$。令 M 是极大集。如果存在无穷递归可枚举 $W \subset^* (\omega \setminus M)$，即 $W \cap M$ 是有穷的，那么 $W \cap (\omega \setminus M)$ 就是无穷的了。一个无穷的递归可枚举 W 总是可以分成两个不交的无穷递归可枚举 W_1, W_2 使得 $W_1 \cup W_2 = W$。由此，$W_1 \cap (\omega \setminus M)$ 和 $(\omega \setminus W_1) \cap (\omega \setminus M)$ 都是无穷的，矛盾。可以类似地证明，极大集是超超单集。

令 $\mathcal{E} = \{X \subset \omega \mid X$ 是递归可枚举集 $\}$。令 $\mathcal{E}^*$ 是 $\mathcal{E}$ 模有穷的商集，即 $\mathcal{E}^* = \{[X] \mid X \in \mathcal{E}\}$ 而每个 $[X] = \{Y \in \mathcal{E} \mid$

[①] 值得一提的是，哈林顿 (Harrington, Leo) 和索阿雷 (Soare, Robert Irving) 在 (Harrington and Soare, 1991) 中证明存在 $(\mathcal{E}, \subset)$ 上可定义的性质 $\mathcal{Q}$ (不涉及任何相对可计算的归约概念)，使得所有满足 $\mathcal{Q}(X)$ 的递归可枚举集 X 都有 $0 \lneq_T X \leq_T K$。这被认为是在一定意义上实现了波斯特计划。

> $Y =^* X\}$，那么结构 $(\mathcal{E}^*, \subset^*)$ 就是 $(\mathcal{E}, \subset)$ 模有穷的商结构，而任何极大集都是结构 $(\mathcal{E}^*, \subset^*)$ 中的极大元。
>
> M 是极大集 $\Leftrightarrow M \subsetneq^* \omega \wedge \forall X \in \mathcal{E}(M \subsetneq^* X \to X =^* \omega)$。

显然，波斯特在这篇文章中并没有解决自己提出来的问题，并且波斯特最初的直观被证明是有误的。十多年后，弗里德贝格和穆奇尼克 (Muchnik, Albert Abramovich) 分别独立解决了波斯特问题(见第 74 页)。然而，他们的解决方式并没有按照波斯特规划的上述路线。但是，波斯特在 (Post, 1944) 中提出的诸概念以及基于其上的研究计划实际上开启了现代递归论研究。

简要回顾下波斯特(Post, 1944) 这篇文章的形式。除了前文中提到的关于递归可枚举集正确刻画了生成集直观的辩护，文章主体部分试图分析的是 "不可解的度" 以及相应的归约概念。图灵运用带神谕的图灵机给出了对相对可计算归约概念的一个精确的数学定义。波斯特显然非常认同，但是仍有遗留的问题。其一是，如何为这个刻画提供辩护。其二是，图灵归约虽然是一个毫无歧义的精确定义，但不自然意味着我们就能清楚地掌握这个概念的外延。反倒是，我们对它的外延几乎一无所知。波斯特的规划就是要 (首先在递归可枚举集的范围内) 搞清楚这个外延，并且相信随着我们对其外延的认识越来越清晰，也就会有越来越强的信心认为图灵的这个刻画是正确的解释。为此，波斯特还提出了其他可能的对相对可计算归约概念的刻画，通过证明这些刻画的一些性质显示出这些刻画未能正确反映人们对 "相对可计算性" 的直观，而这些又进一步佐证图灵可归约刻画的正确性。就这点而言，波斯特的论证是有说服力的，并且这与在第一章中提到的早期分析哲学的论证形式相符。

2.1.2 度的结构

波斯特在 (Post, 1948) 首次明确定义了现代意义上的图灵度 (Turing degree) 概念作为都 "不可解的度" 的精确刻画。由自然数集 X 代表的图灵度被定义为包含 X 的图灵等价关系下的等价类：

$$[X]_T = \{Y \subset \omega \mid Y \equiv_T X\}.$$

同一个图灵度中的集合具有同样的图灵归约概念下的计算复杂度。假设 $[X]_T$ 和 $[Y]_T$ 是图灵度，定义 $[X]_T \leqslant_T [Y]_T$，当且仅当 $X \leq_T Y$。容易证明，这个定义是合理的，选取 $[X]_T$ 或 $[Y]_T$ 中的其他代表元素不会带来

什么区别。令

$$\mathfrak{D}_T = \big\{ [X]_T \mid X \subset \omega \big\}$$

是所有图灵度组成的集合，则 $(\mathfrak{D}_T, \leqslant_T)$ 是一个偏序 (partial order) 结构[1]，又被称作 (全局) 图灵度结构 (global Turing degree structure)。可以说，$(\mathfrak{D}_T, \leqslant_T)$ 就是 "图灵归约" 概念的外延。

(Kleene and Post, 1954) 开启了对图灵度结构的研究计划，他们指出了关于结构 $(\mathfrak{D}_T, \leqslant_T)$ 的一些简单事实。由于计算机程序或带神谕的图灵机只有可数多个，所以每个图灵度的基数是可数的，因此，$\mathfrak{D}_T$ 的基数与连续统的基数一样，即 $2^{\aleph_0}$。尽管如此，对每个图灵度 $\boldsymbol{x}$，由 $\boldsymbol{x}$ 的前驱组成的前段 $\{\boldsymbol{y} \in \mathfrak{D}_T \mid \boldsymbol{y} \leqslant_T \boldsymbol{x}\}$ 是可数的，因此，我们称结构 $(\mathfrak{D}_T, \leqslant_T)$ 满足可数前驱性质 (countable predecessor property)。

显然，$\mathfrak{D}_T$ 有一个最小元 $\boldsymbol{0} = [0]_T$，即所有可计算集合组成的图灵度。但是 $\mathfrak{D}_T$ 没有极大元。对每个集合 X，都有一个 "相对于 X 的停机问题"，它的复杂度严格地高于 X 的复杂度，被称作 X 复杂度的图灵跃迁 (Turing jump)。

定义　2.9 (图灵跃迁)　对集合 X，定义 X 跃迁(记作 X') 为相对于它的停机问题，即

$$X' = \big\{ e \mid \Phi_e^X(e) \downarrow \big\}。$$

对图灵度 $\boldsymbol{x} = [X]_T$，定义 $\boldsymbol{x}' = [X']_T$。

容易证明，$\boldsymbol{x}'$ 的定义与 $\boldsymbol{x}$ 中代表元素的选取无关。特别地，$\boldsymbol{0}' = [K]_T$。停机问题不可计算的证明可以统一地推广至对 $X \lneqq_T X'$ 的证明。因此，对每个图灵度 $\boldsymbol{x}$，都有一个比它更高的图灵度 $\boldsymbol{x}'$。

接下来克莱尼和波斯特发现，在 $\mathfrak{D}_T$ 上有一定的代数结构。对任意集合 X, Y，定义它们的信息和

$$X \oplus Y = \big\{ 2k \mid k \in X \big\} \cup \big\{ 2k+1 \mid k \in Y \big\}。$$

由此，$X \oplus Y$ 的偶数部分携带了原本 X 的信息，而 $X \oplus Y$ 的奇数部分携带了 Y 的信息。显然，如果知道 $X \oplus Y$，就可以判定 X 和 Y ($X \leqslant_T X \oplus Y$ 且 $Y \leqslant_T X \oplus Y$)。而对任意集合 Z，如果 $X \leqslant_T Z$ 且 $Y \leqslant_T Z$，那么 $X \oplus Y \leqslant_T Z$。类似地，对图灵度 $\boldsymbol{x} = [X]_T$ 和 $\boldsymbol{y} = [Y]_T$，可以定义

$$\boldsymbol{x} \vee \boldsymbol{y} = [X \oplus Y]_T。$$

可以证明，$\boldsymbol{x} \vee \boldsymbol{y}$ 是 $\boldsymbol{x}, \boldsymbol{y}$ 在偏序 $\leqslant_T$ 下的上确界，因此，$\mathfrak{D}_T$ 是一个向上的半格(upper semi-lattice)。

---

[1] 后文中，在上下文不引起歧义的前提下将结构 $(\mathfrak{D}_T, \leqslant_T)$ 简写为 $\mathfrak{D}_T$。

格与半格

假设 $(L, \leq)$ 是一个偏序，令 $x, y \in L$。我们称 u 是 $\{x, y\}$ 的上确界，当且仅当 u 是 $\{x, y\}$ 的上界 (即 $x, y \leq u$)，并且对 $\{x, y\}$ 的任意上界 z 都有 $u \leq z$。类似地，定义 $\{x, y\}$ 的下确界为 $\{x, y\}$ 最大的下界。例如，在自然数上的整除关系下，$\{n, m\}$ 的上确界、下确界分别为 $\{n, m\}$ 的最小公倍数和最大公约数。在偏序结构中，上确界和下确界未必总是存在。如果偏序 $(L, \leq)$ 中任意两个元素的上确界和下确界都存在，就称 $(L, \leq)$ 是一个格 (lattice)。而如果 $(L, \leq)$ 只在上确界 (或下确界) 下封闭，则称 $(L, \leq)$ 是向上的 (或向下的) 半格(semi-lattice)。

在格 (半格) 上可以定义代数运算。例如，定义 $x \vee y$ 为 $\{x, y\}$ 的上确界，定义 $x \wedge y$ 为 $\{x, y\}$ 的下确界。可以证明，$(L, \vee)$ 和 $(L, \wedge)$ 都是满足结合律、交换律和幂等性 (例如，$x \wedge x = x$) 的代数结构。在满足结合律、交换律和幂等性的结构 $(L, \vee)$ 上可以定义偏序：

$$x \leq y \Leftrightarrow y = x \vee y,$$

重新得到 (偏序意义上的) 半格。

代数结构 $(L, \vee, \wedge)$ 满足分配律，当且仅当它满足

$$x \vee (y \wedge z) = (x \vee y) \wedge (x \vee z)$$

以及

$$x \wedge (y \vee z) = (x \wedge y) \vee (x \wedge z).$$

满足分配律的格又被称作分配格。

如果分配格 $(L, \vee, \wedge, \mathbf{0}, \mathbf{1})$ 有最大元 $\mathbf{1}$ 和最小元 $\mathbf{0}$ 并且在补运算下封闭，即对任意 $x \in L$，存在 $y \in L$ 使得

$$x \vee y = \mathbf{1}, \ \text{并且} \ x \wedge y = \mathbf{0},$$

那么 L 就是一个布尔代数。

半格$(L, \leq, \vee)$ 虽然只有一个代数运算，也可以定义分配律如下：对任意 $x, y, z \in L$，如果 $z \leq x \vee y$，那么存在 $x_0 \leq x$ 和 $y_0 \leq y$ 使得 $z = x_0 \vee y_0$。满足上述分配律的半格被称作分配半格。可以证明，如果分配半格也在下确界下封闭，那么它就是一个分配格。

克莱尼和波斯特证明 (Kleene and Post, 1954, Theorem 3)，存在一对没有下确界的图灵度，因此 $\mathfrak{D}_T$ 不是一个格。克莱尼和波斯特在文章中发明了一种被称作 "算术力迫法"(forcing in arithmetic，力迫法简介见 3.3 节) 的方法，用以构造一系列不可比的图灵度。

定理 2.10 (克莱尼-波斯特) 存在图灵度 a_1, a_2，使得 $0 <_T a_i <_T 0'(i=1,2)$ 且 a_1 与 a_2 不相容 (即 $a_1 \not\leqslant_T a_2$ 且 $a_2 \not\leqslant_T a_1$)。①

一般地，对任意图灵度 a 及任意自然数 k，存在 k 个彼此独立的图灵度 $b_1, \ldots, b_k$，使得 $a <_T b_i <_T a'(i=1, \ldots, k)$。②

克莱尼-波斯特算术力迫论证

我们试图构造一对集合 A, B 满足 $A \not\leqslant_T B$ 且 $B \not\leqslant_T A$。

对定义在自然数上的二值函数 $\sigma, \tau \in 2^{<\omega}$，$\sigma \subset \tau$ 当且仅当 τ 是 σ 的尾节扩张。显然，$(2^{<\omega}, \subset)$ 是一个偏序。令 $\sigma_0 \subsetneq \sigma_1 \subsetneq \ldots$ 是 $2^{<\omega}$ 上的一个无穷链，则 $\bigcup_{i<\omega} \sigma_i \in 2^\omega$ 是一个自然数上的二值全函数。

事实上，我们将构造 $2^{<\omega}$ 上的无穷链 $\sigma_0 \subsetneq \sigma_1 \subsetneq \ldots$ 和 $\tau_0 \subsetneq \tau_1 \subsetneq \ldots$，使得 $\chi_A = \bigcup_{i<\omega} \sigma_i$ 和 $\chi_B = \bigcup_{i<\omega} \tau_i$ 分别是集合 A 和 B 的特征函数，并且逐一满足要求：

$$\text{Re}_{2e}: \qquad \Phi_e^A \neq \chi_B,$$
$$\text{Re}_{2e+1}: \qquad \Phi_e^B \neq \chi_A。$$

首先令 $\sigma_0 = \tau_0 = 0$。

在第 $2e+1$ 步，σ_{2e} 和 τ_{2e} 已被构造，我们试图扩张它们以满足 Re_{2e}。令 $n = |\tau_{2e}|$③是第一个不在 τ_{2e} 中的自然数。如果

$$\exists \rho \in 2^{<\omega} \exists s \in \omega \ (\rho \supset \sigma_{2e} \wedge \Phi_{e,s}^\rho(n)\downarrow) \qquad (2.2)$$

成立，那么令 $\sigma_{2e+1} =$ 满足 (2.2) 的 "最小" 的 ρ，而令 $\tau_{2e+1} = \tau_{2e}\frown\{(n, 1 - \Phi_e^{\sigma_{2e+1}}(n))\}$，也即把 n 放入 τ_{2e+1} 的定义域并赋以与 $\Phi_e^{\sigma_{2e+1}}(n)$ 不同的值。由此，无论 σ_{2e+1} 和 τ_{2e+1} 之后

---

① 我们用 $x <_T y$ 表示 $x \leqslant_T y$ 且 $y \not\leqslant_T x$。

② 在递归论语境下，称自然数集族 $\{A_i \mid i < N\}(N \leq \omega)$ 是独立的，当且仅当其中每个集合都无法图灵归约于其他集合的信息和，即 $A_i \not\leqslant_T \oplus\{A_j \mid j < N \wedge j \neq i\}$。类似地，可以定义一集图灵度是独立的。

③ 对 01 字符串 $\sigma \in 2^{<\omega}$，我们用 $|\sigma|$ 表示该字符串的长度。显然，$|\sigma| = \text{dom}\,\sigma = \text{card}\,\sigma$。

如何扩张，例如，对任意 $\chi_A, \chi_B \in 2^\omega$ 满足 $\chi_A \supset \sigma_{2e+1}$ 以及 $\chi_B \supset \tau_{2e+1}$，都有

$$\Phi_e^A(n) \downarrow = \Phi_e^{\sigma_{2e+1}}(n) \downarrow \neq \chi_B(n) = \tau_{2e+1}(n)。$$

而如果 (2.2) 不成立，那么任意扩张 σ_{2e}。例如，令 $\sigma_{2e+1} = \sigma_{2e} \frown \{(|\sigma_{2e}|, 0)\}$，令 $\tau_{2e+1} = \tau_{2e} \frown \{(|\tau_{2e}|, 0)\}$。类似地，无论 σ_{2e+1} 和 τ_{2e+1} 之后如何扩张，都有

$$\Phi_e^A(n) \uparrow。$$

所以，无论 (2.2) 成立与否，σ_{2e+1} 和 τ_{2e+1} 的构造保证了

$$\Phi_e^A(n) \neq \chi_B(n)$$

成立。用力迫法的术语，即 $(\sigma_{2e+1}, \tau_{2e+1}) \Vdash \mathrm{Re}_{2e}$。类似地，可以构造 $(\sigma_{2e+2}, \tau_{2e+2}) \Vdash \mathrm{Re}_{2e+1}$。

注意，σ_{2e+1} 和 τ_{2e+1} 的构造中唯一非能行的部分是对 (2.2) 的判断，而 (2.2) 是一则 Σ_1^0 公式，因而可以图灵归约到停机问题，所以，由此构造出来的 $A, B \leq_T K$。

需要注意的是，克莱尼-波斯特定理并没有能直接回答波斯特在 (Post, 1944) 中提出的波斯特问题，后者要求构造的是不相容的递归可枚举的图灵度，而这里构造的仅仅是 $\leq_T \boldsymbol{0}'$ 的图灵度，并非所有在停机问题下可计算的集合都是递归可枚举的。

克莱尼-波斯特定理和其中的构造方法有力地促进了对图灵度结构的理解。作为克莱尼-波斯特定理的直接推论，可以证明任何有穷偏序都可以被嵌入 $\mathfrak{D}_T$。萨克斯 (Sacks, Gerald) 在 (Sacks, 1963) 推广了克莱尼-波斯特结果，证明每个可数的偏序都可以被嵌入 $\mathfrak{D}_T$，甚至每个满足可数前驱性质的基数 $\leq \aleph_1$ 的偏序都可以被嵌入 $\mathfrak{D}_T$。萨克斯猜想，每个满足可数前驱性质且基数 $\leq 2^{\aleph_0}$ 的偏序都可以被嵌入 $\mathfrak{D}_T$。如果连续统假设成立，萨克斯的猜想自然成立，但这在 ZFC 中是否可证尚未可知。无论如何，已有的结果表明，图灵度全局结构 $\mathfrak{D}_T$ 是一个具有相当普遍性的偏序结构。

在 $\mathfrak{D}_T$ 中嵌入有穷偏序

推论 2.11 对任意有穷偏序 $(n, \preceq)$，存在一一的函数 $h: n \to \mathfrak{D}_T$ 使得对任意 $i, j < n$，

$$i \preceq j \iff h(i) \leqslant_T h(j)。$$

令 $\{a_i \mid i < n\}$ 是彼此独立的图灵度，定义 $b_i = \bigvee_{j \preceq i} a_j$。
容易验证，$h(i) = b_i$ 满足要求 (见图 2.7)。

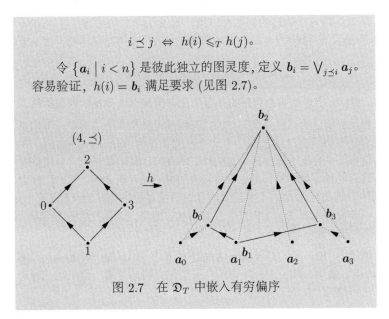

图 2.7　在 $\mathfrak{D}_T$ 中嵌入有穷偏序

斯佩克特 (Spector, Clifford) 在 (Spector, 1956) 推广了 (Kleene and Post, 1954) 中的一些结果，并回答了其中提出的若干问题。例如，他证明了 $\mathfrak{D}_T$ 不是稠密的，并且拥有非零极小元。

定理　2.12 (斯佩克特)　对任意图灵度 a，存在图灵度 $c <_T a''$ 且 $a <_T c$，使得不存在图灵度 b 满足 $a <_T b <_T c$。

对严格上升的无穷图灵度序列 $a_0 <_T a_1 <_T \ldots$，斯佩克特构造了被称作精确对 (exact pair) 的一对图灵度 b, c，使得对任意图灵度 d，若 $d \leqslant_T b$ 且 $d \leqslant_T c$，则存在 $i < \omega$ 使得 $d \leqslant_T a_i$。显然，精确对 $\{b, c\}$ 没有下确界。而 $\mathfrak{D}_T$ 中的任何无穷递增序列之上都有精确对，因而没有上确界。所以，$\mathfrak{D}_T$ 不是在上确界意义上 ω-完全的。

(Kleene and Post, 1954) 开启的另一条问题线索是结构 $(\mathfrak{D}_T, \leqslant_T)$ 中的可定义问题。图灵跃迁可能是图灵度结构上最重要的运算，许多关于图灵度的性质都需要援引图灵跃迁来定义。克莱尼和波斯特问道：图灵跃迁是否能够在偏序结构 $(\mathfrak{D}_T, \leqslant_T)$ 中被定义？直到 1990 年，才由库珀 (Cooper, S. Barry) 声称证明了，图灵跃迁和"在……中递归可枚举"(例如，a' 在 a 中递归可枚举) 都是在 $(\mathfrak{D}_T, \leqslant_T)$ 中可定义的 (Cooper, 1990)。[1]

---

[1] 库珀的证明在后来被发现是错误的。现代的证明使用的是下文中斯拉曼-武丁的方法。而"在……中递归可枚举"的可定义性尚未可知。

斯佩克特对精确对的构造可以推广至 $\mathfrak{D}_T$ 上的可数理想 (ideal)[①]。假设 I 是 $\mathfrak{D}_T$ 上可数理想，那么存在精确对 $\boldsymbol{b}, \boldsymbol{c}$，使得对任意图灵度 $\boldsymbol{a} \in \mathfrak{D}_T$，

$$\boldsymbol{a} \in I \ \Leftrightarrow \ \boldsymbol{a} \leqslant_T \boldsymbol{b} \text{ 且 } \boldsymbol{a} \leqslant_T \boldsymbol{c}\text{。}$$

因此，$\mathfrak{D}_T$ 上的所有可数理想都是以其上的精确对作为参数可定义的。

相反，要证明某些具体的性质、关系或运算在一个结构中不可定义，通常的方法是构造该结构上的一个非平凡的自同构 (automorphism)，并证明那些性质、关系或运算在这个自同构下不保持。而如果证明一个性质或关系在所有自同构下都保持，那么它有较大的可能是可定义的。因此，对 $\mathfrak{D}_T$ 上自同构的研究与对 $\mathfrak{D}_T$ 上可定义问题的研究是相辅相成的。然而，一直以来人们并没有发现 $\mathfrak{D}_T$ 上的非平凡自同构。但是，这并不妨碍人们问：如果 $\mathfrak{D}_T$ 存在非平凡的自同构，那么它会是怎么样的？

斯拉曼 (Slaman, Theodore Allen) 和武丁 (Woodin, William Hugh) 在 (Slaman and Woodin, 1986) 中推广了斯佩克特的结果，给出了一种对 $\mathfrak{D}_T$ 上任何可数关系的统一编码。

定理 2.13 (斯拉曼-武丁编码定理) 假设 R 是 $\mathfrak{D}_T$ 上的可数关系，那么 R 在 $\mathfrak{D}_T$ 中参数可定义。具体地，对任意 $k \in \omega$，存在一则公式

$$\varphi(x_1, \ldots, x_k, y_1, \ldots, y_m),$$

使得对任意 $\mathfrak{D}_T$ 上的可数 k 元关系 R，存在参数 (编码)$\boldsymbol{p}_1, \ldots, \boldsymbol{p}_m \in \mathfrak{D}_T$，使得 φ 在 $\mathfrak{D}_T$ 中定义 R，即

$$(\boldsymbol{a}_1, \ldots, \boldsymbol{a}_k) \in R \ \Leftrightarrow \ (\mathfrak{D}_T, \leqslant_T) \vDash \varphi(\boldsymbol{a}_1, \ldots, \boldsymbol{a}_k, \boldsymbol{p}_1, \ldots, \boldsymbol{p}_m)\text{。}$$

斯拉曼-武丁编码使得一系列问题能以更优雅且统一的方式得到解决，例如：

(1) 二阶算术在 $(\mathfrak{D}_T, \leqslant_T)$ 的理论中可翻译，因而 $\mathfrak{D}_T$ 的理论是不可判定的；

(2) $\mathfrak{D}_T$ 结构是刚性的 (rigid)，当且仅当 $\mathfrak{D}_T$ 可与二阶算术相互翻译；

(3) $\mathfrak{D}_T$ 上的自同构在一个倒锥体 (cone) 上是等同函数；

[①] 理想是偏序结构上的一种子结构，是与滤子(见定义 3.17) 对偶的概念。假设 $(\mathbb{P}, \leq)$ 是一个偏序，称 $I \subset \mathbb{P}$ 是理想，当且仅当: (1) 如果存在最小元，那么最小元属于 I; (2)I 向下封闭，即 $p \in I$ 且 $q \leq p$ 蕴涵 $q \in I$; (3) 对任意 $p, q \in I$，存在 $r \in I$ 且 $r \geq p, q$。

(4) 存在一种对每个 $\mathfrak{D}_T$ 上自同构的算术表达，因而至多有可数个 $\mathfrak{D}_T$ 上的自同构。

辛普森 (Simpson, Stephen G.) 在 (Simpson, 1977) 中利用斯佩克特对可数理想的编码证明了二阶算术可以被翻译到 $\mathfrak{D}_T$ 的一阶理论，因此，$\mathfrak{D}_T$ 的一阶理论是不可判定的。利用斯拉曼-武丁编码定理可以更直接地将二阶算术翻译到 $\mathfrak{D}_T$ 中。例如，我们可以在 $\mathfrak{D}_T$ 中定义一个性质 P，使得满足 $P(\vec{p}_{\mathbb{N}}, \vec{p}_{+}, \vec{p}_{\cdot})$ 的参数序列 $\vec{p}_{\mathbb{N}}, \vec{p}_{+}, \vec{p}_{\cdot}$ 编码了算术结构 $(\mathbb{N}, +, \cdot)$ 在 $\mathfrak{D}_T$ 中的一个同构像。显然，在 $\mathfrak{D}_T$ 中可以定义关系 "$\vec{p}$ 编码的集合是 $\vec{q}$ 编码的集合的子集"：

$$\psi_{\subset}(\vec{p}, \vec{q}) =_{\mathrm{df}} \forall x \left[\varphi(x, \vec{p}) \to \varphi(x, \vec{q})\right].$$

由此，二阶算术量词如 $\forall X \subset \mathbb{N}\ldots$ 可以被解释为 $\mathfrak{D}_T$ 中关于参数的一阶量词：

$$\forall \vec{p}_{\mathbb{N}}, \vec{p}_{+}, \vec{p}_{\cdot} \left[P(\vec{p}_{\mathbb{N}}, \vec{p}_{+}, \vec{p}_{\cdot}) \to \forall \vec{x}(\psi_{\subset}(\vec{x}, \vec{p}_{\mathbb{N}}) \to \ldots)\right]。$$

将二阶算术翻译到 $\mathfrak{D}_T$ 理论中的关键是将每个自然数集 X 对应为在 $\mathfrak{D}_T$ 中编码 $(\mathbb{N}, +, \cdot, X)$ 的一类参数组 $(\vec{p}_{\mathbb{N}}, \vec{p}_{+}, \vec{p}_{\cdot}, \vec{p}_X)$。而要将 $\mathfrak{D}_T$ 理论翻译到二阶算术中，需要把每个图灵度 x 对应于其中的一个代表 $X \in x$。如果在 $\mathfrak{D}_T$ 中可以 (在编码的语境下) 定义 "X 是 x 的代表" 这一关系，则称 $\mathfrak{D}_T$ 可与二阶算术相互翻译 (biinterpretable with second ordered arithmetic)。

定义 2.14 (可与二阶算术相互翻译) 度结构 $(\mathfrak{D}, \leqslant)$ 可与二阶算术相互翻译，当且仅当下述关系在 $(\mathfrak{D}, \leqslant)$ 中可定义：对任意 $\vec{c}, x \in \mathfrak{D}$，

$R(\vec{c}, x) \Leftrightarrow$ 自然数集 X 是 x 的代表，且 $\vec{c}$ (在定理 2.13 意义上) 编码 X。

我们称一个结构是刚性的，当且仅当它没有非平凡的自同构。一阶或二阶算术结构都是刚性的。可以证明，如果 $\mathfrak{D}_T$ 可与二阶算术相互翻译，那么 $\mathfrak{D}_T$ 和二阶算术结构一样也是刚性的。假设 $\pi: \mathfrak{D}_T \to \mathfrak{D}_T$ 是自同构，由此，可以引导出实数集上的自同构 $\pi^*: P(\omega) \to P(\omega)$，满足如果 $\vec{c}$ 是 X 的编码，那么 $\pi^*(X) = \pi(\vec{c})$ 所编码的集合。由于二阶算术结构是刚性的，π^* 是等同映射，因此，$\vec{c}$ 和 $\pi(\vec{c})$ 编码了同一个自然数集 X。任给 $x \in \mathfrak{D}_T, X \in x$，由于关系 R 可定义因而在自同构 π 下保持，$R(\vec{c}, x) \Leftrightarrow R(\pi(\vec{c}), \pi(x)) \Leftrightarrow R(\vec{c}, \pi(x))$。显然，如果 $R(\vec{c}, x_1)$ 且 $R(\vec{c}, x_2)$，那么 $x_1 = x_2$，所以 $\pi(x) = x$。

斯拉曼和武丁证明 (Slaman and Woodin, 2005) $\mathfrak{D}_T$ 是刚性的，当且仅当 $\mathfrak{D}_T$ 可与二阶算术相互翻译。并猜想，图灵度结构 $\mathfrak{D}_T$ 是刚性的。

在考虑 (全局) 图灵度结构的同时，现代递归论也着力研究局部的图灵度结构和对应于其他归约概念的度结构，例如，在上一节中介绍的递归可枚举的图灵度结构。我们知道，波斯特在 (Post, 1944) 和 (Kleene and Post, 1954) 中构思的方法都没能构造出介于停机问题和可计算之间的图灵度。弗里德贝格(Friedberg, 1957) 和穆奇尼克(Muchnik, 1956) 发明了被称作优先方法 (priority argument) 的技术构造了一对互相不可归约的递归可枚举集，最终解决了波斯特问题。优先方法被推广并用于构造各种递归可枚举集。萨克斯利用改造过的优先方法证明了递归可枚举的图灵度是稠密的，即对任意递归可枚举集 $A \leq_T B$，存在递归可枚举集 C，使得 $A \leq_T C \leq_T B$ (Sacks, 1964)。因此，至少递归可枚举的图灵度结构与全局图灵度结构不是初等等价的。

优先方法

　　优先方法的技术最早被用于构造一对互相不可归约的递归可枚举集。显然，这对集合既不是递归的，也不是递归可枚举完全的，而是属于介于两者之间的 "不可解的度"。

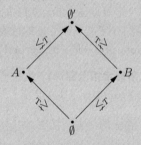

图 2.8　$A \nleq_T B$ 且 $B \nleq_T A$

　　使用优先方法生成集合，往往是为了满足若干组要求，而为了满足其中一组要求，在生成集合过程中所做的操作有可能 "损害" 到先前为了满足其他要求所做的努力，因此，有必要将这些要求按优先级排序，并且在构造中设法要求在满足优先级低的要求时不能损害到先前为满足高优先级要求所做的努力。如此，高优先级的要求被满足后就难以再被损害，并由此逐渐满足所有要求。

　　在弗里德贝格的证明中，需要递归地枚举出 A, B 并满足两组需求，分别使得 $A \nleq_T B$ 且 $B \nleq_T A$ (见图 2.8)。具体而言，需要满足需求：

$$\mathrm{Re}_{2e}: \qquad \exists n \ \Phi_e^A(n) \neq \chi_B(n),$$
$$\mathrm{Re}_{2e+1}: \qquad \exists n \ \Phi_e^B(n) \neq \chi_A(n)。$$

这些需求的优先级以 $R_0, R_1, \ldots, R_{2e}, R_{2e+1}, \ldots$ 的方式排列。为满足需求 Re_{2e}，设法找到 n 使得以 A_s 为神谕得出的回答是 $n \notin B$，即 $\Phi_{e,s}^{A_s}(n) = 0$，然后反将 n 添加进 B。注意，如果不存在这种情况的话，Re_{2e} 自然满足。为体现优先级，在为 Re_{2e} 做出努力后需要设置屏障，阻止以后在处理某些低优先级的 Re_{2d+1} 时干扰 $\Phi_e^A(n) = \Phi_e^{A_s}(n) = 0$ 这一计算结果的自然数放入 A。R_0 在构造中一旦被满足就最终被满足，而 R_1 被满足后可能在处理 R_0 时被损害一次，R_2 则至多被损害三次就最终被满足。依此类推，每个需求至多被损害有穷次，最终所有要求都会被满足。因此，弗里德贝格的论证又被称作"有穷损害优先方法"。

类似地，有些研究聚焦于图灵度结构的一些理想，如 $\mathfrak{D}_T(\leqslant_T \mathbf{0}')$，即所有 Δ_2^0 集合的图灵度，以及算术可定义集的图灵度 $\bigcup_{n<\omega} \mathfrak{D}_T(\leqslant_T \mathbf{0}^{(n)})$。$\mathfrak{D}_T(\leqslant_T \mathbf{0}')$ 比递归可枚举的图灵度更接近 $\mathfrak{D}_T$。例如，(Spector, 1956) 的多数结论都在 $\mathfrak{D}_T(\leqslant_T \mathbf{0}')$ 中成立：存在极小元，非稠密，存在精确对。斯拉曼和索斯科娃 (Soskova, Mariya I.) 证明 (Slaman and Soskova, 2015)：$\mathfrak{D}_T(\leqslant_T \mathbf{0}')$ 与全局结构一样有至多可数个非平凡的自同构，并且 $\mathfrak{D}_T(\leqslant_T \mathbf{0}')$ 是刚性的当且仅当它可与一阶算术相互翻译。自然数集 X 是一阶算术可定义的，当且仅当存在 $n < \omega$ 使得 $X \leqslant_T \emptyset^{(n)}$（图灵跃迁的 n 次迭代）。算术可定义集的图灵度结构虽然有无穷上升的图灵度序列，但并不与 $\mathfrak{D}_T$ 初等等价。贾库什 (Jockusch, Carl G.) 和索阿雷 (Soare, Robert Irving) 在 (Jockusch and Soare, 1970) 中证明了每个 $\mathbf{0}^{(n)}$ 都不是极小覆盖，即

$$\forall \mathbf{x} \ \big[\mathbf{x} <_T \mathbf{0}^{(n)} \to \exists \mathbf{y} \ (\mathbf{x} <_T \mathbf{y} < \mathbf{0}^{(n)})\big];$$

贾库什在 (Jockusch, 1973) 中证明了在 $\mathfrak{D}_T$ 中存在一个倒锥体的极小覆盖，即 $\mathfrak{D}_T$ 满足

$$\exists \mathbf{a} \forall \mathbf{b} \ \Big[\mathbf{b} \geqslant_T \mathbf{a} \to \exists \mathbf{c}\big(\mathbf{c} <_T \mathbf{b} \wedge \neg \exists \mathbf{d} \ (\mathbf{c} <_T \mathbf{d} < \mathbf{b})\big)\Big]。 \tag{2.3}$$

在 $\mathfrak{D}_T(\leqslant_T \mathbf{0}^{(\omega)})$ 中，每个倒锥体都包含几乎所有 $\mathbf{0}^{(n)}$，因而不满足 (2.3)，也因此和 $\mathfrak{D}_T$ 满足不同的一阶理论。

不同的归约概念也导致相应的度结构呈现出完全不同的性质，例如多到一可归约概念对应的度结构 $(\mathfrak{D}_m, \leq_m)$。直观上，这个结构比 $\mathfrak{D}_T$ 更细密。显然，$\mathfrak{D}_m$ 的基数是 $2^{\aleph_0}$。可以证明，$\mathfrak{D}_m$ 满足：

(1) 具有可数前驱性质；

(2) 是一个拥有最小元的向上的分配半格 (见第 68 页)；

(3) 对任意基数 $\leq 2^{\aleph_0}$ 且满足 (1)、(2) 的半格 L，如果存在 L 的一个理想 I 和 $\mathfrak{D}_m$ 的一个理想 J 之间的同构 $\pi : I \to J$，那么 π 可以被扩张成 $\pi^* : L \to \mathfrak{D}_m$，将整个 L 嵌入为 $\mathfrak{D}_m$ 中的一个理想。

并且，$\mathfrak{D}_m$ 是满足上述性质的唯一结构 (Ershov, 1975)(Palyutin, 1975)。此外，$\mathfrak{D}_m$ 上存在 $2^{2^{\aleph_0}}$ 个不同的自同构，其中可定义的元素 (单点集) 只有最小元。

另一方面，定义自然数集 A 超算术可归约于 B (hyperarithmetical reduction)，当且仅当以 B 为参数存在 Σ_1^1 和 Π_1^1 的二阶算术公式可分别定义 A。超算术可归约对应于相比 $\mathfrak{D}_T$ 更 "粗糙" 的度结构 $\mathfrak{D}_h$。可以证明，$\mathfrak{D}_h$ 可与二阶算术相互翻译，因而是刚性的。

2.2　随机性

在当代数理逻辑主流研究方向中，可能没有什么比对随机性概念的研究更能吸引来自其他领域专家或大众的注意。同 "无穷" 一样 (见第四章序言)，随机性概念长期被认为是有序性、确定性或可理解性的对立面，受到理性主义者的本能地排斥。爱因斯坦对量子不确定性的拒绝——"上帝不会对世界掷骰子" 便是这类想法的代表。然而越来越多的研究表明，无论是为了更深刻地认识这个世界，还是为了更安全更美好的生活，都无法回避对随机性的理解。

随机性概念无疑是达尔文进化论的核心概念。突变被假定是随机发生的，进化则是在随机发生的突变中自然选择的结果。随机突变的统计学性质使各种表征出现的概率均匀分配，这使得自然选择可以在足够长的时间尺度内获得接近最优的方案。更细致的研究则质疑：DNA 分子水平的突变是否真的是随机发生抑或具有一定的倾向性，分子水平突变的随机性是否导致各种表征以均匀的概率出现，突变是否随机或随机的程度会导致怎样的进化论后果？(Wagner, 2012) 在物理学中，随机性概念的数学性质是连接微观与宏观规律不可或缺的线索，被用于热动力学和流体动力学研究。量子不确定性被认为是随机性客观存在于物理世界的证据，这里的随机性被理解为不可预测性。一些计算机和物理学家相信，基于量子不确定性现象设计的随机数生成器可以生成真正的随机。他们试图将量子随机数生成器用于制作安全可靠的密码。由伪随机数生成器生成的密码理论上可以被了解其原理和参数的人预测。基于量子现象的不可预测性使上述破解途径无法实现，从而保证了所生成密码的安全性。(Aaronson, 2014)

在哲学中，尤其在当代分析哲学的讨论中，也不可避免地涉及随机性概念。自由意志 (free will) 是否存在一直是哲学的核心问题之一，随机性是关于自由意志讨论的基础概念之一。例如下述基于决定性与随机性的反对自由意志存在的二分法论证：

> 如果决定论是真的。那么所有事件都是由某个给定的过去和自然律所决定的。因此，所有的行为都是被预先决定的。没有自由意志或道德义务。
>
> ……
>
> 偶然性存在。如果我们的行为是偶然性的结果，我们无法控制。我们无法称之为自由意志，因为我们不可能对随机行为抱有道德义务。(Doyle, 2011, Ch. 4)

在这里，随机性作为决定性的反面出现。以决定性与随机性为中介，量子力学成为当代哲学讨论自由意志时经常援引的论据 (Hodgson, 2002)。利用计算机模拟自由意志是人工智能研究的重要课题，并且可能是帮人们理解有关哲学问题更有效的途径。随机数生成器在人工智能的有关实现中至关重要 (Hutter, 2011)，这包括近年来取得较多瞩目成就的机器学习技术。

可以看到，不同领域的研究出于各种需要而对随机性产生兴趣。例如，量子力学、密码学和关于自由意志的讨论主要关注随机性的不可预测性，后文中论及的信息学则关注随机性带来的不可压缩性，更多的应用 (如进化论、计算机科学中一些可以用伪随机性代替的应用) 则主要利用随机性附属的一些统计学性质。而逻辑学家所关注的是随机性概念本身。随机性到底是关于什么的属性？它与其他基础概念有哪些联系？如何精确刻画随机性以及是否有不同程度的随机性？在数理逻辑中，对随机性的研究之所以被划归为递归论的一个分支，是因为它与递归论有相同的研究对象——自然数集，并且随机性与可计算性概念有着密切的联系。

2.2.1　随机性的对象

在有意义地谈论随机性概念之前，首先需要明确随机是关于什么的性质。物理学家会说，单个光子偏正的方向是随机的。"单个光子偏正的方向"

在这里指什么？将单个光子射入特定角度的偏正镜并测量该光子是否能够穿过偏正镜，可以粗略地测量入射光子的偏正方向。这时"单个光子偏正的方向"被分为两类，即通过与不通过，或记作 $\{0,1\}$。我们当然不能称 0 或 1 是随机的。更精确地，物理学家的意思是不存在什么物理规律能够根据固定的已知情况预测某个单子的偏正方向。正如所谓预言家总有正确的时候，所谓无法预测肯定不是指某个个案无法被猜到，而是指不存在什么方法可以一次又一次地猜对，或者说在对一系列偏正方向 $\{0,1\}$ 的预测中获得超过一半的正确率。因此，所谓无法被预测的或者随机的是一系列光子的偏正方向序列。在经验科学的意义上，只需要足够长的序列就可以构成判断随机性的经验证据；而在更严格的数学意义上则要求无穷长的序列 (有穷次和单次并没什么区别)。

再如，在热力学和信息学中，熵被用来刻画一个封闭的热力学系统或一个信息源的随机程度。现代信息学的核心概念香农熵 (Shannon entropy) 被定义为

$$H(S) = \sum_{i<n} p_i \log_2(p_i)^{-1},$$

其中，$S = \langle p_i \mid i < n \rangle$ 是一组 $[0,1)$ 中的实数。S 被直观地理解为一个信息源，其中每个 p_i 表示该信息源输出可能变量 a_i 的概率。例如，一个信息源以平均的概率 $(p_i = 1/256)$ 输出 ASCII 码字符，那么它的熵是 8。根据 (Shannon, 1948) 中的信息源编码定理 (source coding theorem)，随着 m 趋向于无穷，无损压缩信息源 m 次输出所需的比特 (01 字符) 数是 m 与香农熵的积 $m \cdot 8$。显然，信息源的熵越高，它输出的信息越难以被压缩 (需要被编码为更多比特)。在这层意义上，更高的熵似乎的确意味着更随机。给定 n，令 $S = \langle p_i \mid i < n \rangle$，当每个 $p_i = 1/n$ 时 $H(S)$ 取最大值。显然，我们没有理由认为 $S = \langle 1/2, 1/2 \rangle$ 是某种拥有最大随机性的对象。而下述说法则显得更符合直观：以 $\langle 1/2, 1/2 \rangle$ 概率输出 0 或 1 的生成的 01 序列比以 $\langle 1/3, 2/3 \rangle$ 概率输出 0 或 1 生成的 01 序列更随机。

因此，当人们抽象地谈论随机性概念时，它应该被视作关于一组独立事件或符号的无穷序列的性质。不失一般地，可以认为随机性是关于无穷 01 序列的性质，也即等价于是关于自然数集 (的特征函数) 或 $[0,1]$ 间实数 (的二进制表达) 的性质，而这些也是递归论学家的研究对象。20 世纪六七十年代以后，随机性理论逐渐成为递归论的主要研究方向也就不令人意外了。

柯尔莫哥洛夫 (Kolmogorov, Andrey) 在 (Kolmogorov, 1963) 中对有穷 01 序列 (又称 01 字符串) 的分析是现代随机性理论的开端之一。柯尔莫哥洛夫基于对不可压缩性的描述来刻画 01 字符串的随机性。计算机解压缩程序往往可以将较小的文件解码为较大的源文件，我们可以将其抽象为

以 01 字符串为输入和输出的图灵机(部分递归函数): $M : 2^{<\omega} \to 2^{<\omega}$。若 τ 可以被 M 解码为 σ,即 $M(\tau) = \sigma$,则称 τ 是 σ 的一个 M-描述 (M-description)。对任意 01 字符串 $\sigma \in 2^{<\omega}$,定义 σ 在解压缩程序 M 下的柯尔莫哥洛夫复杂度 (Kolmogorov complexity) 为

$$C_M(\sigma) = \min \{ |\tau| \mid M(\tau) = \sigma \}。$$

注意,如果不存在 σ 的 M-描述,那么 $C_M(\sigma) = \infty$。如果字符串 σ 不存在比 σ 本身更短的 M-描述,则称 σ 是 M 不可压缩的。

M 不可压缩性依赖于特定解压缩程序,无法作为对随机性的一般刻画。对再复杂的字符串,也可以设计相应的程序强行将 0 或 1 作为它的描述。为此,我们期望设计一种通用解压程序 $U : 2^{<\omega} \to 2^{\omega}$ 可以以固定的代价来模拟任意一款解压缩程序。令 $\{ M_e \mid e < \omega \}$ 是对所有解压缩程序 (图灵机) 的枚举。定义

$$\rho(e) = \underbrace{1 \ldots 1}_{e \ \uparrow \ 1} 0。 \text{①}$$

定义通用解压缩程序 U,使得对任意形如 $1^e 0 \tau$ 的输入,U 调用程序 M_e,并试图输出 $M_e(\tau)$。这样,如果字符串 σ 有一个 M_e-描述,那么它在通用解压缩程序下的描述不会比它的 M_e-描述长超过一个常数,即

$$C_U(\sigma) \leq C_{M_e}(\sigma) + (e + 1)。$$

在这个意义上,U 的确是足够通用的解压缩程序。因此,可以定义一个 01 字符串 σ 的柯尔莫哥洛夫复杂度为

$$C(\sigma) = C_U(\sigma)。$$

容易证明,每个 01 字符串 σ 的柯尔莫哥洛夫复杂度都几乎小于等于自身的长度。即存在常数 c_{id},使得对任意 01 字符串 σ,有

$$C(\sigma) \leq |\sigma| + c_{\mathrm{id}}。$$

事实上,这里的常数 c_{id} 可以取某个等同映射程序 $M_{e_{\mathrm{id}}} = \mathrm{id}$ 的编码 $e_{\mathrm{id}} + 1$。类似地,解压缩程序 $M_e = h$ 也可以看作一个部分递归函数,那么 $C(h(\sigma)) \leq C(\sigma) + e + 1$,这也符合人们关于解压缩后的文件的复杂度不超过压缩文件复杂度的直观。

给定常数 d,我们可以称所有满足 $C(\sigma) \geq |\sigma| - d$ 的 01 字符串 σ 都是 C-随机的 (C-random),这符合人们关于不可压缩性的直观,并且该定义

---

① 后文中在讨论 01 字符串的语境下亦将 "$\underbrace{1 \ldots 1}_{e \ \uparrow \ 1}$" 记作 1^e。

不依赖于特定的解压缩程序，具有足够的一般性。由于长度 $< n$ 的 01 字符串只有 $2^n - 1$ 个而长度为 n 的字符串有 2^n 个，所以对任意 n，总存在长度为 n 的字符串 σ 使得 $C(\sigma) \geq n = |\sigma|$，也即总存在 C-随机的字符串。

这种对有穷 01 序列的随机性刻画仍然有一些弊端。首先，柯尔莫哥洛夫复杂度只有当 01 字符串的长度足够长以后才能忽略常数带来的影响，从而更符合直观。当然，这是在以有穷 01 序列为对象谈论随机性时不可避免的。并且，确实只有针对足够长的 01 序列谈论随机性才更有意义。柯尔莫哥洛夫复杂度的另一个弊端更加微妙，但却是可修复的。在柯尔莫哥洛夫复杂度的解释中，我们除了可以从每个 01 字符串 σ 中提取它携带的直接信息外，还可以提取关于它本身的元信息：字符串的长度 $|\sigma|$。后者可以被写成 $\log(|\sigma|)$ 长的字符串，因此每个字符串 σ 实际上至少携带 $|\sigma| + \log(|\sigma|)$ 这么多字节的信息。这种 "作弊" 的方法可以被用来证明下述定理。

定理 2.15 对任意实数 $x \in 2^\omega$，对任意自然数 $k \in \omega$，存在 x 的前段 $\sigma \prec x$，使得

$$C(\sigma) < |\sigma| - k。$$

利用字符串长度携带额外信息的 "作弊" 方法

考虑这样一个解压缩程序 M_e：输入任意字符串 ρ，该程序先算出 ρ 的长度 $|\rho|$ 的二进制表达 θ，再输出 $\theta\rho$。[1]这时 ρ 是 $\theta\rho$ 的 M_e-描述。在将 ρ 解压缩为 $\theta\rho$ 的过程中，程序 M_e "作弊地" 使用了 ρ 的长度信息，因此，$C_{M_e}(\theta\rho) = |\rho|$。

给定自然数 k，取 x 的足够长的前段 θ 使得 $|\theta| > k+e+1$。假设 θ 是 n 的二进制表达。再截取 x 中 θ 后的 n 位 ρ，即 $|\rho| = n$ 且 $\theta\rho \prec x$。令 $\sigma = \theta\rho$，那么

$$C(\sigma) = C_{M_e}(\theta\rho) + e + 1 = |\rho| + e + 1$$
$$< |\rho| + |\theta| - k = |\sigma| - k。$$

直观上，任意两个字符串 σ, τ 的连接 $\sigma\tau$ 的复杂度 (所携带的信息) 应该不会超过 σ 与 τ 复杂度的和加一个常数 ($\sigma\tau$ 无非就是将 τ 连接到 σ 之后所得到的)，即存在常数 c 使得

$$C(\sigma\tau) \leq C(\sigma) + C(\tau) + c。 \tag{2.4}$$

---

[1] 在本节中，为方便书写，用 $\theta\rho$ 表示两个字符串 θ 和 ρ 的首尾串接，在一些文本中又记作 $\theta^\frown\rho$。

但给定任意常数 c，根据定理 2.15，总可以找到足够长的 01 字符串 μ 使得 $C(\mu) \geq |\mu|$，并且可以找到它的一个前段 σ，使得 $\mu = \sigma\tau$ 并且 $C(\sigma) < |\sigma| - (c + c_{\mathrm{id}})$。又由 $C(\tau) \leq |\tau| + c_{\mathrm{id}}$，

$$C(\sigma\tau) = C(\mu) \geq |\mu| = |\sigma| + |\tau| > C(\sigma) + C(\tau) + c,$$

显然与直观 (2.4) 不符。

列文 (Levin, Leonid) 在他的博士论文 (Levin, 1971) 中首次提议使用无前束程序 (prefix-free machine) 代替一般的解压缩程序。我们称一个程序 (或图灵机) M 是无前束程序，当且仅当它定义域中的字符串是两两不相容的，即对任意 $\sigma, \tau \in 2^{<\omega}$，如果 $M(\sigma){\downarrow}$ 且 $M(\tau){\downarrow}$，那么 σ 和 τ 不是彼此的前段。对每个解压缩程序 M_e，可以能行地将其改造为一个无前束程序 P_e：固定某个对自然数 s 和 01 字符串 σ 组成的有序对 (σ, s) 的能行排序，按照这个排序逐一计算 $M_{e,s}(\sigma)$，如果 $M_{e,s}(\sigma){\downarrow}$ 并且不存在之前的 (t, τ) 使得 $M_{e,t}(\tau){\downarrow}$ 并且有 $\tau \preceq \sigma$ 或 $\sigma \preceq \tau$ 的话，输出 $P_e(\sigma) = M_{e,s}(\sigma)$。显然，$P_e$ 是无前束程序，并且若 M_e 是无前束程序，则 $P_e \simeq M_e$。因此，$\{P_e \mid e < \omega\}$ 能行地枚举了所有无前束程序。由此，我们可以用与定义通用解压缩程序同样的方式 (见第 79 页) 定义通用无前束程序 U^{pf}。类似地，定义字符串 σ 的**无前束柯尔莫哥洛夫复杂度** (prefix-free Kolmogorov complexity) 为

$$K(\sigma) = K_{U^{\mathrm{pf}}}(\sigma)。 ①$$

显然，利用长度信息"作弊"的方法 (见第 80 页) 不再适用于无前束柯尔莫哥洛夫复杂度，并且存在常数 c，使得对任意字符串 $\sigma, \tau \in 2^{<\omega}$ 有

$$K(\sigma\tau) \leq K(\sigma) + K(\tau) + c。 \tag{2.5}$$

考虑程序 M_e：对任意输入 μ，搜寻字符串对 (θ, η) 使得 $\mu = \theta\eta$ 并且 $\theta, \eta \in \mathrm{dom}\, U^{\mathrm{pf}}$，一旦找到便输出 $U^{\mathrm{pf}}(\theta)U^{\mathrm{pf}}(\eta)$。容易验证，$M_e = P_e$ 是无前束程序，并且 $\mu \in \mathrm{dom}\, M_e$ 当且仅当 μ 能被划分为两个 U^{pf}-描述的连接。由此，取 $c = e + 1$ 时，(2.5) 成立。

显然，无前束柯尔莫哥洛夫复杂度能够解压缩的描述字符串少了很多，因而没有普通的柯尔莫哥洛夫复杂度经济：$C(\sigma) \leq K(\sigma)$，但每个 01 字符串 σ 的无前束柯尔莫哥洛夫复杂度仍然有一个可以接受的上界。考虑仅在每个形如 $0^{|\sigma|}1\sigma(\sigma \in \mathrm{dom}\, U^{\mathrm{pf}})$ 上有定义的程序 M_e，使得

$$M_e(0^{|\sigma|}1\sigma) = \sigma,$$

---

① 在考虑无前束程序 M 的时候，往往用 $K_M(\sigma) = C_M(\sigma)$ 来表示 σ 的复杂度，以强调相应的程序是无前束的。

那么 M 是一个无前束柯尔莫哥洛夫复杂度，并且见证了

$$K(\sigma) \leq 2|\sigma| + e + 1。$$

事实上可以进一步证明，存在常数 c，使得对任意字符串 σ 有 $K(\sigma) \leq |\sigma| + 2\log(|\sigma|) + c$。柴廷 (Chaitin, Gregory) 在 (Chaitin, 1975) 中证明

$$K(\sigma) \leq |\sigma| + K(|\sigma|) + c \ \text{①}$$

是关于 $K(\sigma)$ 的精确上界。

类似基于柯尔莫哥洛夫复杂度定义的 C-随机性，给定常数 d，我们可以定义有穷 01 序列 σ 是 K-随机的 (K-random)，当且仅当 $K(\sigma) \geq |\sigma| - d$。由于每个无前束程序也是普通解压缩程序，因此每个 C-随机的字符串也是 K-随机的。反之则未必成立。基于柴廷给出的精确上界，还可以定义 σ 是强 K-随机的 (strongly K-random)，当且仅当 $K(\sigma) \geq |\sigma| + K(|\sigma|) - d$。索罗维 (Solovay, Robert Martin) 在 (Solovay, 1975) 中证明了，在恰当的常数下，强 K-随机蕴涵 C-随机，但存在常数 c，使得对任意常数 d 都存在无穷多字符串，在常数 c 下是 C-随机的但不是在常数 d 下强 K-随机。

关于有穷字符串的复杂性理论同时也是现代信息科学的研究对象，在应用和纯理论领域都具有重要意义。当然，关于有穷字符串的随机性概念或严重受制于常数的选择，或只有当字符串长度趋向于无穷时才表现出与直观相符，因此，有穷字符串并不是随机性概念的理想载体。但是，有穷字符串的复杂性理论及有关概念被大量运用于对关于无穷 01 序列 (或自然数集、实数) 的随机性理论。

2.2.2 刻画随机性

据唐尼 (Downey, Rodney Graham) 报道 (Downey, 2006)，关于随机序列最早的刻画尝试来自于统计学家冯·米泽斯 (von Mises, Richard)②的 (von Mises, 1919)。他试图将无穷序列的随机性定义为能够通过所有统计学上的测试，例如，0 和 1 出现的概率趋向于相等。但在对可计算性概念的刻画出现之前，他无法严格地表达"所有……的测试"。马丁-洛夫 (Martin-Löf, Per) 在 (Martin-Löf, 1966) 中对随机性的定义被认为是冯·米泽斯想法的一种实现，他刻画了一种"能行测试"的概念——马丁-洛夫测试 (Martin-Löf test)，并定义随机序列为通过所有这种能行测试的序列。马丁-洛夫随机性

---

① $|\sigma|$ 是一个自然数，在 $K(|\sigma|)$ 以及类似上下文中又指代自然数 $|\sigma|$ 的二进制表达。

② 冯·米泽斯同时也是一位持实证主义立场的科学哲学家，是维也纳小组核心成员。

(Martin-Löf randomness) 得到了较广泛的接受，也是理论研究中最受关注的随机性概念。

定义 2.16 (马丁-洛夫随机性)

(1) 令 $\{G_n\}_{n<\omega}$ 是一系列统一地递归可枚举的集合族，若对任意 n 有勒贝格测度 (Lebesgue measure) $\mu(G_n) \leq 2^{-n}$，则称 $\{G_n\}_{n<\omega}$ 是一个马丁-洛夫测试；

(2) 称序列 $f \in 2^\omega$ 通过马丁-洛夫测试 $\{G_n\}_{n<\omega}$，当且仅当 $f \notin \bigcap_{n<\omega} G_n$；

(3) 定义 $f \in 2^\omega$ 是马丁-洛夫随机的，当且仅当 f 通过所有马丁-洛夫测试。

其中，称 $\{G_n\}_{n<\omega}$ 是一系列统一地递归可枚举的集合族，当且仅当 $\{(n,\sigma) \mid n < \omega \wedge [\sigma]^{\prec} \subset G_n\}$ [1]是递归可枚举的，也即 Σ_1^0 的 (见第 59 页)。一个马丁-洛夫测试可以被直观地理解为一则可以能行地得到的排他性质。一般用测度为 0 来刻画排他性。随机的序列被认为无法被任何一种独特的排他性质挑选出来。例如，对任意递归函数 $f \in 2^\omega$，令 $G_n^f = [f\restriction(n+1)]^{\prec}$，则 $\{G_n^f\}_{n<\omega}$ 是一个马丁-洛夫测试，并且 $f \in \bigcap_{n<\omega} G_n^f = \{f\}$。因此，所有递归的 01 序列都不是马丁-洛夫随机的。事实上，上述 $\{G_n^f\}_{n<\omega}$ 可以对任意序列 $f \in 2^\omega$ 定义，这样任何无穷 01 序列 f 都具有排他性质，即 $f \in \bigcap_{n<\omega} G_n^f$。因此，必须将我们考虑的排他性质限制为某种能行性的随机性测试，否则所有序列都不是随机的了。

在同一篇文章中，马丁-洛夫通过能行地枚举所有统一递归可枚举集合族构造了一个通用马丁-洛夫测试 $\{U_n\}_{n<\omega}$，使得一个序列是马丁-洛夫随机的，当且仅当它可以通过这个通用马丁-洛夫测试。由于未通过通用马丁-洛夫测试的实数只有勒贝格测度 0 那么多，因此马丁-洛夫随机的实数类是勒贝格测度 1 的。

另一方面柴廷(Chaitin, 1975) 将 K-随机概念推广到无穷 01 序列，获得了基于不可压缩性直观的随机性概念，即序列 $f \in 2^\omega$ 是随机的，当且仅当它的所有真前段不可压缩。施诺尔 (Schnorr, Claus-Peter) 在 (Schnorr, 1973) 中证明了这两种定义是等价的。

定理 2.17 (施诺尔) 对 01 序列 $f \in 2^\omega$，以下等价：

(1) f 是马丁-洛夫随机的；

---

[1] $[\sigma]^{\prec} = \{f \in 2^\omega \mid \sigma \subset f\}$ 是所有以 σ 为真前段的无穷 01 序列族，它是康托尔空间的基本开集。

(2) 存在常数 c，对任意 $n < \omega$ 有 $K(f{\restriction}n) > n - c$。

事实上，对任意常数 c，令 $R_c = \bigcup \{[\sigma]^{\prec} \mid \sigma$ 是在 c 下 K-随机的$\}$，则 $\{R_c\}_{c<\omega}$ 是一个通用马丁-洛夫测试。

不可预测性可能是人们对随机性最直观的理解，例如赌局中骰子每次掷出的是大点还是小点。基于不可预测性对随机性概念的刻画来自概率论学家。保罗·莱维 (Lévy, Paul Pierre) 在 (Lévy, 1937) 中给出了一种押注策略的形式化。

定义　2.18 (马提克策略)　令 $d : 2^{<\omega} \to \mathbb{R}^{\geq 0}$ 是一个以 01 字符串为定义域，以 ≥ 0 的实数为值域的函数。

(1) 我们称 d 是一个**马提克策略** (martingale)，当且仅当对任意 $\sigma \in 2^{<\omega}$，

$$d(\sigma) = \frac{d(\sigma 0) + d(\sigma 1)}{2};$$

(2) 我们称 d 是一个**超级马提克策略** (supermartingale)，当且仅当对任意 $\sigma \in 2^{<\omega}$，

$$d(\sigma) \geq \frac{d(\sigma 0) + d(\sigma 1)}{2};$$

(3) 我们称一个 (超级) 马提克策略 d 在序列 $f \in 2^{\omega}$ 上**获胜**，当且仅当

$$\sup_{n<\omega} d(f{\restriction}n) = \infty。$$

考虑押注骰子大小或硬币正反的系列赌局，庄家有无穷多的筹码。玩家每轮可以部分押大部分押小，押对的部分获得双倍收益，押错的部分则全部损失。玩家根据马提克策略 d 押注，初始筹码数量为 $d(\emptyset)$，在第一轮中拿 $d(0)/2$ 押小，拿 $d(1)/2$ 押大。假设我们预先知道骰子每次掷出的大小会排列成序列 $f \in 2^{\omega}$，那么，第一轮过后，玩家拥有的筹码就是 $d(f(0))$。第二轮，玩家按照 d 拿 $d(f(0)0)/2$ 押小，拿 $d(f(0)1)/2$ 押大，结果拥有筹码 $d(f(0)f(1))$。依此类推。一个马提克策略能在一系列赌局 $f \in 2^{\omega}$ 上最终获胜，当且仅当根据这个策略能获得任意高的回报。换句话说，玩家可以任意设定预期回报，并按照马提克策略押注，直到达到预期回报。超级马提克策略是对马提克策略的推广，玩家在每轮未必要用他所有的筹码下注，可以拿出一部分来消费。人们关于赌局不可预测的直观可以被表示为：没有马提克策略能够在随机序列 $f \in 2^{\omega}$ 上获胜。

当然，如果已经预先知道 $f \in 2^{\omega}$，定义马提克策略 d 使得每次都按照 f 押注，d 自然能在 f 上获胜。因此，为了刻画不可预测性，仍然必须对马提克策略做能行性方面的限制。

实数值函数的能行性

我们之前定义的递归函数或递归可枚举函数都是针对自然数上的函数。对于可数实数值函数 $d : 2^{<\omega} \to \mathbb{R}$，可以定义：

(1) 可数实数值函数 d 是 (统一地) 递归的，当且仅当集合

$$\left\{ (\sigma, q) \mid \sigma \in 2^{<\omega} \wedge q < d(\sigma) \right\}$$

是递归的；

(2) 可数实数值函数 d 是 (统一地) 递归可枚举的，当且仅当上述集合是递归可枚举的。

直观上，一个可数实数值函数 d 是递归可枚举的，那么我就有一个统一的能行方法从小到大逼近它的每个取值 $d(\sigma)$，但在任意时刻我们并不能确定它的值最终会有多大。而如果 d 又是递归的，就存在统一的能行方法从大小两个方向逼近它的每个函数值。

施诺尔在 (Schnorr, 1971) 中定义了能行化的马提克策略概念，并用它来刻画随机性。他证明：马丁-洛夫随机等价于某类能行马提克策略的失效。

定理 2.19 (施诺尔) 序列 $f \in 2^{\omega}$ 是马丁-洛夫随机的，当且仅当不存在递归可枚举的 (超级) 马提克策略能在 f 上获胜。

由此，人们分别从无法用排他性质刻画、不可压缩性与不可预测性三个不同的角度试图刻画随机性，却得到了等价的定义。这里的情形似乎与人们试图能行过程时的情况 (见 1.1.5 节) 类似。人们从不同的角度出发对同一个概念得到了等价的刻画这一事实构成了一组经验证据，让人们相信这些定义的确成功地刻画了有关概念。然而，马丁-洛夫随机对随机性概念的刻画远没有像图灵机对能行过程的刻画那样获得几乎一致的认同。

施诺尔(Schnorr, 1971) 就认为，马丁-洛夫测试并不是一种可以能行地得到零测度实数集的过程，而另一方面，递归可枚举的马提克策略也无法刻画能行的马提克策略概念。为此，他提议了另两种随机性概念，一个是施诺尔随机 (Schnorr randomness)，一个是可计算随机 (computable randomness)。

定义 2.20 (施诺尔随机性)

(1) 一个马丁-洛夫测试 $\{G_n\}_{n<\omega}$ 是一个*施诺尔测试* (Schnorr test)，当且

仅当每个 G_n 的勒贝格测度 $\mu(G_n)$ 是统一地递归的;

(2) 称序列 $f \in 2^\omega$ 通过施诺尔测试 $\{G_n\}_{n<\omega}$,当且仅当 $f \notin \bigcap_{n<\omega} G_n$;

(3) 定义 $f \in 2^\omega$ 是施诺尔随机的,当且仅当 f 通过所有施诺尔测试。

相比马丁-洛夫随机性的定义,施诺尔测试的定义更严格,它要求每个 G_n 的测度是几乎确定的。可以证明,就基于其上的随机性概念而言,施诺尔测试可以等价地定义为要求每个 $\mu(G_n) = 2^{-n}$。要求每个测度 $\mu(G_n)$ 统一地可计算的意义在于:在统一能行地生成测试 $\{G_n\}_{n<\omega}$ 的过程中,对马丁-洛夫测试而言,人们也不知道什么时候生成结束 (即使某个 G_n 的生成已经完成了),而对施诺尔测试而言,如果 G_n 的生成完成了,即达到了预定的测度,那人们就知道已经完成了。因此,施诺尔测试似乎更符合能行的直观。更严格的测试概念意味着更少的测试,也意味着施诺尔随机是相比马丁-洛夫随机更弱的概念。

另一方面,施诺尔认为,递归可枚举的 (超级) 马提克策略也与能行的直观不符。而递归的马提克策略是更自然的对能行策略的刻画。

定义 2.21 (可计算随机) 序列 $f \in 2^\omega$ 是可计算随机的,当且仅当没有递归的马提克策略可以在其上获胜。

由于递归的马提克策略也是递归可枚举的马提克策略,可计算随机也是比马丁-洛夫随机更弱的随机性概念。这些较弱的随机性概念同样拥有来自其他角度的等价刻画。例如,施诺尔随机有基于柯尔莫哥洛夫复杂度的刻画,也有基于马提克策略的比可计算随机更严格的刻画。因此,施诺尔随机是比可计算随机更弱的随机性概念,即:

$$\text{马丁-洛夫随机} \Rightarrow \text{可计算随机} \Rightarrow \text{施诺尔随机}。$$

施诺尔随机的等价刻画

施诺尔认为,可计算随机背后的马提克策略仍然不够能行。如果一个递归的马提克策略可以在一个非可计算随机序列上获胜,那么玩家按照这个马提克策略押注可以获得任意高的预期回报。但是,他可能并不知道需要多久才能达到他的预期回报。为此,可以用自然数上的非降函数 $h : \mathbb{N} \to \mathbb{N}$ 来表示随着时间 (轮数) 而增长的预期回报。我们总是贪心地希望不仅马提克策略 d 能在序列 f 上获胜,而且存在一个能行的

方法来预测我们的收益, 即存在递归的非降函数 $h: \mathbb{N} \to \mathbb{N}$ 使得

$$\sup_{n<\omega} \frac{d(f\upharpoonright n)}{h(n)} = \infty。 \tag{2.6}$$

施诺尔证明 (Schnorr, 1971): 序列 $f \in 2^\omega$ 不是施诺尔随机就意味着存在一个能行的马提克策略也存在一个能行的回报预期, 使得玩家按照这个马提克策略押注, 在序列 f 上几乎总是可以获得超过预期的回报。

定理 2.22 (施诺尔) 序列 $f \in 2^\omega$ 是施诺尔随机, 当且仅当对任意递归的马提克策略 d 以及任意递归的非降函数 $h: \mathbb{N} \to \mathbb{N}$, (2.6) 都不成立。

由于对于获胜还额外要求能行的回报预期, 施诺尔随机比可计算随机更弱。

唐尼和格里菲思 (Griffiths, Evan J.) 在 (Downey and Griffiths, 2004) 中得到了对施诺尔随机基于不可压缩性的等价刻画。定义一个无前束程序 M 是一个*递归测度程序*, 当且仅当它 "停机的概率" $\mu[\operatorname{dom} M]^{\prec}$(见第 87 页) 是递归的。

定理 2.23 (唐尼-格里菲思) 序列 $f \in 2^\omega$ 是施诺尔随机, 当且仅当对任意递归测度程序 M 都存在常数 c 使得 $K_M(f\upharpoonright n) \geq n - c$。

另一方面, 也有人认为马丁-洛夫随机性太弱了。称一个实数或一个无穷 01 序列 $f \in 2^\omega$ 是*左递归可枚举的* (left recursively enumerable), 当且仅当位于它 "左侧" 的有穷字符串是递归可枚举的, 即集合 $\{\sigma \in 2^\omega \mid \sigma <_L f\}$ 是递归可枚举的。[1]直观上, 如果一个实数 (或 01 序列) 是左递归可枚举的, 那么就存在能行的方法从小到大 (或从左到右) 逼近它。能够被这样能行地逼近的序列似乎不能被认为是随机的, 然而, 可以证明存在左递归可枚举的马丁-洛夫随机序列。

对每个无前束程序 M, 可以定义它的*停机概率*

$$\Omega_M = \mu[\operatorname{dom} M]^{\prec} = \sum \{2^{-|\sigma|} \mid M(\sigma)\downarrow\}。 \tag{2.7}$$

每个无前束程序的停机概率都是一个 $[0,1]$ 中的实数。令 U^{pf} 是通用无前束程序, 则*柴廷停机概率* (Chaitin's halting probability) Ω 被定义为 U^{pf} 的停

---

[1] 对 01 序列 $x, y \in 2^{\leq \omega}$, $x <_L y$ 表示存在 $n < \omega$ 使得 $x\upharpoonright n = y\upharpoonright n$, $x(n) < y(n)$。

机概率。

$$\Omega = \mu[\operatorname{dom} U^{\mathrm{pf}}]^{\prec}。$$

柴廷证明 (Chaitin, 1975)：Ω 是马丁-洛夫随机的。Ω 不仅具有一定的能行性质，它也可以作为神谕提供许多信息。事实上，Ω 与停机问题图灵等价，$\Omega \equiv_T \emptyset'$。更进一步的研究表明，马丁-洛夫随机序列作为神谕可以是任意有力的：对任意集合 A，存在马丁-洛夫随机集合 B 使得 $A \leq_T B$。携带大量有用信息的随机序列似乎也与人们的直观不符。在上述意义上，马丁-洛夫随机性概念确实显得过于宽泛了。

一种自然的加强马丁-洛夫随机性概念的方式是放宽对马丁-洛夫测试能行性的要求。例如，我们可以利用神谕 X，只要求每个测试是统一地在 X 中递归可枚举的就可以了。由此，定义序列 $f \in 2^\omega$ 是相对于 X 马丁-洛夫随机的，当且仅当它可以通过所有在 X 中递归可枚举的测试。类似地，在基于不可压缩性的定义中，可以允许无前束程序以 X 为神谕；在基于不可预测性的定义中，允许马提克策略在 X 下递归可枚举。可以证明，这三种"相对神谕的随机性"是等价的。

定理 2.24 给定序列 $f \in 2^\omega$、集合 $X \subset \mathbb{N}$，以下命题等价：

(1) f 是相对于 X 马丁-洛夫随机的；

(2) 存在常数 c，对任意 $n < \omega$ 有 $K^X(f{\upharpoonright}n) > n - c$；

(3) 不存在 X 下递归可枚举的 (超级) 马提克策略能在 f 上获胜。

马丁-洛夫随机的相对化中又有一类是典范的，即相对于 $\emptyset'$(停机问题)、$\emptyset''$ 乃至任意 $\emptyset^{(n)}$ 的随机性概念。

定义 2.25 (n-随机) 令 $n \geq 1$。称序列 $f \in 2^\omega$ 是 n-随机的 (n-random)，当且仅当 f 是相对于 $\emptyset^{(n-1)}$ 马丁-洛夫随机的。

另一方面，每个马丁-洛夫测试是一个 Σ_1^0 类，我们将其放宽为 Σ_n^0 类就得到一系列 Σ_n^0-随机性概念。考茨 (Kautz, Steven M.) 证明 (Kautz, 1991)：Σ_n^0-随机与 n-随机等价。由此，可以进一步推广，定义序列 f 是算术随机的 (arithmetically random)，当且仅当对任意 $n < \omega$，f 是 n-随机的。

2-随机(即相对于 $\emptyset'$ 的马丁-洛夫随机) 已经修复了一些马丁-洛夫随机性概念与直观不符的性质。例如，所有在 $\emptyset'$ 中递归的 Δ_2^0 序列都不是2-随机的。特别地，Ω 不是2-随机的。此外，2-随机集合不会像一些马丁-洛夫随机集合一样，当2-随机集合作为神谕的时候并不能提供"有用的"信息。作为定理 2.28 的推论, 2-随机集合无法计算停机问题 $\emptyset'$。因此, 无论在 $\mathfrak{D}_T(\leqslant_T \boldsymbol{0}')$ 还是在 $\mathfrak{D}_T(\geqslant_T \boldsymbol{0}')$ 中, 都没有2-随机的集合。

2-随机也有基于不可压缩性的自然刻画, 并且这种刻画不依赖于对柯尔莫哥洛夫复杂度或无前束柯尔哥哥洛夫复杂度的相对化。尼茨 (Nies, André)、斯蒂芬 (Stephan, Frank) 和特尔文扬 (Terwijn, Sebastiaan A.) 在 (Nies et al., 2005) 中证明了: 序列 $f \in 2^\omega$ 是2-随机的, 当且仅当它有无穷多个 C-随机的前段。由于强 K-随机蕴涵 C-随机, 所以有无穷多个强 K-随机前段的序列也都是2-随机的。米勒 (Miller, Joseph S.) 在 (Miller, 2009) 中证明: 2-随机序列有无穷个前段是强 K-随机的。

定理 2.26 (米勒-尼茨-斯蒂芬-特尔文扬) 给定序列 $f \in 2^\omega$, 下述命题等价:

(1) f 是 2-随机 的;

(2) 存在无穷多个 f 的前段是 C-随机的;

(3) 存在无穷多个 f 的前段是强 K-随机的。

除了通过降低对马丁-洛夫测试本身能行性的要求来获得强的随机性概念, 还可以通过降低对马丁-洛夫测试趋向于零测集过程的能行性的要求来加强随机性概念。令 $\{G_n\}_{n<\omega}$ 是一系列统一地递归可枚举集合族, 称 $\{G_n\}_{n<\omega}$ 是一个 **广义马丁-洛夫测试**, 只要求它们的测度趋向于 0, 即 $\lim_{n<\omega} \mu(G_n) = 0$ 就可以了。称序列 $f \in 2^\omega$ 是 **弱 2-随机的** (weakly 2-random), 当且仅当它能通过所有广义马丁-洛夫测试。读者可以对比施诺尔随机性的定义, 其中施诺尔加强了对趋向于零测过程的能行性要求。可以证明, 弱 2-随机性的强度严格介于马丁-洛夫随机性和2-随机性之间。

当然, 我们还可以进一步放宽条件允许更强的测试, 譬如 Δ_1^1 的零测集、Π_1^1 的零测集……这样, 我们就有:

$$\Pi_1^1\text{-随机} \Rightarrow \Delta_1^1\text{-随机} \Rightarrow 2\text{-随机} \Rightarrow \text{弱 2-随机} \Rightarrow \text{马丁-洛夫随机。}$$

迄今为止, 大部分的随机性概念都按强弱排列成线序。[1]也许, 正确的随机性概念就是其中的一个, 但更多的迹象表明, 没有一个随机性概念可以完美地诠释人们关于随机性的各种直观。这些随机性概念在内在性辩护(intrinsic justification) 方面都有各自的优势。它们也往往具有不同的等价定义, 并且

---

[1] 但也有例外。例如, 德穆斯 (Demuth, Osvald) 在 (Demuth, 1988) 中定义的德穆斯随机性 (Demuth randomness), 这也是一种介于马丁-洛夫随机和2-随机之间的随机性概念, 但它与弱 2-随机性是不可比的。

都有与可计算性等其他领域概念的良好互动，因而都能获得相当程度的外在性辩护(extrinsic justification)。或许，就人们对于随机性的直观本就不可能像对可计算性那样有一个典范的刻画，各种随机性概念从弱到强排列而成的层谱结构或许才是正确的结果。如果更多的随机性概念被发现且都很好地按照强弱排列为一个线序，那么层谱论会得到更多的支持；而如果出现越来越多不可比的随机性概念，那么情况会变得更加扑朔迷离。无论如何，现代逻辑学家的工作——试图用严格的语言刻画随机性概念，通过演绎证明这些刻画之间以及它们与其他基础概念之间的联系——切切实实地推动了人们对随机性的理解。

2.2.3　随机性与可计算性

可计算性与相对可计算性是经典递归论的研究对象，关于随机性的研究则兴起得较晚却成长迅速。可计算性与随机性都可以被看作是关于自然数集 (或实数或无穷序列) 的性质。不仅如此，这两组概念系统有着密切的互动。从历史上看，可计算性理论是随机性理论的前提，但对随机性概念的研究也反过来加深了人们对可计算性的理解。

回顾上一节中对随机性的刻画，随机性基本被呈现为可计算性的反面。例如，马丁-洛夫随机性被定义为不被任何一个能行的测试所捕获，或者它的任何前段都不能被能行地压缩，又或者没有能行的押注策略能在其上获胜。对随机性概念的加强或减弱也往往通过调节对相关测试的能行性要求。对测试越弱的能行性要求对应于越强的随机性概念；越强的能行性要求对应越弱的随机性概念，因此，n-随机的序列都不是 $\emptyset^{(n-1)}$ 下可计算的。这一模式对利用柯尔莫哥洛夫复杂度或马提克策略的刻画也是有效的。

低效性 (lowness) 是来自可计算性理论的一个重要概念，被用来刻画一个集合作为神谕的无用性。低效的集合曾被认为是接近递归的集合。

定义　2.27 (低效性)　给定集合 $A \subset \mathbb{N}$。

(1) 称集合 A 是*低效的* (low$_1$)，当且仅当 $A' \equiv_T \emptyset'$；

(2) 称集合 A 是*超低效的* (superlow)，当且仅当 $A' \equiv_{\text{tt}} \emptyset'$；[①]

(3) 称集合 A 是*广义低效的* (generalized low，也记作 GL$_1$)，当且仅当 $A' \equiv A \oplus \emptyset'$。

[①] 若 $A \leq_{\text{tt}} B$ 且 $B \leq_{\text{tt}} A$，则记 $A \equiv_{\text{tt}} B$。

由于总有 $A \leq_T A'$，低效的集合都是 $\leq_T \emptyset'$，也即 Δ_2^0 的。广义低效集则未必是 Δ_2^0 的，但在 Δ_2^0 集合上，低效与广义低效是等价的。由于真值表归约 (见定义 2.5) 是比图灵归约更严格的归约概念，超低效性蕴涵低效性，反之则不然。我们可以推广上述定义：对 $n \geq 1$，称集合 A 是 low_n 的，当且仅当 $A^{(n)} \equiv_T \emptyset^{(n)}$；称集合 A 是 GL_n 的，当且仅当 $A^{(n)} \equiv_T (A \oplus \emptyset')^{(n-1)}$。显然，$\text{low}_n/\text{GL}_n$ 分别蕴涵 $\text{low}_{n+1}/\text{GL}_{n+1}$。

显然，低效的集合是不能作为神谕计算停机问题 $\emptyset'$ 的，否则 $\emptyset'$ 就可以计算相对于自己的停机问题了。因为 $\Omega (\equiv_T \emptyset')$ 是马丁-洛夫随机的，所以马丁-洛夫随机未必是低效的。这可能给人以错觉，即随机序列可能包含大量有用的信息。例如，可以用来判定停机问题。这或许是量子计算机在公众间享有很高期待的原因之一。在信息科学中，人们的确可以根据随机序列不可压缩性的特点宣称其中包含很多信息。但是，随着对随机性概念，尤其是强随机性概念更深入的研究，人们发现更强的随机性反而会导致低效性。

定理 2.28 (考茨) 假设 X 是 $(n+1)$-随机集合，那么 $X^{(n)} \equiv_T X \oplus \emptyset^{(n)}$。特别地，所有 2-随机集合都是 GL_1 的。

考茨(Kautz, 1991) 的结果意味着，2-随机集合不会出现在倒锥体 $\mathfrak{D}_T (\geqslant_T \emptyset')$ 中。

利用随机性概念，人们还可以定义更多的低效性。例如，尼茨、斯蒂芬和特尔文扬(Nies et al., 2005) 刻画的对 Ω 低效性 (lowness for Ω)。

定义 2.29 (对 Ω 低效) 集合 A 是对 Ω 低效的，当且仅当 Ω 是相对于 A 马丁-洛夫随机的。

如果集合 A 是对 Ω 低效的，意味着它作为神谕并不能得到更多的测试以排除 Ω 的随机性，而尼茨等人证明了，2-随机集合都是对 Ω 低效的。不仅如此，马丁-洛夫随机序列的低效性甚至是它作为 2-随机的充分条件。

定理 2.30 (尼茨-斯蒂芬-特尔文扬) 马丁-洛夫随机集合 A 是对 Ω 低效的，当且仅当 A 是 2-随机的。

类似带神谕的图灵机，我们可以刻画并枚举带神谕的无前束程序 M_e^X，并由此定义带神谕的通用无前束程序 $U^{\text{pf},X}$，以及相对于 X 的无前束柯尔莫哥洛夫复杂度 $K^X(\sigma) = K_{U^{\text{pf},x}}(\sigma)$。米勒 (Miller, 2009) 借用无前束柯尔莫哥洛夫复杂度概念定义了弱对 K 低效性 (weakly lowness for K)。

定义 2.31 (弱对 K 低效) 集合 $A \subset \mathbb{N}$ 是弱对 K 低效，当且仅当存在常数 c，存在无穷多 $\sigma \in 2^{<\omega}$ 使得

$$K(\sigma) \leq K^A(\sigma) + c。$$

换句话说，弱对 K 低效的集合作为神谕在很多情况下都不能提高无前束程序的解压缩能力。[1]米勒证明，集合 A 是弱对 K 低效的，当且仅当它是对 Ω 低效的。由此，2-随机的集合也是弱对 K 低效的。

在较弱的随机性概念中也存在见证随机性蕴涵低效性的定理。例如：

定理 2.32 (尼茨-斯蒂芬-特尔文扬) 假设集合 A 是施诺尔随机并且不是高效的，那么 A 是马丁-洛夫随机的。

其中，高效 (highness) 性被定义为低效性的对偶性质。我们称集合 A 是高效的 (high$_1$)，当且仅当 $\emptyset'' \leq_T A'$；称 A 是 high$_n$ 的，当且仅当 $\emptyset^{(n+1)} \leq_T A^{(n)}$。

米勒和喻良(Miller and Yu, 2008) 的定理从另一个角度证明了随机集合所含信息的无用性。

定理 2.33 (米勒-喻良) 假设 $A \leq_T B$ 且 A 是1-随机的，那么 B 是 n-随机的蕴涵 A 也是 n-随机的。

用较高随机性的集合作为神谕能算出来的集合 (除去如递归集合这样的简单集合) 也往往是高度随机的，没有什么有用的信息。

K-平凡性 (K-triviality) 作为一种反随机性概念最早由柴廷在 20 世纪 70 年代初期提出。在 (Chaitin, 1976) 中，柴廷证明，如果序列 f 是递归的，那么存在常数 c，对任意 $n < \omega$ 有

$$C(f{\restriction}n) \leq C(n) + c。 \tag{2.8}$$

因为，要描述 $f{\restriction}n$，我们只需要一个程序找到 n 的描述并由 n 计算出 $f{\restriction}n$ 就行了。类似地，也可以证明如果 f 是递归的，那么

$$K(f{\restriction}n) \leq K(n) + c。 \tag{2.9}$$

我们将满足 (2.8) 的序列称作 C-平凡的 (C-trivial)，将满足 (2.9) 的序列称作 K-平凡的。

定义 2.34 (K-平凡) 序列 $f \in 2^\omega$ 是 K-平凡的，当且仅当存在常数 c，对任意 $n < \omega$ 有

$$K(f{\restriction}n) \leq K(n) + c。$$

---

[1] 读者可以比对 "弱对 K 低效" 与后文 "对 K 低效" 的定义 (定义 2.36)。

柴廷还证明了 C-平凡的序列都是递归的。这是因为 $C(n)$ 有一个递归的上界。柴廷在 (Chaitin, 1975) 中证明：存在常数 d，对任意常数 c，至多只有 2^{c+d} 个在 c 下 K-平凡的序列。[1]由于 K-平凡性本身构成了一颗 Δ_2^0 树，柴廷的结果表明每个 K-平凡序列都是其中的一根孤立枝，因而也是 Δ_2^0 的，即 $\leq \emptyset'$。然而，索罗维 (Solovay, 1975) 构造了不可计算的 K-平凡序列。事实上，可以构造递归可枚举的不可计算的 K-平凡序列 (Downey et al., 2002)，这同时是对波斯特问题的一个不依赖于优先方法的解决方案。[2]

由于存在常数 d 使得 $K(n) \leq 2\log n + d$，对比定理 2.17 可得：K-平凡的序列都不是马丁-洛夫随机的。如果忽略常数，那么 $K(f{\upharpoonright}n)$ 的上下界分别是 $n + K(n)$ 和 $K(n)$。马丁-洛夫随机序列每个前段的无前束柯尔莫哥洛夫复杂度几乎都位于上限 $\leq 2\log n$ 的范围内，而 K-平凡序列每个前段的复杂度几乎都位于下限。因此，K-平凡性可以被看作反马丁-洛夫随机性。

容易证明，K-平凡集合在向下的图灵归约与信息和下封闭：如果 B 是 K-平凡的并且 $A \leq_T B$，那么 A 也是 K-平凡的；如果 A 和 B 都是 K-平凡的，那么 $A \oplus B$ 也是 K-平凡的。人们有理由猜测，K-平凡或许对应于某种低效性。

赞贝拉 (Zambella, Domenico) 在 1990 左右定义了对马丁-洛夫随机低效性 (low for Martin-Löf randomness)。

定义 2.35 (对马丁-洛夫随机低效) 集合 A 是对马丁-洛夫随机低效的，当且仅当每个马丁-洛夫随机序列都是相对于 A 的马丁-洛夫随机。

直观上，对马丁-洛夫随机低效的集合作为神谕没有带来更多的信息，没有提供更有效的测试来排除任何随机序列。换句话说，随机的序列在知道了 A 的人看来仍然是随机的。显然，如果集合 A 是对马丁-洛夫随机低效的，那么 A 是 GL_1 的，但并不能直接看出对马丁-洛夫随机低效的集合是否都是 Δ_2^0 的。库塞拉 (Kučera, Antonín) 和特尔文扬(Kučera and Terwijn, 1999) 证明：存在非递归的递归可枚举集是对马丁-洛夫随机低效的。穆奇尼克在 1999 年定义了对 K 低效性 (low for K)，刻画了一类对通用无前束程序不会带来任何效能提升的集合。

---

[1] 事实上，唐尼、米勒和喻良 (Downey and Hirschfeldt, 2010, p. 505) 证明了在常数 c 下 K-平凡的集合数量 $G(c)$ 远少于 2^c 个：$\lim_{c<\omega} G(c)/2^c = 0$。

[2] 库塞拉 (Kučera, Antonín) 早在 (Kučera, 1986) 就以随机性概念为中介，给出了一种对波斯特问题不使用优先方法的解决方案。他证明：假设 R 是 Δ_2^0 的 (即 $\leq \emptyset'$ 的) 马丁-洛夫随机集合，那么存在单集 $S \leq_T R$。将柴廷停机概率拆分为 $\Omega = A \oplus B$，那么，A 和 B 相对于彼此都是马丁-洛夫随机的，因而也不能图灵归约于对方。所以，某个单集 $S \leq_T A \lneq_T \Omega \equiv_T \emptyset'$ 就见证了非递归非完全的递归可枚举集合的存在。

定义 2.36 (对 K 低效) 称集合 A 是对 K 低效的，当且仅当存在常数 c 使得，对任意字符串 $\sigma \in 2^{<\omega}$ 有

$$K^A(\sigma) \geq K(\sigma) - c。$$

尼茨(Nies, 2005) 证明：对马丁-洛夫随机低效与对 K 低效这两种低效性概念是等价的。更令人惊讶的结果是，这两种集合作为神谕的低效性与集合的反随机性是等价的 (Nies, 2005)。

定理 2.37 (唐尼-希施费尔德-尼茨-斯蒂芬) 对集合 A，下述命题等价：

(1) A 是 K-平凡的；

(2) A 是对马丁-洛夫随机低效的；

(3) A 是对 K 低效的。

由于 K-平凡的集合都是 Δ_2^0 的，因而所有对马丁-洛夫随机低效的集合也都是 Δ_2^0 的，从而是 low_1 的。利用类似的方法，尼茨证明了所有 K-平凡的集合都是超低效的。

通过随机性理论与可计算性理论的互动，人们对自然数集这两组概念系统的理解取得了显著的进展。强随机性无疑是反可计算的，没有任何随机性概念允许递归集合是随机的，弱 2-随机、2-随机序列甚至不是 Δ_2^0 的，即不是停机问题可计算的。另一方面，强随机性虽然在不可压缩性意义上意味着高信息量，但却是"无用的"信息，强随机的序列作为神谕为相对可计算性提供的效用是很低的。而反随机性虽然不必然蕴涵可计算性，但确实是相当接近可计算的。所有 K-平凡的集合都是 Δ_2^0 的。令人惊讶的是，反随机性也蕴涵低效性，并且与某种低效性是等价的。这里的关键是，反随机性与低效性的等价发生于 $\mathfrak{D}_T(\leqslant_T \boldsymbol{0}')$ 内；而强随机性则往往处于 $\mathfrak{D}_T(\leqslant_T \boldsymbol{0}')$ 之外，并且也是低效的。

第三章 相对一致性

　　独立性或一致性结果可能是各种数学定理中最具有逻辑学特色的一类
成果，这些结果总是依赖于对逻辑或数学工作尤其是演绎证明本质的理解。
这其中又有一类结果，被称作相对一致性 (relative consistency)。这类结果
往往更加富含寓意，其证明或证明的发现过程甚至会让初识者感到些许神
秘，也因此成为了许多逻辑学、哲学爱好者津津乐道的谈资。

　　一致性结果往往是指一个理论 Σ(命题集) 是无矛盾的。在经典逻辑下，
所谓 Σ 无矛盾就是不存在从 Σ 出发到某个矛盾律特例 (如 $\varphi \wedge \neg\varphi$) 或 $x \neq x$
的一个证明。同样在经典逻辑下，从一则矛盾律特例可以证明任何命题，所
以不一致的理论是没有意义的。独立性结果一般是指某个公式 φ 独立于某
个理论 Σ，也即不存在从 Σ 到 φ 的证明，也不存在到 $\neg\varphi$ 的证明。这等价
于说，理论 $\Sigma \cup \{\neg\varphi\}$ 和 $\Sigma \cup \{\varphi\}$ 都是一致的。所以，本质上一致性结果或
独立性结果都是某种关于不可证的结果。

　　一致性与数学哲学主要问题休戚相关。如果说，对数学哲学的终极问题
——数学命题何以为真——暂时难以期待一个无争议的答案，那么一致性问
题则是必须被解决且似乎有可能得以解决的基础问题。即使在极端的数学
形式主义者看来，数学的真属性或许可以放弃，不一致也是不可接受的。而
另一方面，根据塔斯基真不可定义定理(第 14 页，定理 1.2)，如果我们有一
个统一的数学基础的话，那么建立在这一基础之上的数学的真是无法得到
一个符合直观的数学定义的；但一个给定数学基础 (公理系统) 的一致性往
往是一则很容易写出来的严格的数学命题。因此，希尔伯特将一致性证明作
为其数学基础研究纲领最后完成的标志性成果。

　　独立性虽然在数学上就等价于一对一致性结果，但却是相对而言人们
不太乐见的。它表示系统不够强，以至于无法判定目标命题。人们总是希望
能有一个足够强的数学公理系统，最好具有完备性，即可以判定语言中的
任何命题。我们知道，根据哥德尔不完备性定理，人们寄予期望的数学公
理系统，无论是皮亚诺算术还是策梅洛-弗兰克尔集合论抑或是它们的递归
且一致的扩张都不是完备的。然而，哥德尔定理中所给出的独立性例证都是

些通过哥德尔不动点引理生造的、似乎在诉说"我不可证"的算术命题。20世纪中叶以后越来越多"自然"的数学命题被发现是独立于一些被普遍使用的公理系统的，其中较著名的就是连续统假设的独立性和帕里斯-哈林顿定理 (Paris-Harrington theorem)。这些成果揭示，不完备性现象已经侵入实际的数学研究了。这理应再次唤起人们对数学基础问题的关注，例如，寻找数学新公理的呼唤会显得更加紧迫。另一方面，独立性结果也是不同程度的构造主义者或形式主义者在为其立场辩护时可以借用或必须直面的论据。

3.1 相对一致性结果的意义和有穷主义方法

我们说一个**理论**是给定形式语言的一个句子集。在数学基础研究中，人们所关注的理论往往是一个公理集，也即能行可判定或递归的句子集。一个理论 (公理集)T 是一致的，即不存在一个有穷的证明见证从 T 可以演绎出矛盾。我们可以用一则 Π_1^0 的算术句子来表达 T 的一致性，记作 $\mathrm{Con}(T)$。

根据对可靠性 (soundness) 的一般解读，证明理论 Σ 一致性，只需要证明存在它的一个语义模型。而根据完备性，如果 Σ 一致，它的语义模型总能找到。而语义模型的构造是相对比较直观的。例如，我们通过证明标准自然数结构 $\mathfrak{N} = (\mathbb{N}, 0^{\mathfrak{N}}, S^{\mathfrak{N}}, +^{\mathfrak{N}}, \cdot^{\mathfrak{N}})$ 是皮亚诺算术的模型就证明了皮亚诺算术的一致性。因此，通过寻找语义模型来证明一致性或独立性是有效、可靠且符合直观的方法。当然，这也有赖于经典命题逻辑和一阶谓词逻辑具有可靠性和完备性这样良好的性质。

形式主义者期望找到一个能够涵盖所有数学实践的形式系统，并证明它的一致性。希尔伯特纲领要求从有穷数学出发证明包括集合论在内的数学的一致性。或者退一步，我们至少希望那个大一统的数学公理系统能够证明自己的一致性。如果这种系统及其一致性证明被发现，将无疑成为通过数学方法解决数学自身基础问题的经典范例。上述通过构造自然数结构来证明皮亚诺算术一致性的证明显然不是期望将皮亚诺算术作为全部数学唯一基础的人可以接受的，更不是形式主义者可以接受的，因为该证明甚至要求自然数集这个无穷对象存在。哥德尔第二不完备性定理 (Gödel's 2nd incompleteness theorem) 更严格地证明了这种一致性结果是无法得到的。人们一般将哥德尔第二不完备性定理解读为：

定理 3.1 (哥德尔第二不完备性定理) 任何一个包含皮亚诺算术的数学公理系统都证明不了自己的一致性，除非它是不一致的。

如果我们接受这种解读，那么在给定公理系统内部证明自己甚至更强系统的一致性的企图是不可能实现的。特别地，我们无法期望能证明存在一个我们所承认的全部数学的一个模型。所以，一种一劳永逸地为数学奠定安全基础的梦想是无法实现的。

另一方面，哥德尔第二不完备性定理也提示我们，如果一个理论 T_2 可以证明理论 T_1 的一致性，即 $T_2 \vdash \mathrm{Con}(T_1)$，那么 T_2 一定比 T_1 在某种意义上严格地强。

定义 3.2 令理论 T_2 至少包含罗宾逊算术 (Robinson arithmetic, 也记作 Q)。我们定义理论 T_2 在证明论意义上严格强于理论 T_1(记作 $T_1 \lhd T_2$)，当且仅当 $T_2 \vdash \mathrm{Con}(T_1)$。

上述定义中提到的，**罗宾逊算术**是罗宾逊 (Robinson, Raphael M.) 在 (Robinson, 1950) 提出的皮亚诺算术的一个有穷可公理化片段，实质上就是 PA 减去算术归纳公理模式。

此外，本书中写道"理论 T_2 包含理论 T_1"时，不仅仅指集合意义上的包含。有时候，T_1 和 T_2 是不同的形式语言中的系统，我们仍然可以宣称它们有包含关系。例如，我们会说策梅洛集合论 (ZC)[1]包含了皮亚诺算术 (PA)。因为，我们可以通过定义将算术概念翻译为集合论概念，并在 ZC 中证明所有翻译成集合论句子的 PA 公理。

理论间的翻译

理论间翻译 (interpretation) 的严格定义如下：

定义 3.3 给定语言 $\mathcal{L}_1 = \{P_i^{n_i}\}_{i<N} \cup \{f_j^{m_j}\}_{j<M}$ (其中 $P_i^{n_i}$ 是 n_i 元谓词符号，$f_j^{m_j}$ 是 m_j 元函数符号)、$\mathcal{L}_2$ 以及 $\mathcal{L}_2$ 理论 T_2。我们称定义在 $\{\forall\} \cup \{P_i^{n_i}\}_{i<N} \cup \{f_j^{m_j}\}_{j<M}$ 上的函数 π_0 是一个从 $\mathcal{L}_1$ 到 T_2 中的翻译，当且仅当

(1) $\pi_0(\forall) = \varphi_\forall(x)$；

(2) 对每个 $P_i^{n_i}$，$\pi_0(P_i^{n_i}) = \varphi_i(x_1, \ldots, x_{n_i})$；

(3) 对每个 $f_j^{m_j}$，$\pi_0(f_j^{m_j}) = \psi_j(x_1, \ldots, x_{m_j}, y)$，

其中，$\varphi_\forall(x), \varphi_i(x_1, \ldots, x_{n_i}), \psi_j(x_1, \ldots, x_{m_i}, y)$ 是 $\mathcal{L}_2$ 公式，至多含有写明的自由变元。并且对任意 $j < M$，

$$T_2 \vdash \forall x_1 \ldots x_{m_j} \exists! y \psi_j(x_1, \ldots, x_{m_j}, y).$$

---

[1] 策梅洛最初给出的集合论公理系统没有替换公理模式 (replacement schema)，后者由弗兰克尔 (Fraenkel, Abraham) 和斯寇伦 (Skolem, Thoralf) 添加。因此，策梅洛集合论 (Zermelo set theory, ZC) 指 ZFC 减去替换公理模式所得的集合论公理系统。

注意，我们定义的翻译 π_0 为语言 $\mathcal{L}_1$ 中每个有待语义解释的符号 (包括量词 $\forall$) 赋予了一则 $\mathcal{L}_2$ 公式。然而，这不仅仅是从"语言到语言"的翻译，而是从"语言到理论"的翻译。因为，我们需要理论 T_2 来检验它对函数符号的翻译是否合理，翻译后的表达式是否满足"存在唯一性"。给定初始符号的翻译 π_0，我们就可以递归地定义对所有 $\mathcal{L}_1$ 公式的翻译 π：

(1) 对不含函数符号的原子公式，令

    (a) $\pi(x = y) =_{\mathrm{df}} x = y$；

    (b) $\pi(P_i^{n_i} x_1 \ldots x_{n_i}) =_{\mathrm{df}} \varphi_i(x_1, \ldots, x_{n_i})$。

(2) 若原子公式中包含函数符号，令 $f_j^{m_j} x_1 \ldots x_{m_j}$ 是其中出现的第一个仅含一个函数符号的词项，令

    (a) $\pi(t_1 = t_2) =_{\mathrm{df}} \forall y\Big(\psi_j(x_1, \ldots, x_{m_j}, y) \to \pi\big((t_1 = t_2)_y^{f_j^{m_j} x_1 \ldots x_{m_j}}\big)\Big)$；

    (b) $\pi(P_i^{n_i} t_1 \ldots t_{n_i}) =_{\mathrm{df}} \forall y\Big(\psi_j(x_1, \ldots, x_{m_j}, y) \to \pi\big((P_i^{n_i} t_1 \ldots t_{n_i})_y^{f_j^{m_j} x_1 \ldots x_{m_j}}\big)\Big)$，

    其中 y 取未出现过的新变元符号。

(3) 对布尔组合，如 $\neg\alpha, \alpha \to \beta$，令

    (a) $\pi(\neg\alpha) =_{\mathrm{df}} \neg\pi(\alpha)$；

    (b) $\pi(\alpha \to \beta) =_{\mathrm{df}} \pi(\alpha) \to \pi(\beta)$。

(4) 对形如 $\forall z\alpha$ 和 $\exists z\alpha$，令

    (a) $\pi(\forall z\alpha) =_{\mathrm{df}} \forall z(\varphi_\forall(y) \to \pi(\alpha))$；

    (b) $\pi(\exists z\alpha) =_{\mathrm{df}} \exists z(\varphi_\forall(z) \wedge \pi(\alpha))$。

例如，如果我们用 ψ_f 来翻译一元函数符号 f，用 ψ_g 来翻译二元函数符号 g，那么

$$\pi(fx_1 = gx_1x_2)$$
$$= \forall y_2(\psi_g(x_1, x_2, y_2) \to \forall y_1(\psi_f(x_1, y_1) \to y_1 = y_2))。$$

这样，我们就可以把语言 $\mathcal{L}_1$ 中的每个公式翻译成语言 $\mathcal{L}_2$ 的公式了。由此，我们也就可以比较在两个不同语言中表述的理论了。

定义 3.4 给定语言 $\mathcal{L}_1, \mathcal{L}_2$ 以及 $\mathcal{L}_1$ 理论 T_1 和 $\mathcal{L}_2$ 理论 T_2。我们说 T_1 可以被翻译到 T_2 中，当且仅当存在从 $\mathcal{L}_1$ 到 T_2 的翻译 π_0，使得对任意 $\mathcal{L}_1$ 句子 σ 有

$$T_1 \vdash \sigma \Rightarrow T_2 \vdash \pi(\sigma).$$

为方便起见，我们也会说理论 T_2 包含 T_1，或 T_2 在解释力上不弱于 T_2。

根据哥德尔第二不完备性定理，$\lhd$ 在包含基本算术理论的一致理论中不是自反的。也容易证明，$\lhd$ 在这些理论中是传递的。由此，$\lhd$ 将诸公理系统排列成一个严格偏序。例如，$PA \lhd Z_2 \lhd ZC \lhd ZF$。在这个序列上的每一个公理系统的一致性都可以在更强的公理系统中得到证明。例如，$ZF \vdash Con(PA)$。但同时，我们也无法排除任何一种较弱的公理系统一致而较强的就不一致的情况。因为，根据哥德尔第二不完备性定理，即使在 ZF 中，我们也无法证明 $Con(PA) \rightarrow Con(ZF)$ (除非 ZF 本身不一致)。否则，由 $ZF \vdash Con(PA)$ 就可以得到 $ZF \vdash Con(ZF)$。也就是说，无法排除 PA 一致而 ZF 不一致的可能性。而在这种情况下，ZF 中可证的命题将没有任何说服力，包括 $Con(PA)$。这样看来，$\lhd$ 序本身无法为其中任何一则公理系统的一致性提供辩护，只是告诉我们哪些公理系统比另一些更"危险"。而后者似乎是冗余的信息，因为越强的系统 (不仅仅是证明论意义上) 总是越危险。

$\lhd$ 的传递性和有穷主义算术

假设 T_1, T_2, T_3 都是至少包含有穷主义数学的理论，且有 $T_3 \vdash Con(T_2)$ 以及 $T_2 \vdash Con(T_1)$。

在 T_3 中：假设 $\neg Con(T_1)$，即存在一个从 T_1 到 $x \neq x$ 的证明。通过一则原始递归的变换，我们可以得到一个从 T_2 到 $\neg Con(T_1)$ 的证明，故 $T_2 \vdash \neg Con(T_1)$，因而 $\neg Con(T_2)$，与 $Con(T_2)$ 矛盾，故 $Con(T_1)$。

所以，$T_3 \vdash Con(T_1)$。

注意，证明中我们假设那些理论至少包含有穷主义数学。至于具体哪种公理系统满足希尔伯特所接受的有穷主义，历

史上多有争论。斯寇伦 (Skolem, Thoralf) 在 (Skolem, 1923) 刻画了一种名为原始递归算术 (PRA) 的公理系统来刻画有穷主义数学这个概念。PRA 的语言包括无穷多的函数符号，用来代表所有的原始递归函数。人们后来发现，它的语言可以没有量词，甚至不需要逻辑连接词，整个 PRA 公理可以看作是由一集能行可判定的形如 $t_1 = t_2$ 的句子组成的。例如，$1 = 0 + 1$，$4 = 2 \cdot 2$，等等。PRA 是被广为接受的一种有穷主义公理系统。

现在，人们也常用 $I\Sigma_1^0$ 作为 PRA 带量词的版本。$I\Sigma_1^0$ 指罗宾逊算术 Q 加上 Σ_1^0 归纳原理模式，即对所有 Σ_1^0 公式 φ 的归纳原理：$\varphi(0) \to \forall x(\varphi(x) \to \varphi(Sx)) \to \forall x\varphi(x)$。在 $I\Sigma_1^0$ 中可以证明，所有原始递归函数都是递归全函数，并且 $I\Sigma_1^0$ 的无量词推论也都是 PRA 可证的。因此，在本书中默认有穷主义算术公理系统就是 $I\Sigma_1^0$。

而另一方面，虽然我们无法证明 $Con(PA) \to Con(ZF)$(如果 ZF 或 PA 是一致的话)，但自 20 世纪中叶以来，一系列具有下述形式的相对一致性结果被发现：

$$Con(T_1) \to Con(T_2), \tag{3.1}$$

其中，往往 T_2 在解释力上包含 T_1，因而，这种结果能够为我们提供一些"正面信息"，即 T_2 比 T_1 多出的那部分不会导致新的矛盾。

类似 $\lhd$ 关系，相对一致性似乎也暗示了理论之间的一种强弱关系。如果 $Con(T_1) \to Con(T_2)$，那么 T_1 在某种意义上至少不弱于 T_2。但如果站在算术实在论的立场上，$Con(T_i)$ 总是非真即假。如果单纯以 $Con(T_1) \to Con(T_2)$ 是否为真来判断两个理论的"强度"，由此产生的序关系就是平凡的 $\{0, 1\}$ 上的大小关系了。这显然无法揭示诸公理系统之间细微的差别。

要能挖掘出一个相对一致性结果 $Con(T_1) \to Con(T_2)$ 中的"正面信息"，其证明至少要能在一个不强于 T_1, T_2 的公理系统中得到。因为，从较强的系统出发的证明让人无法辨别，"T_2 相对 T_1 多出来的部分不会导致新的不一致"是由于我们本就可以证明 $Con(T_2)$ 还是由于那些"多出来的部分"已经在元系统中被蕴涵了。

定义 3.5 给定至少包含有穷主义算术的理论 T_0，以及公理化理论 T_1，T_2。定义 $T_1 \leq_{T_0} T_2$，当且仅当

$$T_0 \vdash Con(T_2) \to Con(T_1)。$$

定义 $T_1 \equiv_{T_0} T_2$，当且仅当

$$T_1 \leq_{T_0} T_2 \text{ 且 } T_2 \leq_{T_0} T_1。$$

容易证明，$\leq_{T_0}$ 是非严格的偏序关系，$\equiv_{T_0}$ 是等价关系。显然，随着 T_0 的加强，$\equiv_{T_0}$ 所对应的等价类的数量就越少，越难以区分不同理论之间一致性强度的差别。因此，我们默认取各方都能接受的有穷主义算术系统作为比较理论一致性强度的基础理论。

定义 3.6 (证明论意义上的相对一致性) 我们称 (证明论意义上) 理论 T_2 相对 T_1 一致 (记作 $T_1 \leq T_2$)，当且仅当

$$\mathrm{I}\Sigma_1^0 \vdash \mathrm{Con}(T_2) \to \mathrm{Con}(T_1)。$$

我们称 T_1 与 T_2 是 (证明论意义上) 等一致的 (equiconsistent, 记作 $T_1 \equiv T_2$)，当且仅当

$$T_1 \leq T_2 \text{ 且 } T_2 \leq T_1。$$

值得庆幸的是，绝大多数相对一致性证明的确是有穷主义算术可证明的，甚至包括 ZF 的扩张那样较强的集合论公理系统。

令人比较费解的是，根据完备性和可靠性，某个理论的一致性等价于存在该理论的模型。即使是对诸如 $\mathrm{Con}(\mathrm{ZF}) \to \mathrm{Con}(\mathrm{ZFC})$ 的相对一致性证明，似乎也应该在假设存在 ZF 模型的基础上找一个 ZFC 的模型。但我们甚至无法期望能在 ZF 中证明存在一个 ZFC 模型，更何况这个相对一致性证明甚至可以在 $\mathrm{I}\Sigma_1^0$ 中完成！要知道，$\mathrm{I}\Sigma_1^0$ 不能证明任何无穷对象存在。

事实上，我们一般理解的哥德尔完备性定理可以看作是公理化集合论 (如 ZFC) 的内定理，又或者至少是在二阶算术系统 (如 WKL_0) 中可证的。而二阶算术语言中的 "模型"(一个自然数集) 已经不太直观了。而比 WKL_0 更弱的系统如果一致的话，则无法得到哥德尔完备性定理。一阶算术公理系统 $\mathrm{I}\Sigma_1^0$ 自然也不行。这意味着在其中有可能得到一个一致性证明而无法证明其存在相应模型。

其实，要证明 $\mathrm{Con}(T_1) \to \mathrm{Con}(T_2)$，只需要证明 $\neg\mathrm{Con}(T_2) \to \neg\mathrm{Con}(T_1)$。也即，假设存在一则从 T_2 到矛盾例式的一个有穷证明，我们希望能由此得到一个从 T_1 到矛盾例式的证明。如果我们能找到一个原始递归的变换，将每个从 T_2 的证明转换成一个 T_1 中的相关证明，那么这个相对一致性结果就是有穷主义算术 (如 PRA 或 $\mathrm{I}\Sigma_1^0$) 中可证的了。

另一方面，如果仔细分析可靠性的证明不难看出，对一致性的证明本质上是寻找一种关于语言中公式的性质，并通过归纳法证明所有系统可证的

公式都具备这种性质而一些公式并不具有这种性质，从而得到那些公式不可证的结论。"$\mathfrak{M}$ 是……的模型" 正是这样一种性质。完备性只是告诉我们，如果允许谈论无穷对象的话，当我们需要证明不可证时，我们总能找到这类符合直观的性质。在有穷主义的相对一致性证明中，诉诸模型是不必要的。事实上，哥德尔第二不完备性定理本身也看以被看作是在有穷主义算术中可证的一组相对一致性结果，即对任意可公理化且包含皮亚诺算术的理论 T，有

$$\mathrm{Con}(T) \to \mathrm{Con}(T + \neg \mathrm{Con}(T))。$$

哥德尔第二不完备性定理的证明的确未借助模型直观，或者说 "$T+\neg\mathrm{Con}(T)$" 的模型总是不直观的非标准模型 (non-standard model)。但在更多的情况下，借助模型的直观有助于人们发现那些有穷主义的证明。甚至可以说，绝大多数关于自然的数学命题的相对一致性证明的发现都需要借助模型的直观，除了那些本质上就是哥德尔第二不完备性定理的变体的证明。①这种巧合对反实在论者来说是需要予以特别说明的。

冯·诺伊曼 (von Neumann, John) 早在 (von Neumann, 1929) 中证明了集合论基础公理(axiom of foundation) 的相对一致性，即 $\mathrm{Con}(\mathrm{ZF}^-) \to \mathrm{Con}(\mathrm{ZF})$。我们用 ZF^- 表示 ZF 除去基础公理得到的公理系统。我们知道，集合论谈论的对象全是集合及其属于关系。集合论基础公理的直观意义是：每个非空集合 X 中都存在一个在属于关系下的极小元 y，即 X 中没有元素再属于 y。基础公理可以用集合论形式语言表述为

$$\forall X \exists y (y \in X \land \forall z (z \in X \to z \notin y))。$$

基础公理保证了不存在 $x \in x$ 这样的情况。并且，我们可以通过归纳法证明关于全体集合满足某个性质，如 $\forall x \varphi(x)$。

> **集合论归纳证明**
>
> 用归纳法证明 $\forall x \varphi(x)$，一般先反设 $\{x \mid \neg\varphi(x)\}$ 非空。由基础公理，存在该集合族的极小元 x 满足 $\neg\varphi(x)$，而 x 的元素、其元素的元素等都满足 φ。由此，如果我们能够证明 x 也满足 φ 的话，就矛盾了，因而 $\{x \mid \neg\varphi(x)\}$ 是空集。

冯·诺伊曼在证明中定义了我们现在称之为冯·诺伊曼层谱 (von Neumann hierarchy) 的对集合论宇宙的排列：

定义 3.7 (冯·诺伊曼层谱) 定义序数上的映射 $\alpha \to V_\alpha$ 如下：

---

① 参见本章接下来介绍的诸案例。

(1) $V_0 =_{\text{df}} \emptyset$；

(2) $V_{\beta+1} =_{\text{df}} P(V_\beta)$；

(3) 若 α 是极限序数，$V_\alpha =_{\text{df}} \bigcup_{\beta < \alpha} V_\beta$。

我们称这是在 (超穷) 序数上递归定义。在每个后继步骤中，我们定义 $V_{\beta+1}$ 是已有的集合族 V_β 的所有子集组成的集合族 $P(V_\beta) = \{X \mid X \subset V_\beta\}$，又称作 V_β 的幂集。相比在有穷自然数上的递归定义，在序数上的递归定义增加了对极限序数情况下定义的子句。这使得我们可以达到对 V_ω 的定义以及之后的 $V_{\omega+1}$，$V_{\omega+2}$ 等，其中，ω 是比所有自然数 (有穷序数) 大的最小的序数，也即最小的极限序数。在现代集合论中，一般又将其定义为所有自然数组成的集合。其存在性由无穷公理 (axiom of infinity) 断言。[1] 科恩认为，冯·诺伊曼层谱的定义给予我们两点提示：

> 第一，序数在这些公理化问题中扮演了根本性的角色……第二……在集合论中处理基础问题时，人们总是有某种根植于直观中的哲学基础或信念，而后者会提示定理的技术发展。在这则案例中的直观是：人们必须只允许集合从那些已有的集合中堆积或"构造"出来。(Cohen, 2002)

我们将看到，科恩提到的这种直谓主义 (predicativism) 直观在后文中将介绍的哥德尔可构成集类 (class of constructible sets) 的构造中也扮演了重要的角色。

我们可以将 V_α 看作累积到第 α 步所得到的所有集合的类，那么将所有这些 V_α"并"起来，所得到的就是 $\mathbf{WF} = \bigcup_{\alpha \in \mathbf{ON}} V_\alpha = \{x \mid \exists \alpha \in \mathbf{ON}(x \in V_\alpha)\}$，即良基集类 (class of well-founded sets)。接下来，冯·诺伊曼需要在 ZF^- 中证明所有 ZF 公理在 $\mathbf{WF}$ 中成立[2]，并由此得到 ZF 的一致性。ZF 公理在 $\mathbf{WF}$ 中成立的具体证明参见 (郝兆宽、杨跃，2014，7.4-7.5 节)。这里主要讲解在什么意义上，我们说 "ZF 公理在 $\mathbf{WF}$ 中成立" 以及何以由此得出 $\text{Con}(\text{ZF}^-) \to \text{Con}(\text{ZF})$ 是有穷主义算术可证的。

在集合论中，人们常常会谈论一些非常庞大的类 (class)。例如，所有序数组成的类 $\mathbf{ON}$，$\mathbf{WF}$ 以及我们常用来表示所有集合组成的类 $\mathbf{V}$。这些类往往由一则集合论公式定义，例如 $\mathbf{V} = \{x \mid x = x\}$。而当我们说 "$a$ 是良基集" 或 $a \in \mathbf{WF}$ 时，我们实际上在说一则以 a 为唯一自由变元的集合论公式 $\varphi_{\mathbf{WF}}(a)$，也即 $\mathbf{WF} = \{a \mid \varphi_{\mathbf{WF}}(x)\}$。因此，集合论中的类就是可以被看作是满足某个公式的所有集合组成的。

---

[1] 更详细的集合论基础知识可参考 (郝兆宽、杨跃，2014)。

[2] 在 ZF 中，容易证明 $\mathbf{WF} = \mathbf{V}$。

$\varphi_{\mathbf{WF}}(a)$ 定义

我们可以定义 $a \in \mathbf{WF}$ 为公式 $\varphi_{\mathbf{WF}}(a)$ 的缩写，而后者可以被写作

$$\exists \alpha (\alpha \in \mathbf{ON} \wedge x \in V_\alpha),$$

其中，$\alpha \in \mathbf{ON}$ 是

$$\alpha \text{ 是传递的} \wedge \in \text{ 是} \alpha \text{ 上的良序} \qquad (3.2)$$

的缩写。(3.2) 中，"α 是传递的" 是 $\forall x(x \in \alpha \forall y(y \in x \rightarrow y \in \alpha))$ 的缩写，而 "$\in$ 是 α 上的良序" 是

$$\forall x, y, z \in \alpha (x \in y \rightarrow y \in z \rightarrow x \in z) \wedge \forall X \Big[\exists y (y \in X \wedge y \in \alpha)$$
$$\rightarrow \exists y (y \in X \wedge y \in \alpha \wedge \forall z (z \in X \rightarrow z \in \alpha \rightarrow z \notin y)) \Big]$$

的缩写。其中，前一个合取支的意思是属于关系 $\in$ 在 α 上是传递关系；而后一个合取支的意思是属于关系 $\in$ 在 α 上是良基的，也即 α 的每个非空子集都有 $\in$ 的极小元。由此也可以推出，$\in$ 关系在 α 上是反对称的、反自返的。

但这些类庞大到几乎可以囊括所有集合，以至于本身不能再被当作是集合。否则便会导致罗素悖论。我们称这些类为**真类** (proper class)。

布拉利-福尔蒂悖论

布拉利-福尔蒂悖论 (Burali-Forti paradox) 是罗素悖论的一个变种。假设所有序数组成的类 $\mathbf{ON}$ 是一个集合。由分离公理 (separation axiom)，$\mathbf{ON}^* = \{x \in \mathbf{ON} \mid x \notin x\}$ 也是一个集合。我们可以证明：对任意序数 $\alpha \in \mathbf{ON}$ 有 $\alpha \notin \alpha$。因此，$\mathbf{ON}^* = \mathbf{ON}$。根据序数的定义，我们又有集合 $\mathbf{ON} \in \mathbf{ON}$。又由 $\mathbf{ON}^*$ 定义，$\mathbf{ON} \notin \mathbf{ON}^*$。矛盾。

容易证明，$\mathbf{ON}$ 是 $\mathbf{WF}$ 的一个子类，因而 $\mathbf{WF}$ 也是一个真类。我们不能将 $\mathbf{WF}$ 作为一个对象 (集合)，并声称它是 ZF 的模型。那么，我们又是在什么意义上说 "ZF 公理在 $\mathbf{WF}$ 中成立"？

例如，当我们说外延公理 (axiom of extensionality)[1]在 $\mathbf{WF}$ 中成立时，

---

[1] 外延公理说的是，具有同样的元素的集合就是同一个集合，在形式语言中表示为：$\forall X \forall Y [\forall z(z \in X \leftrightarrow z \in Y) \rightarrow X = Y]$。

我们说的其实是

$$\forall X \forall Y \Big[\varphi_{\mathbf{WF}}(X) \to \varphi_{\mathbf{WF}}(Y) \to$$

$$\big[\forall z (\varphi_{\mathbf{WF}}(z) \to z \in X \leftrightarrow z \in Y) \to X = Y \big] \Big].$$

显然，这也是一则集合论句子，我们称之为外延公理的相对化 (relativization)。容易看出，它的意思是：对任意良基集 X, Y，如果它们的良基集元素一样，那么它们就是同一个集合。这与我们关于“外延公理在 $\mathbf{WF}$ 中成立”的直观是一致的。事实上，给定任何一个像 $\mathbf{WF}$ 这样的类 A，也就是给定一则定义公式 φ_A，我们可以递归地得到任何一个集合论 φ 公式在 A 中的相对化 φ^A，所需要做的就是每当出现 $\forall x \psi$ 这样的子公式时，我们将其变为 $\forall x (\varphi_A(x) \to \psi)$。也即将量词的论域限制为类 A。而当我们说“ZF 在 $\mathbf{WF}$ 中成立”时，我们实际上对每一条 ZF 中的公理 σ，断言了它在 $\mathbf{WF}$ 下的相对化，即集合论句子 $\sigma^{\mathbf{WF}}$。所以，“ZF 在 $\mathbf{WF}$ 中成立”实际上对应于公理集合论语言中的一组无穷多的句子，无法在集合论语言中用一句句子表达出来。

另一方面，这些句子组成了一个能行可判定的集合 $\mathrm{ZF}^{\mathbf{WF}}$。我们可以把一阶算术语言作为元语言，并在其中讨论 ZF^-, ZF, $\mathrm{ZF}^{\mathbf{WF}}$ 及其可证公式。由此，在有穷主义算术系统 $\mathrm{I}\Sigma_1^0$ 中就可以证明，如果 ZF 可以推出矛盾，那么 $\mathrm{ZF}^{\mathbf{WF}}$ 乃至 ZF^- 也能得出矛盾，即 ZF 是相对 ZF^- 一致的。

有穷主义的 $\mathrm{Con}(\mathrm{ZF}^-) \to \mathrm{Con}(\mathrm{ZF})$ 证明

令 $\mathrm{ZF}^{\mathbf{WF}} = \big\{ \sigma^{\mathbf{WF}} \mid \sigma \in \mathrm{ZF} \big\}$。这是一个能行可判定的集合，正如 ZF 是能行可判定的一样。通过哥德尔编码，它就对应于一集递归的自然数集。因此，如果我们将一阶算术语言作为我们的元语言，$\mathrm{I}\Sigma_1^0$ 甚至 Q 作为我们的元理论的话，我们就可以找到一则算术公式 $\varphi_{\mathrm{ZF}^{\mathbf{WF}}}(x)$，使得对任意自然数 $n \in \mathbb{N}$，如果 n 编码了一句 $\mathrm{ZF}^{\mathbf{WF}}$ 句子，那么 $\mathrm{Q} \vdash \varphi_{\mathrm{ZF}^{\mathbf{WF}}}(n)$，否则，$\mathrm{Q} \vdash \neg\varphi_{\mathrm{ZF}^{\mathbf{WF}}}(n)$。

类似地，所有 ZF^- / $\mathrm{ZF}^{\mathbf{WF}}$ 可证的公式组成了一个能行可枚举集。也即，我们可以找到 Σ_1^0 的算术公式 $\mathrm{prov}_{\mathrm{ZF}^-}(x)$ / $\mathrm{prov}_{\mathrm{ZF}^{\mathbf{WF}}}(x)$，使得若 α 是 ZF / $\mathrm{ZF}^{\mathbf{WF}}$ 可证的公式而 $\ulcorner\alpha\urcorner$ 是它的哥德尔编码，就有 $\mathrm{Q} \vdash \mathrm{prov}_{\mathrm{ZF}^-}(\ulcorner\alpha\urcorner)$ / $\mathrm{Q} \vdash \mathrm{prov}_{\mathrm{ZF}^{\mathbf{WF}}}(\ulcorner\alpha\urcorner)$。

回想一下，我们对“ZF 在 $\mathbf{WF}$ 中成立”的“断言”是在 ZF^- 中得到的。更准确地说，对任何一则句子 $\sigma \in \mathrm{ZF}^{\mathbf{WF}}$，

我们有 $\mathrm{ZF}^- \vdash \sigma^{\mathbf{WF}}$。由此，对任意句子 σ，若 $\mathrm{ZF}^{\mathbf{WF}} \vdash \sigma$，则 $\mathrm{ZF}^- \vdash \sigma^{\mathbf{WF}}$。把它通过哥德尔编码翻译到算术语言就是 $\forall x [\mathrm{prov}_{\mathrm{ZF}\mathbf{WF}}(x) \to \mathrm{prov}_{\mathrm{ZF}-}(\pi_{\mathbf{WF}}(x))]$。不难验证，这句句子是 $\mathrm{I}\Sigma_1^0$ 可证的。① 特别地，

$$\mathrm{I}\Sigma_1^0 \vdash \mathrm{prov}_{\mathrm{ZF}\mathbf{WF}}(\ulcorner v_1 \neq v_1 \urcorner) \to \mathrm{prov}_{\mathrm{ZF}-}(\ulcorner v_1 \neq v_1 \urcorner).$$

注意，$(v_1 \neq v_1)^{\mathbf{WF}}$ 就是 $v_1 \neq v_1$。同时，也不难证明，对任意公式 α，若 $\mathrm{ZF} \vdash \alpha$，则 $\mathrm{ZF}^{\mathbf{WF}} \vdash \alpha^{\mathbf{WF}}$。② 特别地，公式 $v_1 \neq v_1$ 的相对化 $(v_1 \neq v_1)^{\mathbf{WF}} = (v_1 \neq v_1)$，因而

$$\mathrm{I}\Sigma_1^0 \vdash \mathrm{prov}_{\mathrm{ZF}}(\ulcorner v_1 \neq v_1 \urcorner) \to \mathrm{prov}_{\mathrm{ZF}\mathbf{WF}}(\ulcorner v_1 \neq v_1 \urcorner).$$

显然，$\mathrm{Con}(\mathrm{ZF}^-)$ 就是 $\neg\mathrm{prov}_{\mathrm{ZF}-}(\ulcorner v_1 \neq v_1 \urcorner)$，因而

$$\mathrm{I}\Sigma_1^0 \vdash \mathrm{Con}(\mathrm{ZF}^-) \to \mathrm{Con}(\mathrm{ZF}).$$

基础公理的相对一致性证明为该公理的辩护提供了基础，即至少添加该公理不会导致新的不一致，而这是有穷主义数学就能保证的。同时，冯·诺伊曼认为，基于下述直观，我们甚至应该接受 $\mathbf{WF}$ 就是全部集合的宇宙。虽然其他集合论公理 ZF^- 可能无法排除诸如 $x \in x$ 的情况，但人们实际能接触到的集合，总是从空集或一些对象组成的有穷集合出发，通过将这些集合堆积迭代得到的，也即在 $\mathbf{WF}$ 中的，它们都满足基础公理。库能 (Kunen, Kenneth) 以更清晰的方式重新表述了冯·诺伊曼的直观。他声称：

【是否假设】基础公理于数学是无关紧要的，因为对任何有数学意义的 (of mathematical interest) 陈述 φ，都有 $\varphi^{\mathbf{WF}} \leftrightarrow \varphi$ 成立。所以，如果 $\mathrm{ZFC} \vdash \varphi$，那么 $\mathrm{ZFC}^- \vdash \varphi^{\mathbf{WF}}$，因而 $\mathrm{ZFC}^- \vdash \varphi$。(Kunen, 2013, p. 117)

当然，"有数学意义的"是一个模糊的表述。对此，库能给出了下述观察，表明人们实践上能考虑到的数学构造全都可以在 $\mathbf{WF}$ 中完成。

定理 3.8 在 ZFC^- 中可以证明：每个群都同构于一个 $\mathbf{WF}$ 中的群；每个拓扑空间同胚于一个 $\mathbf{WF}$ 中的拓扑空间；并且基数幂运算 $\kappa, \lambda \to \kappa^\lambda$

---

① 任何原始递归函数在 $\mathrm{I}\Sigma_1^0$ 中都是可证递归的。特别地，将一个集合论公式的编码转换为一个它在 $\mathbf{WF}$ 下相对化的编码的函数 $\pi_{\mathbf{WF}}$ 是原始递归；我们将 $\mathrm{ZF}^{\mathbf{WF}}$ 中对某个公式 α 的证明 (的编码) 转换为 ZF^- 到 $\alpha^{\mathbf{WF}}$ 的一个证明 (的编码) 的函数也是原始递归的。

② 同样，证明实际也是给出了一个原始递归的变换。

对 **WF** 绝对。①

对基础公理的辩护基于有穷主义的相对一致性证明以及其他有关数学定理。虽然它最终仍要诉诸对 "有数学意义的" 直观和经验，但仍然是对数学公理的辩护中比较成功的案例。接下来，读者将看到，类似的辩护理由对哥德尔可构成集类 **L** 却不成立。

3.2 可构成集与直谓主义

哥德尔在 (Gödel, 1938) 发表了选择公理 (axiom of choice) 和广义连续统假设 (generalized continuum hypothesis) 的相对一致性结果。

选择公理就是 ZFC 公理系统中的 "C"，又记作 AC。它可以表述为：任意一个由两两不交的非空集合组成的集合族都有一个选择集从其中每个集合中选出一个元素。用集合论形式语言来表达可以写作

$$\forall X\Big[\emptyset \notin X \wedge \forall y \forall z(y \in X \wedge z \in X \wedge x \neq y \to y \cap z = \emptyset)$$
$$\to \exists C \forall y\big(y \in X \to \exists! w \; w \in C \cap y\big)\Big]。$$

策梅洛在 (Zermelo, 1904) 中宣称证明了康托尔良序定理 (well-ordering theorem) 猜想。②他在证明中本质上使用了上述选择公理，并因此而受到许多质疑，以至于他不得不在 (Zermelo, 1908) 中以接近上述方式明确陈述了选择公理并重新证明了良序定理。值得注意的是，在这篇文章的第二部分，策梅洛花了远多于证明部分的篇幅来为选择公理和他对良序定理的证明辩护。策梅洛甚至在哥德尔的工作之前就明确意识到选择公理是 "逻辑地独立于其他【公理】的"，而 "即使在数学中，不可证……绝不等价于不有效"。因此，他为选择公理所做的辩护只能是非数学的。

策梅洛为选择公理所做的辩护主要基于两个方面：(1) 选择公理在数学实践中业已取得的成功和不可或缺性；(2) 选择公理不会造成矛盾。策梅洛列举了他那个时代已经依赖选择公理得到的数学结果，尤其是康托尔基数理论。没有选择公理，我们甚至难以证明一个集合的划分 (它的一些两两不交的子集组成的集合) 的基数总是小于等于原集合。不知道哥德尔在

---

① 任给基数 κ, λ，κ^λ 是集合 $\{f \mid f : \lambda \to \kappa\}$(即所有从集合 λ 到集合 κ 的函数组成的集合) 的基数。幂运算对 **WF** 绝对指：对任意 κ, λ，κ^λ 与其在 **WF** 中的值 $(\kappa^\lambda)^{\mathbf{WF}}$ 相等。在许多内模型中，基数幂运算未必绝对，例如后文将介绍的 **L**。

② 良序定理：每个集合 A 都存在其上的一个良序 $W \subset A \times A$，即 W 是一个线序且 A 的每个子集都有 W 极小元。事实上，在 ZF 中容易证明，良序定理与选择公理等价。

(Gödel, 1964) 中阐述的基于公理候选的 "成功" 的外在性辩护是不是受到策梅洛为选择公理辩护的影响。此外，策梅洛宣称，从选择公理通过任何已知的方法都不会得出悖论。但是，策梅洛所做的说明也仅仅能让人 "希望明确地切断了任何引入 **ON** 的可能性"(Zermelo, 1908, p. 192, 楷体由笔者添加，原文中 **ON** 记作 W[①])。

然而，策梅洛并未给出对选择公理的内在性辩护。现代对选择公理的主要质疑是它的非构造性。集合论公理中大多数存在性公理都是在下述意义上构造的。无论是对集公理 (axiom of pairs)、并集公理 (axiom of union)、分离公理 (separation schema)，甚至幂集公理 (axiom of power)、无穷公理所断言存在的集合都是在集合论宇宙中 (以已有集合为参数) 可定义的，而选择公理所断言存在的选择集却外延不明。

策梅洛对选择公理辩护的这些弱点在哥德尔关于可构成集宇宙 **L** 的构造中得到了补强。哥德尔的构造不仅严格证明了选择公理相对其他集合论公理的一致性，甚至给出了一种可能: 存在一个明确的方法让我们对每一个满足条件的集合族都能唯一确定地找到它的选择集。当然，这过于乐观的情况也令人怀疑，并以此作为反对 **V** = **L** 的理由之一。

选择公理使康托尔的基数理论得以可能。特别地，对每个基数为 κ 的集合 X，它的幂集 $P(X)$ 有一个确定的基数 (记作 2^κ)，并且 $\kappa < 2^\kappa$。[②]康托尔猜想连续统 (实数集) 的基数 $2^{\aleph_0}$ 就是第二个无穷基数 $\aleph_1$，这就是连续统假设(记作 CH)。广义连续统假设(记作 GCH) 是对 CH 的推广: 对任意无穷基数 κ，$2^\kappa = \kappa^+$ (κ 的下一个无穷基数)。在哥德尔的可构成集宇宙 **L** 中，广义连续统假设成立。

与通过冯·诺伊曼层谱定义 **WF** 类似 (见第 102 页)，我们也是通过在序数上的递归逐层地得到越来越丰富的可构成集。

定义 3.9 (可构成集) 定义序数上的映射 $\alpha \to L_\alpha$ 如下:

(1) $L_0 =_{df} \emptyset$;

(2) $L_{\beta+1} =_{df} D(L_\beta)$;

(3) 若 α 是极限序数，$L_\alpha =_{df} \bigcup_{\beta<\alpha} L_\beta$。

定义可构成集类 $\mathbf{L} = \bigcup_{\alpha\in\mathbf{ON}} L_\alpha$。

[①] 引入 **ON** 会产生悖论，参见第 104 页。

[②] 利用对角线法证明。参见第 55 页。

这里与冯·诺伊曼层谱定义唯一不同的是子句 (2) 中以算子 D 取代了冯·诺伊曼层谱中的集合幂运算 P。对任意集合 A，它的幂 $P(A)$ 指所有 A 的子集组成的集合，而 $D(A)$ 可以被非形式地定义为由所有在结构 $(A, \in)$ 中以 A 中元素为参数可定义的 A 的子集组成的集合，也即所有在结构 $(A, \in, a)_{a \in A}$ 中可定义的 A 的子集组成的集合。

参数可定义的子集

我们可以严格地定义：

$$D(A) =_{\mathrm{df}} \Big\{ X \subset A \ \Big| \exists n, k \in \omega \exists s \in A^k \Big[n \text{ 编码了一个含有} k + 1$$
$$\text{个自由变元的} \mathcal{L}_{\in} \text{ 公式} \varphi(x, y_1, \ldots, y_k)$$
$$\wedge \forall x \in A \Big(x \in X \leftrightarrow$$
$$\varphi^{(A, \in)}\big(x, s(0), \ldots, s(k-1)\big)\Big)\Big]\Big\}。$$

注意，$\mathcal{M} = D(A)$ 是一个以 ω 为参数的 Δ_0 的集合论公式 (所含量词都是有界量词)。直观上，它是否成立只涉及 A, $\mathcal{M}$ 和 ω 中是否含有这样或那样的集合，是一个局部性质。这样的性质，在局部含有相同的 A, $\mathcal{M}$ 集合的不同集合论宇宙间具有相同的语义。我们称这种局部的性质在上述不同集合论宇宙间是*绝对*的。

D 运算是 L_α 递归定义中的核心步骤。我们宣称一个集合 $x = L_\alpha$，需要给出一个关于 L_α 的构造序列。这是一个涉及整个集合论宇宙中是否存在具有某种性质的集合 (L_α 的构造序列) 的判断，而关于一个集合是否具有那种性质的判断是局部的，因此整个判断可以表述为一则 Σ_1 公式 (有形式 $\exists x \varphi(x)$，其中 $\varphi(x)$ 是 Δ_0 的)。另一方面，我们也能通过证明所有满足条件的构造序列均指向 $x = L_\alpha$ 来证明后者。而"所有集合"都具有某种局部性质则是一则 Π_1 公式。事实上，我们可以在 **ZF** 的一个很弱的有穷部分中证明 $x = L_\alpha$ 既等价于一个 Σ_1 公式，也等价于一个 Π_1 公式。我们称这种性质是 (在 **ZF** 的那个有穷部分看来)Δ_1 的。这种 Δ_1 性质，在满足 **ZF** 的那些有穷部分和有关封闭性的集合论宇宙也具有相同的语义，或称*绝对*的。

显然，总有 $D(A) \subset P(A)$。在 **ZF** 中也不难证明，$\alpha \subset L_\alpha \subset V_\alpha$，因而 $\mathbf{ON} \subset \mathbf{L} \subset \mathbf{V}$。也不难验证，$\mathbf{L}$ 是传递的，即对任意 $x \in \mathbf{L}$，有 $x \subset \mathbf{L}$。

我们还可以证明 ZF 在 **L** 下成立，或记作 ZF$^{\mathbf{L}}$。或者更准确地说，对任意 $\sigma \in$ ZF，ZF $\vdash \sigma^{\mathbf{L}}$，而这本身是 I$\Sigma_1^0$ 中可证的。我们称这些包含所有序数 **ON**、传递且满足 ZF 的类为集合论的内模型 (inner model)。

对任意 $\alpha \in$ **ON**，$L_\alpha \in L_{\alpha+1} \subset$ **L**。可以证明，在 **L** 中和 **V** 中对每个 L_α 的解释都是一样的，即 $L_\alpha^{\mathbf{L}} = L_\alpha$。由此可以证明，**V** = **L** 在 **L** 中成立。事实上，对任何集合论的内模型 **M** 来说，L_α 都是绝对的，由此可以证明每个集合论内模型 **M** 中的那个可构成集类 **L**$^{\mathbf{M}}$ = **L**。因此，**L** 包含在每个集合论内模型中，也就是最小的内模型。

根据 **L** 的定义，我们可以自然地构造一个关于整个可构成集宇宙的全局的良序。由于每个 **L** 中的元素 x 最初总是在某个后继层中被构造出来的，例如 $x \in L_{\alpha+1} \setminus L_\alpha$，此时，我们可以把 α 作为 x 在 **L** 的一个秩，记作 rank$_{\mathbf{L}}(x) = \alpha$。由此，我们可以将可构成集做一个大致的排列：如果 rank$_{\mathbf{L}}(x) <$ rank$_{\mathbf{L}}(y)$，我们就认为 x 排在 y 之前。接下来，我们可以递归地定义具有相同的秩的集合之间如何排列。

假设 rank$_{\mathbf{L}}\, x =$ rank$_{\mathbf{L}}\, y = \alpha$，也即 $x, y \in L_{\alpha+1} \setminus L_\alpha$ 都是在 L_α 中首次被定义出来的。我们可以将所有集合论公式排成一个序列 $\{\varphi_0, \varphi, \ldots\}$。[1]假设定义 x, y 的公式不同，那么按照上述排序，总有一个集合的 (排在最前的) 定义公式比另一个的 (排在最前的) 定义公式排得更前。不妨设 φ_i 是定义 x 的排在最前的公式，而 φ_j 是定义 y 的排在最前的公式，且 $i < j$。此时，我们就称 x 排在 y 之前。当然，也有可能定义 x, y 的排在最前的公式是一样的，只是援引了不同的参数。根据归纳，我们可以假设已有对 L_α 中元素的排序，从中不难得出一个对 L_α 中元素的有穷序列 $L_\alpha^{<\omega}$ 的典范排序。也即，我们可以对 x, y 通过排在最前的公式的定义中所使用到的参数序列排序，由此决定 x, y 的排序。由于在同一层用同样的公式和参数可定义的集合就是相同的集合，所以上述排序是在所有可构成集上的一个全序，并且显然是一个良序。

> **L 上的全局良序 $\lhd_{\mathbf{L}}$**
>
> 给定关于集合论公式的枚举 $\{\varphi_i \mid i < \omega\}$。我们对 $\alpha \in$ **ON** 递归定义 L_α 上的二元关系 $\lhd_\alpha$，使得
>
> (1) 每个 $\lhd_\alpha$ 都是 L_α 上的良序；
>
> (2) 若 $\alpha < \beta$，则 $\lhd_\beta$ 是 $\lhd_\alpha$ 的尾节扩张，即 $\lhd_\alpha \subset \lhd_\beta$ 且对任意 $x \in L_\alpha$，$b \in L_\beta \setminus L_\alpha$ 有 $x \lhd_\beta b$。

---

[1] 这等价于证明 $\omega^{<\omega}$(所有有穷自然数序列组成的集合) 与 ω 具有相同的基数。

给定 $\alpha \in \mathbf{ON}$,

(1) 若 α 是极限序数, 令 $\lhd_\alpha = \bigcup_{\gamma < \alpha} \lhd_\gamma$;

(2) 若 $\alpha = \beta + 1$, 由归纳假设, 已有 $\lhd_\beta$ 是 L_β 的良序,

  (a) 对 $x, y \in L_\beta$, 令 $x \lhd_\alpha y$ 当且仅当 $x \lhd_\beta y$,

  (b) 对 $x \in L_\beta$, $y \in L_{\beta+1} \setminus L_\beta$, 令 $x \lhd_\alpha y$,

  (c) 对 $x, y \in L_{\beta+1} \setminus L_\beta$, 令 $i, j < \omega$ 是最小的分别使得存在 $\vec{p}/\vec{q} \in L_\beta^{<\omega}$, 让

$$x = \left\{ z \in L_\beta \mid \varphi_i^{L_\beta}(z, \vec{p}) \right\} \tag{3.3}$$

而

$$y = \left\{ z \in L_\beta \mid \varphi_j^{L_\beta}(z, \vec{q}) \right\} \tag{3.4}$$

的自然数。

    i. 如果 $i < j$, 则令 $x \lhd_\alpha y$;

    ii. 而如果 $i = j$, 则考虑在由 $\lhd_\beta$ 生成的 $L_\beta^{<\omega}$ 上的典范良序 $\lhd_\beta^{<\omega}$ 下最小的分别使得 (3.3), (3.4) 成立的 $\vec{p}, \vec{q}$, 并定义 $x \lhd_\alpha y$ 当且仅当 $\vec{p} \lhd_\beta^{<\omega} \vec{q}$。

最后, 定义 $\lhd_{\mathbf{L}} = \bigcup_{\alpha \in \mathbf{ON}} \lhd_\alpha$。即, 对任意 $x, y \in \mathbf{L}$, $x \lhd_{\mathbf{L}} y$, 当且仅当存在 $\alpha \in \mathbf{ON}$ 使得 $x \lhd_\alpha y$。容易验证, $\lhd_{\mathbf{L}}$ 是 $\mathbf{L}$ 上的良序, 并且是一个 Σ_1 可定义的关系。

因此, 对任意 $x \in \mathbf{L}$, $\lhd_{\mathbf{L}} \cap x \times x$ 就是 x 上的一个良序, 选择公理在 $\mathbf{L}$ 中成立。

为了在 $\mathbf{L}$ 中证明广义连续统假设成立, 首先注意, 对每个无穷的序数 α, L_α 的基数就是 α 的基数。其次, 我们需要使用斯寇伦发明的一种模型论方法来证明每个 L_α 的可构成子集都是在 L_{α^+}[①]之前被构造出来的。假设 $X \subset L_\alpha$ 是可构成集, 那么它总是在某一步, 例如 L_δ 中被定义出来的。δ 可能很大, 甚至远远大于 α^+。根据归纳假设, 我们可以假定定义 X 所使用的那有穷个参数都在某个 $L_\beta (\alpha < \beta < \alpha^+)$ 之前就被构造出来了。利用上面提到的那种模型论方法, 我们可以找到一个 $L_\gamma (\beta < \gamma < \alpha^+)$, 使得 X 在 L_γ 中就可以用同样的公式和参数定义出来。由此, L_α 的所有可构成子

---

① α^+ 是比 α 大的下一个基数。

集 $P(L_\alpha) \cap \mathbf{L} \subset L_{(\alpha^+)^\mathbf{L}}$。因此，在 $\mathbf{L}$ 中，基数 $\operatorname{card} L_\alpha = \operatorname{card} \alpha < 2^{\operatorname{card} \alpha} = \operatorname{card} P(L_\alpha) \leq \operatorname{card} L_{\alpha^+} = \alpha^+$，广义连续统假设成立。

至此，我们证明了 AC 和 GCH 在 $\mathbf{L}$ 中成立。这些证明是在 ZF 中完成的，也即我们有 $\mathrm{ZF} \vdash \mathrm{AC}^\mathbf{L}$ 和 $\mathrm{ZF} \vdash \mathrm{GCH}^\mathbf{L}$，而后者又可以看作是 $\mathrm{I}\Sigma_1^0$ 中可证的算术命题。结合 $\mathrm{ZF}^\mathbf{L}$ 的证明，对任意集合论公式 φ，我们有

$$\mathrm{I}\Sigma_1^0 \vdash \mathrm{prov}_{\mathrm{ZFC+GCH}}(\ulcorner \varphi \urcorner) \to \mathrm{prov}_{\mathrm{ZF}}(\ulcorner \varphi^\mathbf{L} \urcorner).$$

特别地，取 σ 为 $v_1 \neq v_1$，即

$$\mathrm{I}\Sigma_1^0 \vdash \mathrm{Con}(\mathrm{ZF}) \to \mathrm{Con}(\mathrm{ZFC} + \mathrm{GCH}).$$

以上，我们简述了基于哥德尔可构成集概念的有穷主义的相对一致性证明。关于 $\mathbf{L}$ 更详细的讨论，读者可以参考 (郝兆宽、杨跃，2014)、(Kunen, 2013) 和 (Jech, 2002)。接下来，笔者试图进一步挖掘 $\mathbf{L}$ 的构造及其发现过程中所涉及的哲学内涵。

哥德尔在发表其一致性结果的报告 (Gödel, 1938) 中就写道：

> "可构成" 集被定义为那些由罗素的分支类型谱系推广到超穷阶所能得到的集合。

哥德尔在哥廷根演讲 (Gödel, 1939) 中也提到可构成集的定义 "在其观念上依赖于所谓的分支类型论 (ramified type theory)"，并肯定了可化归公理 (axiom of reducibility) 的重要作用。在其为数不多的哲学论文《罗素篇》(*Russell's Mathematical Logic*, Gödel, 1944) 中，哥德尔将罗素分支类型论与可构成集的联系作为主要证据，以试图论证实在论立场相对构造主义的优势。

在哥德尔看来，罗素曾经是 "言之凿凿的实在论" 者，但其实在论 "态度随着时间推移而衰减，并且始终是理论上强，实际中弱"。哥德尔的评论主要针对的正是罗素在其分支类型论中体现出来的构造主义思想。

罗素的类型论是对数学基础问题的一种基于逻辑主义的解决方案，也即试图将数学还原为被称作类型论的逻辑理论。特别地，类型论将数学对象区分为诸类型是为了避免悖论。罗素等人认为悖论产生的根本原因在于出现了所谓恶性循环。回顾罗素悖论的构造 (见第 104 页)。首先，要 "构造" 所谓 罗素集 $\mathbf{R} = \{x \mid x \notin x\}$，即 "所有集合" 中不包含自身的集合组成的集合，然后问是否有 $\mathbf{R} \notin \mathbf{R}$。罗素认为，这里的问题出在罗素集的构造援引了 "所有集合" 这个概念。而对后者的理解依赖于所有集合，包括罗素集。因此，罗素集的定义是一种循环定义。为此，罗素在他与怀特海合著的《数

学原理》(Whitehead and Russell, 1913) 中，为他们的数学基础方案设定了所谓的恶性循环原则。

恶性循环原则 (vicious circle principle) 最清晰也即哥德尔主要针对的形式可以表述为：不存在一种只有通过某个包含它的总体 (totality) 才能被定义的实体 (entity)。① 违反了这种形式的恶性循环原则的定义被认为是非直谓定义。直谓主义正是源自罗素恶性循环原则的一种构造主义的哲学立场。它只承认那些可以通过直谓定义被构造出来的数学对象。正如哥德尔所说的，如果站在与构造主义相对立的实在论的立场，那么援引"总体"的非直谓定义就没什么不妥了。

在数学实践中，人们常常会使用所谓非直谓定义来定义数学对象。例如，在集合论中，自然数集 ω 被定义为所有满足"包含 0 且在 +1 下封闭"这个性质的集合中最小的那个。ω 的定义似乎必须要诉诸"所有满足'包含 0 且在 +1 下封闭'这个性质的集合"这个总体，而后者显然又要包含 ω。又如在分析中人们常用到的"最小上界"概念：r 是某个有界性质的最小上界，当且仅当它是所有上界中最小的那个。显然，这个最小上界的定义依赖于包含它的"所有上界"这个总体。同许多其他的构造主义者一样，直谓主义者试图通过各种技巧在避免使用非直谓定义的前提下保留足够多的数学。②在这个意义上，罗素的分支类型论也是一种构造主义的数学基础方案。接下来，笔者将具体展示分支类型论构造中所体现的直谓主义思想及其困难。

直谓主义与自然数集

正如我们所看到的，集合论中对自然数集的定义是非直谓的。然而，直谓主义者往往接受自然数集的存在。这使他们区别于更严格的构造主义者。例如，外尔 (Weyl, Hermann) 宣称："对迭代的直观向我们保证了'自然数'概念是外延上确定的。"(Weyl, 1987, p. 110) 但是，我们所理解的对迭代的直观可以被表述为皮亚诺算术中的几则关于后继的公理。而运用简单的模型论方法 (例如紧致性定理) 很容易构造出满足这些公理的非标准模型，甚至完备的算术理论也存在可数的非标准模型。在这个意义上我们说，"自下而上"的构造方法无法确定自然数集的外延，后者必须诉诸"总体"才能定义，即所有算术模型中最小的那个。

① 哥德尔根据罗素的表述区分了三种恶性循环原则，一种是"含蕴"(involve) 总体，一种是"预设"总体，最后一种是必须"通过"总体"才能定义"。哥德尔认为只有最后一种才是值得讨论的。

② 直谓主义者通常允许自然数集 ω 这个非直谓的对象存在，并在此基础上通过直谓定义的方式构造出其他数学对象。

> 另外，以哈姆肯斯 (Hamkins, Joel David) 为代表的集合论多宇宙观 (set-theoretic multiverse view) 的立场来看，即使预设了某个集合论宇宙 M，在这个宇宙中定义的标准的自然数集也有可能在更大更真实的宇宙 N 中看来是非标准的：
>
> $$N \vDash \omega \underset{\neq}{\subsetneq} (\omega)^M。$$
>
> 关于集合论多宇宙观更多的讨论可参考 (Hamkins, 2012) 和 (杨睿之, 2015)。

一般将罗素的类型论区分为简单类型论 (simple type theory) 和分支类型论两个版本。无论是在简单类型论或是分支类型论中，一个性质 (或一个命题函项) 的论域 (或自由变元的取值范围) 都只能是一个特定的类型 (type)。所有个体组成了第一个类型，或称作类型 0。在简单类型论中，关于类型 n 中事物的所有性质组成了类型 $(n+1)$。一个关于简单类型论的结构如图 3.1 所示。

$$
\begin{array}{llll}
\text{类型 0:} & a_1 & a_2 & a_3 & \dots; \\
\text{类型 1:} & P_1 & P_2 & P_3 & \dots; \\
\text{类型 2:} & \mathscr{P}_1 & \mathscr{P}_2 & \mathscr{P}_3 & \dots; \\
\vdots & & \vdots
\end{array}
$$

图 3.1　简单类型层谱

简单类型论的复杂版本

如果考虑区分含有不止一个变元的命题函项 (或 k 元关系) 的话，有可能出现更多的类型。例如，一个命题函项 $\varphi(x, Y)$ 含有一个以所有个体为取值范围的自由变元 x 和一个以所有个体的性质为取值范围的自由变元 Y，人们或许希望将它与 $\psi(X)$(仅含一个以所有个体变元的性质为取值范围的自由变元 X) 区别开来。为此，我们可以这么定义类型层谱：

令个体组成类型 0。如果命题函项含有 k 个自由变元且它们的取值范围分别是类型 $t_1, \dots, t_k$(或者称它是关于类型 $t_1, \dots, t_k$ 中对象的 k 元关系)，那么就称该命题函项 (或关系) 是类型 $\langle t_1, \dots, t_k \rangle$ 的，即用递归生成的有穷序列而不是自然数来索引诸类型。

例如，上面的 $\varphi(x,Y)$ 是类型 $\langle 0,\langle 0\rangle\rangle$ 的，而 $\psi(X)$ 是类型 $\langle\langle 0\rangle\rangle$ 的。这样的类型层谱会非常复杂。这样精细的区分或许在计算机语言设计中有意义，但在具体数学实践中往往是不必要的。假设我们的语言可以谈论合适的类型元素间的属于关系，那么以较低类型为取值范围的变元在一定意义上总可以被以较高类型为取值范围的变元取代。例如，$\varphi(x,Y)$ 可以被替换为

$$\theta(X,Y) = \exists!x(x\in X)\wedge\forall x\big[x\in X\to\varphi(x,Y)\big].$$

显然，θ 中只含有以个体的性质为取值范围的自由变元。并且，个体 a 和性质 P 实现 φ，当且仅当性质 $\{a\}$ 和 P 实现 θ。另外，在预设了基本数学理论的前提下，有穷多个变元总可以被编码为一个变元。因此，区分自由变元个数也是没必要的。

拉姆齐 (Ramsey, Frank Plumpton) 等学者很早便指出，简单类型论已经足以避免罗素悖论 (Ramsey, 1925)：当一个罗素集的论域被限制在某个类型 i 上时，$\mathbf{R}_i = \big\{x\in T_i\mid x\notin x\big\}$，它成了一个类型 $(i+1)$ 的对象，而它的元素都是类型 i 的对象，因而，它当然不会属于它自身。因此，有人认为，罗素的分支类型论是为了解决集合悖论以外的语义悖论，例如"最小的十六个字内不可定义的自然数"等。我们将看到，分支类型论实际上是罗素对恶性循环原则或直谓主义的贯彻，并希望由此从根本上排除一切悖论。[①]

简单类型论并没有特别的设定来避免非直谓现象。例如，我们假设类型 0 的个体就是所有自然数 (这是直谓主义者往往接受的出发点)，即类型 $0 = \omega$。我们也可以假设自然数的所有性质 (或命题函项) 或实数 $P(\omega)$ 能排成一个良序，尽管我们可能并不真正知道如何来排序。这样，在这个序下最小的关于自然数的性质或实数就是存在的了，又或者具有某种属性的最小的实数。这些看起来都是非直谓的定义，它诉诸总体及其排序，并且我们或许并不知道它们具体是怎么被构造出来的。这看起来是选择公理或良序引理的问题。事实上，$P(\omega)$ 上的良序引理的前提是 $P(\omega)$ 存在。而接下来介绍的分支类型层谱中，每一阶上都有自然的排序。如果再假设罗素的可化归公理，那么直谓主义所接受的 $P(\omega)$ 上就有一个自然的排序了。这也是罗

[①] 我们现在知道，根据哥德尔第二不完备性定理，我们无法期待有一种能行的方法可以一劳永逸地让我们免于悖论的威胁。

素认为可化归公理蕴涵乘积公理 (multiplicative axiom)[①]的直观。

在具体定义分支类型层谱前值得一提的是: 罗素在分支类型论中不预设任何 "类""性质" 或 "概念" 的存在, 而只是把它们处理成 *façon de parler* (说话方式), 也即命题函项。命题函项中可能含有自由变元和约束变元。含有一个自由变元的就是性质或类, 含有两个的就是二元关系, 依此类推。不含有自由变元的命题函项就是命题。例如, $x = y$ 是命题函项, 而 $\forall x \exists y (x = y)$ 是命题。这与一阶逻辑中关于公式和句子的界定是一致的。给定一个关于常元符号和量词的解释, 一个命题就有了外延, 非真即假。而一个命题函项就是一个函数, 当我们输入关于自由变元的赋值时, 它便成了命题, 从而有了真假。

首先, 在分支类型论中罗素假设了无穷公理, 即个体是无穷的。我们不妨假设所有个体组成的类型 0 就是自然数集 ω。如果个体的总数是有穷的话, 那么分支类型层谱和简单类型层谱就没什么区别了。有穷集合的所有子集都是直谓的。

但假设有个体无穷后, 罗素不直接承认所有 ω 上的性质都是类型 1 的。在有了类型 0 以后, 接下来能得到的是 ω 上的**直谓的**命题函项, 这些函项的变元全都是以 ω 为取值范围的。我们称这些命题函项是**类型 0 上的 1 阶性质**。这显然不包括关于 ω 中对象的所有性质。事实上, 如果可以使用以所有这些 1 阶性质为取值范围的 "2 阶变元", 我们就能够利用对角线法定义出一个不同于任何一个 1 阶性质的关于 ω 中对象的性质。这个性质仍然是关于类型 0 的对象的, 即它所对应的命题函项只含有以类型 0 中对象为取值范围的自由变元。但它还含有以所有 1 阶性质为取值范围的约束变元, 所以我们称之为**类型 0 上的 2 阶性质**。更严格地, 我们可以做如下定义:

定义 3.10 (分支类型层谱) 给定一个无穷的个体集 I 以及 I 上的若干初始性质 / 关系 / 函数。读者也可以设想 $I = \omega$, 而初始关系/函数包括自然数上标准的序和算术运算。给定谓词逻辑语言, 其中含有无穷多类型的变元符号 $\{v_i^n\}_{i,n \in \omega}$(我们称 v_i^n 是第 i 个 n 级变元符号) 以及对应那些初始性质 / 关系 / 函数的谓词 / 函数符号。

(1) 定义类型 0 为 I。

(2) 类型 $(n+1)$ 由所有下述命题函项组成: 其中所含有的最高级变元是 n 级变元。直观上, 这些命题函项所含的变元在语义解释中至高是以类型 n 为取值范围的。

[①] 乘积公理, 即非空集合间的任意乘积非空。

(3) 我们称一个命题函项是**类型 n 上的性质**, 当且仅当其中所含有的最高级的自由变元是 n 级的。

(4) 我们称一个类型 n 上的性质是 $k+1$ **阶的**, 当且仅当对应的命题函项所含有的最高级的变元是 $(n+k)$ 级的。我们称类型 n 上的性质是**直谓的**, 当且仅当它是 1 阶的性质。

在上述定义中, 我们忽略了单个自由变元与多个自由变元 (或性质与关系) 之间的区别, 也只考虑命题函项所含的最高级的变元。根据对简单类型论复杂版本的讨论 (见本书第 114 页), 这样的简化并不会造成什么损失。根据上述定义, 分支类型的层谱可以表示为图 3.2。

类型 0: 　　　　个体

类型 1: 　类型 0 上的 1 阶性质

类型 2: 　类型 0 上的 2 阶性质
　　　　　类型 1 上的 1 阶性质

类型 3: 　类型 0 上的 3 阶性质
　　　　　类型 1 上的 2 阶性质
　　　　　类型 2 上的 1 阶性质

⋮　　　　⋮

图 3.2　分支类型层谱

在定义 3.10 中, 每个类型上都有任意高阶的性质, 而只有 1 阶性质被称作直谓的 (predicative)。在分支类型的层谱中, 判断一个命题函项的类型只需要看其中所含变元的最高级别就行了。例如, 属于类型 3 的命题函项, 其中最高级的变元是以类型 2 中对象为取值范围的。因此, 在分支类型层谱中的所有对象 (性质), 在其定义中都只援引了已先行被构造出来的对象。在可以被直谓主义(predicativism) 所接受的意义上, 分支类型的层谱中的所有对象都是符合恶性循环原则的, 因而都是 "直谓的"。显然, 这与定义 3.10 中的 "直谓" 不是一个概念。

"直谓" 的这两种涵义或许正暗示了罗素为分支类型论引入的声名狼藉的**可化归公理**。罗素将**可化归公理** 表述为: "每个命题函项, 就它的值来说,都等价于一个直谓函项。"(Russell, 1908) 这是在说，如果我们只考虑命题函项所定义的外延，那么一个类型上的所有性质早已在第一阶的构造中就出现了。可化归公理可以说是罗素为了使他过于复杂的分支类型论得以实际运作而不得不假设的。

分支类型论中的自然数

我们可以不假设类型 0 中的个体是自然数，而是无穷多个任意的对象。在分支类型论中，我们仍然可以效仿弗雷格的方法定义出每个自然数。用于计数个体的自然数可以看作是个体的性质的性质。例如，2 是由所有外延中有且仅有两个元素的个体性质组成的。但根据分支类型论的构造，我们不能直接说"所有……个体性质"，而只能说"所有……个体的 1 阶性质"。这样，我们就会有不同类型的 2。例如，类型 $(k+2)$ 的 2^k 是由所有外延中有且仅有两个元素的个体 $k+1$ 阶性质组成的。显然，一个含有三个个体的 1 阶的类与一个含有两个个体的 2 阶的类的合取至多含有五个个体。不同类型的自然数之间理应是可以放在一起运算的。但在分支类型论中却变得非常复杂。可化归公理的引入使得人们只需要考虑一阶性质的数，即类型 2 中的对象。因为一阶性质在外延上已经齐全了。

类似地，在分支类型论中得到一般的归纳原理也需要可化归公理。假设我们已经有了所有的自然数 (或者直接作为个体给出，或者构造出来的某一给定阶的自然数)，那么自然数集这个概念 $\mathbb{N}(x)$ 可以写作

$$\forall \varphi \big[\varphi(0) \to \forall y \big(\varphi(y) \to \varphi(y+1) \big) \to \varphi(x) \big]。 \qquad (3.5)$$

由此，自然可以得到归纳原理：

$$\forall \varphi \big[\varphi(0) \wedge \forall x \big(\varphi(x) \to \varphi(x+1) \big)$$
$$\to \forall x \big(\mathbb{N}(x) \to \varphi(x) \big) \big]。 \qquad (3.6)$$

但是，"$\forall \varphi$" 并不是一个符合直谓主义的表达。根据直谓主义的要求，我们只能说：

$$\forall \varphi \in 类型\ k \big[\varphi(0) \to \forall y \big(\varphi(y) \to \varphi(y+1) \big) \to \varphi(x) \big]。 \qquad (3.7)$$

但这样就会导致不同阶的自然数概念 $\mathbb{N}^k(x)$。以及针对每个

自然数概念的归纳原理：

$$\forall \varphi \in \text{类型 } k \big[\varphi(0) \wedge \forall x \big(\varphi(x) \to \varphi(x+1)\big)$$
$$\to \forall x \big(\mathbb{N}^k(x) \to \varphi(x)\big)\big]。 \qquad (3.8)$$

这样，归纳原理至少无法得到统一的辩护。

但如果假设可化归公理成立，那么"合法"的 (3.8) 就获得了实际上和 (3.6) 同样的涵义。

显然，可化归公理本身不是一个在直谓主义立场上的合法命题，因为它涉及对"每个命题函项"的断言。因而，可化归公理必须被看作是一个分支类型论的元公理。对可化归公理的批评非常多，有的认为可化归公理使分支类型论退化成简单类型论。[1]更多人认为，可化归公理只在个体有穷的情况下成立，而在罗素所假设的个体无穷的情况下是错误的。在接下来具体介绍分支类型层谱与可构成集层谱的对应时，我们将很容易看到这点。

为说明分支类型论与可构成集类之间的对应关系，不妨先回顾一下定义 3.9 (第 108 页) 中对可构成集层谱的构造。由于罗素假设有无穷多个个体，可以假设类型 0 就是 $\omega = L_0(\omega)$，而初始的谓词就是 ω 上的序关系，也即集合属于关系，那么类型 0 上的 1 阶性质，即类型 1 就是 $L_1(\omega) = D(L_0(\omega))$，也就是在结构 $(\omega, \in)$ 中的所有一阶谓词公式参数可定义的 ω 的子集。[2]那些一阶公式只含有一种量词，并且在结构 $(\omega, \in)$ 的语义解释中以 ω 为取值范围。

而类型 2 就是 $L_2(\omega) = D(L_1(\omega))$。显然，$L_2(\omega)$ 是所有在结构 $(L_1(\omega), \in)$ 中由一阶谓词公式及 $L_1(\omega)$ 中参数所定义的 $L_1(\omega)$ 的子集。这里的一阶公式在结构 $(L_1(\omega), \in)$ 解释下的取值范围就是 $L_1(\omega)$，也即类型 1。因此，$L_2(\omega)$ 中的对象都是类型 1 上的 1 阶性质。

另一方面，由于 $L_0(\omega) = \omega \in L_1(\omega)$，我们可以使用以 $L_0(\omega)$ 为参数的公式，例如 $\forall y \in L_0(\omega)\varphi(x, y)$ 来定义 $L_2(\omega)$ 中的集合。这里，$\forall y \in L_0$ 就可以被看作是一个以类型 0 为取值范围的量词。因此，类似类型论的说法，我们在定义类型 1 的 1 阶性质时，可以使用分别以类型 0 和类型 1 为取值范围的两种量词。

又由于，显然 $\omega \subset L_1(\omega)$，$L_2(\omega)$ 中会出现一些 ω 的子集，而这些子集是通过可以使用以类型 1 为取值范围的量词来构造的，因此是类型 0 上的

---

[1] 见蒯因在 (van Heijennoort, 1967) 中为 (Russell, 1908) 写的引论。

[2] 以自然数集 ω 还是以空集 $\emptyset$ 为起点来构造可构成集类，对集合论学家来说是没有区别的。因为，容易证明 $L_\alpha(\omega) \subset L_{\omega+\alpha}$，因而 $\mathbf{L}(\omega) = \bigcup_{\alpha \in \mathbf{ON}} L_\alpha(\omega) = \mathbf{L}$。

2 阶性质。所以，$L_2(\omega)$ 包含且仅包含 1 上的 1 阶性质和 0 上的 2 阶性质，因而它本身也就是类型 2 了。①

不难看出，如果我们只考虑类型论中那些性质或命题函项的外延，并且自然地允许类型的划分向下兼容，即类型 $n \subset$ 类型 $(n+1)$（这也完全符合直谓主义关于恶性循环原则的要求），那么在有穷阶下，分支类型论谱系与可构成集的谱系可以形成一一对应，即类型 $n = L_n(\omega)$。只不过，分支类型论的构造仅限于有穷阶，即每个 $L_n(\omega)$，而不承认 $L_\omega(\omega)$ 本身。参考分支类型论对性质的阶的分层，我们可以定义可构成集的分层如下：

定义 3.11

(1) 集合 $A \subset L_\alpha(\omega)$ 是 $L_\alpha(\omega)$ 的 $\beta + 1$ 阶可构成子集，当且仅当 $A \in L_{\alpha+\beta+1}(\omega) \setminus L_{\alpha+\beta}(\omega)$；

(2) 可构成集 A 是 $\beta + 1$ 阶可构成的，当且仅当存在最小的序数 α 使得 $A \subset L_\alpha(\omega)$，且 A 是 $L_\alpha(\omega)$ 的 $\beta + 1$ 阶可构成子集。

在上述对应下，一个集合 A 可以被表示为类型 n 的 $k+1$ 阶性质，当且仅当它是 $L_n(\omega)$ 的 $k+1$ 阶可构成子集。由此，我们就可以在可构成集语境下将可化归公理表述为：

对任意 $A \in P(L_n(\omega)) \cap L_\omega(\omega)$，$A$ 是 $L_n(\omega)$ 的 1 阶可构成子集。　　(3.9)

以及一个更强的版本：

$$\text{每个可构成集都是 1 阶可构成的。} \tag{3.10}$$

可是，无论 (3.9) 还是 (3.10) 在 ZFC 下都被证明是错的。例如，在 **L** 中，ω 的可构成子集的基数是不可数的，即 $\mathbf{L} \vDash \operatorname{card} P(\omega) > \aleph_0$，而其 1 阶可构成的子集 $L_1(\omega)$ 受限于公式的基数，是可数的。或者更具体地，我们可以利用对角线法的构造，在每个 $L_{n+1}(\omega)$ 中找到一个与所有 $L_n(\omega)$ 中的所有 ω 子集都不同的 ω 子集。

根据哥德尔的说法，可构成集层谱无非是对分支类型层谱在任意阶上的推广。可构成集类包含 $L_\omega(\omega)$，乃至任意 $L_\alpha(\omega)$ ($\alpha \in \mathbf{ON}$)。在允许任意超穷阶的前提下，我们可以陈述一则**弱版本**的**可化归公理**。这时，我们不要

---

① 严格按照分支类型论将集合或性质处理成 *façon de parler*（说话方式）的话，作为 ω 中的元素的 $n \in \omega$ 与作为 $L_1(\omega)$ 中 ω 上可定义子集的 $n \subset \omega$ 是不同的对象。前者属于类型 0，而后者属于类型 1。当我们希望将分支类型论概念与集合论中的可构成集概念做对比时，我们不得不将分支类型论外延化。由此，我们才可以说 $\omega \subset L_1(\omega)$。但是，考虑到罗素本人也通过引入可化归公理实现对分支类型论的外延化，这里的做法也就不显得那么违背分支类型论的初衷了。

求每个可构成集在下一个序数阶就被构造出来，而只要求它在下一个基数阶前被构造出来，即：

引理 3.12 假设 $V = L$。如果 $X \subset L_\alpha(\omega)$，那么 $X \in L_{\alpha^+}(\omega)$。

其中，α^+ 是比 α 大的下一个基数。引理 3.12 是 ZF 可证的。对比第 111 页的说明，不难看出，3.12 正是证明广义连续统假设在 **L** 中成立的关键引理。正是在这个意义上，哥德尔写下了下面这段关于分支类型论的论断：

> 如果只是从纯数学的立场来看，而无关乎非直谓定义是否被允许的哲学问题，这种阶理论会显示出更丰富的成果。以这种角度来看，即将它视为通常的数学框架之内建立起来的理论，其中允许非直谓定义，就不会反对将它扩张到任意高的超穷阶。即使一个人反对非直谓定义，我认为也没理由反对把它扩张到在有穷阶框架中可构造的超穷序数上。该理论似乎本身有这种扩张的需要，因为它自动就会导致考虑那些在其定义中指涉所有有穷阶函项的函项，而这些会是 ω 阶的函项。允许超穷阶的话，一种可化归公理可以被证明。然而，这对这个理论的本来目的毫无帮助，因为那个序数 α——使得每个命题函项都外延地等价于一个 α 阶的函项——过于大，以至于它预设了那些非直谓的全体。尽管如此，这种做法却有丰厚的收获，以至于所有非直谓性都可以归约为特殊的一种，即某些大序数（或良序集）的存在以及它们之上的递归推理的有效性。特别地，一个序型为 ω_1 的良序集的存在对实数理论已经足够了。此外，这条超穷版的可化归定理可以证明选择公理、康托尔连续统假设甚至广义连续统假设（说的是在任何集合的势和它的所有子集组成的集合的势之间不存在另一个基数）相对于集合论公理，同样也相对于《数学原理》公理的一致性。(Gödel, 1944)

哥德尔在 (Gödel, 1944) 中把分支类型论与他的可构成集理论的上述对应看作是对其实在论立场具有优势的佐证。将分支类型层谱推广到任意序数阶的定义是简单直接的，即对极限序数 α 定义 $L_\alpha(\omega) = \bigcup_{\xi < \alpha} L_\xi(\omega)$。然而，超穷极限序数以及不可数基数的存在却不符合直谓主义的要求。因此，哥德尔认为，直谓主义帮助罗素发现了分支类型层谱的精妙构造，而这种构造主义的哲学立场却又使他们注定无法发现推广这种构造所能获得的"更丰富的成果"。而对于实在论者来说，理解直谓主义的构造并将其推广至任

意序数阶都是毫无障碍的。这里，哥德尔巧妙地将其数学工作和哲学论证融为一体。

最后，关于基于可构成集类的相对一致性证明值得一提的是：它是一种基于内模型方法的相对一致性证明，而所有完全基于内模型方法的相对一致性证明都可以被直接看作是通过构造一种理论间的翻译来得到相对一致性结果的。[①] 在本例中所构造的是从 (ZFC + GCH) 到 ZF 中的翻译，即每则 (ZFC + GCH) 的定理 σ 被翻译为 $\sigma^{\mathbf{L}}$ 并被证明是 ZF 的定理。

"在解释力上不弱于" 往往蕴涵相对一致性。即：如果存在从 T_2 到 T_1 的翻译，使得 $\pi[T_2]$ 是 T_1 的子理论，那么 $\mathrm{Con}(T_1) \to \mathrm{Con}(T_2)$。因此，构造理论间的翻译是证明相对一致性的基本手段之一。

哥德尔在 (Gödel, 1933) 中构造了 "哥德尔否定性翻译"，将经典算术翻译到直觉主义算术中并由此证明了经典算术相对直觉主义算术一致；在 (Gödel, 1958) 中构造了一种基于 "自然数上的有限类型的可计算函数" (computable function of finite type over the natural numbers) 的 $\mathbf{T}$ 系统，并通过 "《辩证法》翻译" 将直觉主义算术 HA 翻译到 $\mathbf{T}$ 中，由此证明了皮亚诺算术和直觉主义算术相对 $\mathbf{T}$ 的一致性。由此得到结论：直觉主义算术作为数学基础相比经典算术并没有什么优势或更安全。感兴趣的读者可以参考论文 (杨睿之, 2014)。

但是下一节中介绍的基于力迫法的相对一致性证明却不能被解释成构造了一种经典谓词逻辑理论间的翻译。

3.3 力迫法与脱殊扩张

科恩在 1963 年发表了连续统假设否定的相对一致性证明 (Cohen, 1963)，即证明

$$\mathrm{Con}(ZFC) \to \mathrm{Con}(ZFC + \neg CH)。$$

结合哥德尔的结果就得到：如果 ZFC 一致，那么连续统假设是独立于 ZFC 的。科恩凭借这一结果获得了 1966 年的菲尔兹奖。

由于 $\mathbf{ZF} + \mathbf{V} = \mathbf{L}$ 是相对 ZF 一致的，也就是说，从 ZF 出发，人们无法断定其所处的集合论宇宙比 $\mathbf{L}$ 更宽。又由于 $\mathbf{L}$ 是最狭窄的内模型，如果 $\mathbf{L}$ 就是整个集合论宇宙的话，那么任何 ZF 的内模型也就是 $\mathbf{L}$，连续统假设在其中成立。因此，使用内模型方法是无法得到连续统假设否定的相对一致性的。

[①] 关于理论间的翻译，参见本书第 97 页。

科恩所发明的方法被称作力迫法。力迫法可以被解读为一种构造"外模型"的方法而与内模型方法相对。力迫法问世以后被迅速发展并大量运用于集合论研究。从某种意义上来说，力迫法已成为当代集合论乃至数理逻辑研究的代表性工具。金森写道："如果说哥德尔对 **L** 的构造将集合论升格为数学的一个独特的研究领域，那么科恩的力迫法开始将它打造为一个现代的、技术化的领域。"(Kanamori, 2008)

初学者刚接触力迫法时往往会觉得难以理解，似乎带有某种神秘性，甚至存在矛盾。诚如科恩本人所言：

> 有意思的是，在某种意义下，连续统假设和选择公理并不是真正困难的问题——其中不涉及技术上的复杂；尽管如此，它在当时被认为是难的。有的人可能会这样调侃地说道他对我的证明的看法。当它最初呈现时，一些人认为它是错的；然后它被认为是极其复杂的；然后它被认为是简单的。但是，它当然**是**简单的，因为那是一个清晰易懂的哲学观念。那里确实有技术性的东西，你知道，它们确实让我耗费精力，但根本上它并没有涉及太多组合问题；它是一个哲学观念。(Albers et al., 1994, p. 58)

科恩本人是一位坚定的形式主义者，甚至将哥德尔号召的为集合论寻找新公理的计划斥作"机会主义"(Cohen, 1971)。他还悲观地指出，"没有什么纯技术的成果会对基本的哲学问题提供多少帮助"(Cohen, 1971)。但他又与哥德尔做出了同样的宣称：发现或理解他的力迫法证明的主要障碍是来自哲学的偏见。在接下来的 3.3.1 小节和 3.3.2 小节中，笔者将试图为读者拨开那些围绕着力迫法的哲学迷雾，建立恰当的直观。①

3.3.1 外模型与玩具模型

哥德尔证明了连续统假设的相对一致性。即：如果 ZFC 是一致的，那么我们是无法在 ZFC 下证明连续统假设是错的。然而，哥德尔并没有就此倾向于认为连续统假设成立。相反，哥德尔根据他对集合论宇宙的直观，自发现连续统假设的相对一致性以来就坚信连续统假设的否定也是相对一致的。可以说，科恩的证明对哥德尔来说并没有带来哲学上的惊喜或冲击。②但是，科恩的方法是开创性的，甚至如其所言一度使人产生哲学上的困惑。

---

① 就力迫法的具体技术细节而言，(Kunen, 2013) 是经典的教科书。中文教材方面可以参考 (郝兆宽、杨跃，2014)。

② 当时的哥德尔早已放弃对连续统假设独立性证明的探索，转而从事哲学方面的工作。

集合论的柏拉图主义者 (Platonist) 认为，诸集合是以某种方式客观存在的，它们组成了唯一的囊括所有的极大的集合的宇宙，而集合论就是关于这一客观的宇宙的理论。内模型方法与这种观点可以很好地兼容。可构成集集类 **L** 无非是通过定义划出的一类集合。在其中，人们发现并没有很多自然数集的子集，因而连续统假设成立。然而，我们已经知道内模型方法是无法得到 ¬CH 的相对一致性的。既然内模型不行，一个很自然的想法便是诉诸 "外模型"。特别地，如果说内模型的方法是通过将自然数集 ω 的子集限制为可构成集而得到 CH 成立的情况，那么我们同样可以通过添加足够多的 ω 的子集来得到 CH 为假的情况。但是，按照柏拉图主义者的观点，那个唯一的集合论宇宙必须是极大的，如果我们还可以想象比它更大的宇宙，那么我们的集合概念就是不一致的了。

但请注意，我们要证明的是形如

$$\mathrm{Con(ZFC)} \to \mathrm{Con(ZFC + \neg CH)}$$

的相对一致性。我们可以假设 Con(ZFC)，也即假设存在 ZFC 的 (集合) 模型。根据勒文海姆-斯寇伦定理 (Löwenheim-Skolem theorem)，就存在一个 ZFC 的可数模型。人们常称这些集合论的集合模型，尤其是可数模型为**玩具模型** (toy model)。这些玩具模型本身是集合论宇宙中的一个很小的集合。谈论往玩具模型中添加新的集合使得由此得到的扩张了的模型满足 ZFC 和 ¬CH，就显得很自然了。即：我们通过假设存在一个 ZFC 模型，证明了存在 (ZFC + ¬CH) 的模型，并由此证明了上述相对一致性命题。

勒文海姆-斯寇伦定理

定理　3.13 (勒文海姆-斯寇伦)　给定基数为 κ 的一阶语言 $\mathcal{L}$ 以及无穷 $\mathcal{L}$ 结构 $\mathfrak{M}$，那么对任意基数 $\lambda \geq \kappa$，存在基数为 λ 的 $\mathcal{L}$ 结构 $\mathfrak{N}$，使得要么存在从 $\mathfrak{N}$ 到 $\mathfrak{M}$ 中的初等嵌入 (elementrary embedding)，要么存在从 $\mathfrak{M}$ 到 $\mathfrak{N}$ 中的初等嵌入。

集合论语言是可数的一阶语言，因此，如果存在一个 ZFC 模型，那么就存在任意基数的 ZFC 模型。

特别地，假设 (M, E) 是 ZFC 的可数模型。由于 (M, E) 是 ZFC 的模型，其中自然也有不可数的基数，不妨将 (M, E) 中被认为是第一个不可数基数的对象记作 $\aleph_1^M$，第二个记作 $\aleph_2^M$，等等。但是，M 本身是一个可数的集合，所以 (M, E) 能看到的 $\aleph_2^M$ 中的对象 $\{x \in M \mid (M, E) \vDash x \in \aleph_2^M\}$ 是 M 的一个子集，因而是至多可数的。另一方面，我们知道，ω 的子集有不可数多个, 即 $P(\omega) \geq \aleph_1$[①], 那么, 我们似乎只需要往 M 中添加足够多的 "ω 的子集" 就可以骗过 (M, E), 令其认为它里面 "ω 的子集" 有超过 $\aleph_2^M$ 那么多个就可以了。

斯寇伦悖论

根据勒文海姆-斯寇伦定理, 如果存在 ZFC 模型, 那么就存在可数的 ZFC 模型。又或者 ZFC 可以直接证明存在可数模型满足 ZC 和足够强的替换公理模式。无论 ZFC 还是 ZC 都可以证明存在不可数的集合。斯寇伦(Skolem, 1922) 首次指出这一看似悖论的现象:

据我所知, 尚未有人注意到这一特别的显然矛盾的事态。凭借这些公理, 我们可以证明存在更高的基数, 更高基数的类, 等等。那么又怎么会出现整个论域 B 本身早就是可以被有穷正整数枚举的情况呢? (Skolem, 1922, p. 295)

斯寇伦将斯寇伦悖论 (Skolem's paradox) 作为他反对公理化集合论作为数学基础的理由, 因为一阶理论无法唯一地决定论域。今天集合论学家已经有成熟的方法来处理斯寇伦悖论以及其他集合论模型间不满足绝对性 (absoluteness) 的现象 (见第 127 页)。

然而, 上述分析仍然有一些不严谨的地方。模型 (M, E) 中的二元关系 E 未必是集合论宇宙上的属于关系, 因此, 集合 $\{x \in M \mid (M, E) \vDash x \in \aleph_2^M\} = \{x \in M \mid x E \aleph_2^M\}$ 未必等于 $\aleph_2^M$, 甚至也未必等于 $M \cap \aleph_2^M = \{x \in M \mid x \in \aleph_2^M\}$。$\aleph_2^M$ 作为集合论宇宙中的一个对象本身可能是个不可数的集合, 甚至任意一个集合; 而集合 $\{x \in M \mid (M, E) \vDash x \in \aleph_2^M\}$ 却有可能并不属于 M。

另一方面, (M, E) 当然认为其中存在一个自然数集, 记作 ω^M。类似地, ω^M 作为集合论宇宙中的对象可能是任意一个集合, 而被 M 当作自然数的对象组成的集合 $\{x \in M \mid (M, E) \vDash x \in \omega^M\}$ 可能不属于 M。更重要的是, 集合 $\{x \in M \mid (M, E) \vDash x \in \omega^M\}$ 及其上的 E 的关系可能并不与集合论宇宙中真正的自然数上的序关系 $(\omega, \in)$ 同构。(M, E) 中的自然数序可能是一个非标准模型。

上述种种使得生活在真正集合论宇宙 $(\mathbf{V}, \in)$ 中的人与生活在 (M, E)

---

① 这里需要选择公理。

中的人之间的对话非常困难。在 $(\mathbf{V}, \in)$ 中的人难以判断该加入多少自然数子集才能令 (M, E) 中的人相信有足够多了；在 $(\mathbf{V}, \in)$ 中的人甚至也难以判断到底什么样的对象能被 (M, E) 是识别为自然数的子集。尽管 (M, E) 原则上是可以被 $(\mathbf{V}, \in)$ 理解的，但有关操作会变得异常复杂。

一种理想的解决方案是将 (M, E) 同构于 $(\mathbf{V}, \in)$ 的一个子结构 $(M', \in)$。如果可以做到这点，我们不妨就以 $(M', \in)$ 取代 (M, E)，因而不妨将其记作 $(M, \in)$。此时，对任意 M 中的对象 $a \in M$，M 把 a 作为集合理解为 $a_M = \{x \in M \mid (M, \in) \vDash x \in a\} = \{x \in M \mid x \in a\} = a \cap M$。[①]例如，$M$ 认为第二个不可数基数 $\aleph_2^M$ 所含的元素组成的集合就是 $(\aleph_2^M)_M = \aleph_2^M \cap M$。但这里仍有问题，对象 $a \in M$，但 M 把 a 理解成的 a_M 却可能并不是 M 中的对象。

进一步，如果我们假设 M 是*传递的* (transitive)，即

$$\forall x(x \in M \to x \subset M), \tag{3.11}$$

那么，上述 $a_M = a \cap M = a$。由此，M 中的对象 $\omega^M, \aleph_2^M$ 当被 M 理解为集合时就是它们自身。这样就大大简化了考虑玩具模型时的术语，降低了由于不慎而出错的可能，也大大方便读者的理解。特别地，对集合论的传递模型而言，大量集合论术语 (公式) 是绝对的。

定义 3.14 (绝对性) 我们称一个集合论公式 $\varphi(\bar{x})$ 对一个集合论模型 $(M, \in)$ 是*绝对的* (absolute)，当且仅当

$$\forall \bar{x}[\varphi^M(\bar{x}) \leftrightarrow \varphi(\bar{x})],$$

其中，$\varphi^M(\bar{x})$ 是 $\varphi(\bar{x})$ 在 M 下的*相对化*(参见第 105 页)。注意，相对化和绝对性的定义对集合模型和类模型都有效。可以证明，对 ZF 的传递模型来说，下述常见集合论术语 (的定义公式) 是绝对的：

(1) x 是传递的；

(2) x 是序数；

(3) $x = \omega$；

(4) $x = L_\alpha$；

(5) $x \in \mathbf{L}$。

这些绝对性也大大方便了对传递的玩具模型性质的讨论。

---

① 本书中，在上下文不会造成误解的情况下往往将结构 $(M, \in)$ 简写为 M，把 $(M, \in) \vDash \varphi$ 简写为 $M \vDash \varphi$。

不绝对的性质

需要注意的是, 还有一些集合论术语往往不是绝对的。比较常见的需要谨慎处理的有:

(1) α 是基数;

(2) $y = P(x)$。

一个集合论性质是绝对的往往是由于它是一个局部的性质。例如, 传递性是绝对的是因为: 要判断一个集合 $x \in M$ 是否是传递的, 只需要看那些 x 的元素和 x 元素的元素是否满足一些性质就可以了。而如果 M 本身是传递的, 需要考虑的那些对象都在 M 里了。因此就不会出现下面这种情况: 存在见证 x 不是传递的对象, 而这些对象不在 M 中, 所以 M 仍然错以为 x 是传递的。所以, 所谓 "局部的性质" 是相对于模型的封闭性而言的。我们说一个性质 $\varphi(x)$ 是局部的, 是指判断 x 是否具有 φ 性质只需要依凭与 x 非常接近的一些集合。所谓 "y 与 x 接近" 就是指根据模型 M 的某些封闭性, 如果 $x \in M$, 那么也有 $y \in M$。

而判断一个序数 α (序数概念往往是绝对的) 是否是基数, 需要考虑是否存在一个满射函数 $f : \beta \to \alpha$。常见的模型封闭性 (传递的、满足 ZF) 并不能保证如果有这样的函数, 那么这个函数可以从 α 构造出来, 从而属于该模型。所以, 见证 α 不是基数的函数, 如果存在的话未必是与 α "接近的", 因此才会出现所谓的斯寇伦悖论。一个 ZF 的可数传递模型 M 才有可能将一些可数的序数错认为是 $\aleph_1, \aleph_2, \ldots$。

幂集公理是选择公理外另一个争议较大的集合论公理。如果 x 是无穷集合, 那么 $P(x)$ 中到底有哪些集合? 人们可能会回答, $P(x)$ 中就是那些 x 的子集。但在下述意义上, 我们其实并不清楚 $P(x)$ 中有哪些集合: 即使我们可以枚举 x (把 x 排成良序), 我们往往并不知道如何枚举 $P(x)$, 后者可以被良序化恰恰需要借助具有争议的选择公理; 即使 $P(x)$ 能够被枚举, 其基数也大于 $\max\{\text{card}\, x, \aleph_0\}$, 这意味着 $P(x)$ 中必然存在不可构造 (定义) 的对象。因此, $P(x)$ 虽然可以由 x 通过一次集合论运算而来, 但在上述直观下, 它与 x 并不接近。事实上, $P(x)$ 与 x 非常遥远, 以至于如果集合论幂运算是绝对的, 那么绝大部分常见的集合论性质都是绝对的了。

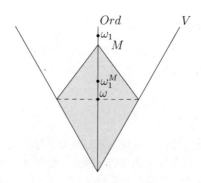

图 3.3　斯寇伦悖论

> **引理　3.15** 令 M 是 ZFC 的传递模型。假设幂运算 $P(x)$ 对 M 绝对，那么 $M = V_\alpha$ 或 $M = V$。且如果是前一种情况，即 $M = V_\alpha$ 的话，那么 α 是一个*世界基数* (worldly cardinal)。[①]进一步，如果公式 $\varphi(\bar{x})$ 并非对 M 绝对，那么存在集合 $\bar{a}$，使得
>
> $$\varphi(\bar{a}) \to \text{存在一个世界基数}。$$
>
> 换句话说，任何对这样的模型仍然不绝对的性质都蕴涵着某种大基数性质。

所以，假设 M 是 ZFC 的可数传递模型，那么我们面临的情况大致如图 3.3 所示。其中，M 中只含有可数多个 ω 的子集 (虽然 M 自认为并非可数)，$\aleph_2^M$ 是一个可数序数，却被 M 认为是第二个不可数基数。在 M 外面，有着不可数的 ω 的子集。因此，似乎只需要将部分 M 外的 ω 的子集排成一个 $\aleph_2^M$ 长的序列 g 放到 M 中，再根据封闭性要求补充上那些又由 g 能构造出来的集合就可以得到一个 M 的扩张，记作 $M[g]$。特别地，根据对绝对性的直观，人们有理由期待这些被放进去的 ω 的子集仍然会被新的模型识别为 ω 的子集。这样，在模型 $M[g]$ 中，就有超过 $\aleph_2^M$ 那么多的自然数子集了。似乎，$M[g]$ 就是我们希望构造的 $\neg$CH (即 $2^{\aleph_0} \geq \aleph_2$) 的模型。

但是，这样的构造可能产生一个问题。我们知道，$\aleph_2^M$ 实际上是一个可数序数，也即存在一个满射 $f : \omega \to \aleph_2^M$。$f$ 本身是一个可数的集合，可以被编码为一个自然数的子集。如果我们不幸将这个自然数子集放入 $M[g]$ 中

[①] 我们称一个序数 κ 是世界基数，当且仅当 $V_\kappa \models$ ZFC。

了，那么在 $M[g]$ 中，就可以看到一个见证 $\aleph_2^M$ 是可数的函数，即 $\aleph_2^M$ 不再是 Mg 中的第二个不可数基数，而只是一个可数序数。因此，在 $M[g]$ 看来，我们也只放进去可数多个自然数的子集，也就未能保证 ¬CH 成立。因此，我们需要更细致的构造来精确控制添加进 M 中的集合。接下来，将是力迫法构造的精髓。

定义 3.16 (有穷部分函数集) 对集合 I, J 定义：

$$\mathrm{Fn}(I, J) =_{\mathrm{df}} \big\{ p \subset I \times J \mid p \text{ 是一个有穷函数} \wedge \mathrm{dom}\, p \subset I \wedge \mathrm{ran}\, p \subset J \big\}。$$

定义 $\mathrm{Fn}(I, J)$ 上的 (典范) 偏序如下：对 $p, q \in \mathrm{Fn}(I, J)$，

$$p \leq q \text{ 当且仅当 } p \supset q。$$

在力迫法的语境中，我们称偏序$\mathrm{Fn}(I, J)$ 中的元素是条件；当 $p \leq q$ 时，称条件p 比 q 强。偏序结构 $(\mathrm{Fn}(I, J), \leq)$ 往往被简称为偏序$\mathrm{Fn}(I, J)$。显然，偏序$\mathrm{Fn}(I, J)$ 上有一个最大元，即 $\emptyset$。在力迫法的语境中又被记作 $\mathbb{1}$，表示最弱的条件。我们称两个条件 p, q 是兼容的 (记作 $p \not\perp q$)，当且仅当 p, q 有共同的扩张 $r \leq p$ 且 $r \leq q$；反之，我们称 p 和 q 不兼容，记作 $p \perp q$。在 $\mathrm{Fn}(I, J)$ 这个偏序下，$p \not\perp q$ 当且仅当这两个有穷部分函数在定义域的重叠部分取了相同的函数值，即

$$\forall x \in \mathrm{dom}\, p \cap \mathrm{dom}\, q\ [p(x) = q(x)]。$$

利用有穷部分函数的集及函数扩张序的力迫又称作科恩力迫 (Cohen forcing)。

定义 3.17 (滤子) 给定一个偏序$(\mathbb{P}, \leq)$。我们称 $F \subset \mathbb{P}$ 是 $\mathbb{P}$ 上的滤子 (filter)，当且仅当它满足：

(1) $\mathbb{1} \in F$；

(2) $\forall p, q \in F \exists r \in F(r \leq p \wedge r \leq q)$；

(3) $\forall p \in F \forall q \in \mathbb{P}(p \leq q \to q \in F)$。

直观上，我们可以将一个偏序上的滤子理解为划出了一组被确认为成立的条件。最弱的条件总是成立；而如果两个条件 p, q 成立，那么总有一个似乎在说 "p 且 q" 的更强的条件成立；如果一个条件成立，那么所有比它弱的条件也成立。注意，滤子中的条件总是两两兼容的。特别地，如果 F 是 $\mathrm{Fn}(I, J)$ 上的滤子，那么 $\bigcup F$ 是从 I 到 J 的部分函数。

定义偏序 $\mathbb{P}$ 上的滤子 U 是极大的，当且仅当不存在 $\mathbb{P}$ 上的滤子 $H \supsetneq U$，也即对任意 $p \in \mathbb{P} \setminus U$，$q \in U$ 都有 $p \perp q$。借助选择公理可以证明，偏序上的极大滤子总存在。仍然考虑 $\mathbb{P} = \mathrm{Fn}(I, J)$。容易证明，如果 U 是极大的话，那么 $\bigcup U$ 是一个从 I 到 J 的全函数。一个极大的滤子所包含的信息似乎是将其中所含所有条件的信息"拼接"起来 (这些信息相互兼容) 而得到的一个"信息完全的条件"。

现在，令 $I = \aleph_2 \times \omega$，$J = 2 = \{0, 1\}$，$U$ 是 $\mathrm{Fn}(\aleph_2 \times \omega, 2)$ 上的极大滤子，$f = \bigcup U$，则 $f : \aleph_2 \times \omega \to 2$ 是一个全函数。再对每个 $\alpha < \aleph_2$ 定义 $f_\alpha : \omega \to 2$，使得 $f_\alpha(n) = f(\alpha, n)$。这样，每个 f_α 都是一个自然数子集的特征函数，而 f 就编码了一个 $\aleph_2$ 长的自然数子集的序列。这岂不是说明连续统的基数 $\geq \aleph_2$ 吗？而这是 ZFC 中可证的。我们甚至可以把这里的 $\aleph_2$ 换成任意一个 $\aleph_\xi$。这里的问题是：极大滤子是通过选择公理得到的。我们并不清楚 f 到底是什么样的。特别地，我们无法确认那些 f_α 是否两两不相等，因而无法就此认定 $\neg$CH。事实上，根据连续统假设的相对一致性，我们并不期待能直接证明在 ZFC 的模型中存在不少于 $\aleph_2$ 个两两不等的自然数子集。而力迫法通过引入一种被称作脱殊 (generic) 不存在于原模型 (ground model) M 中的对象来达到目的。

定义 3.18 (稠密集) 令 $\mathbb{P}$ 是偏序。定义集合 $D \subset \mathbb{P}$ 是 $\mathbb{P}$ 上的稠密集，当且仅当对任意 $p \in \mathbb{P}$，存在比 p 强的条件 $q \leq p$ 且 $q \in D$。

偏序 $\mathbb{P}$ 的一个子集代表具有某种性质的一类条件。如果这种性质的外延是一个稠密集，似乎就意味着，在我们通过拼接诸条件迈向信息完备的过程中总是无法彻底避免携带该性质的可能性。在实践中，一个稠密集往往被定义为携带某种局部或特殊性质的所有条件所组成的集合。而一系列稠密集的存在会导致无法避免这些稠密集的"信息完备的条件"满足一整套脱殊性质。

以原模型 M 中的偏序 $\mathrm{Fn}(\aleph_2^M \times \omega, 2)$ 为例，我们可以对任意序数 $\alpha \in \aleph_2^M$、任意自然数 $n \in \omega$ 定义

$$D_{\alpha, n} =_{\mathrm{df}} \{ p \in \mathbb{P} \mid (\alpha, n) \in \mathrm{dom}\, p \};$$

对任意序数 $\alpha, \beta \in \aleph_2^M$ 定义

$$E_{\alpha, \beta} =_{\mathrm{df}} \{ p \in \mathbb{P} \mid \exists n \in \omega\, [p(\alpha, n) \neq p(\beta, n)] \}.$$

如果一个 $\mathrm{Fn}(\aleph_2^M \times \omega, 2)$ 上的滤子 G 与上述所有稠密集相交，那么 $g = \bigcup G$ 就是一个以 $\aleph_2 \times \omega$ 为定义域的函数。因为，对任意 $(\alpha, n) \in \aleph_2^M \times \omega$，存在

$p \in G \cap D_{\alpha,n}$，由此 $(\alpha, n) \in p \subset g$。类似地，如果如上文定义 $g_\alpha(n) = g(\alpha, n)$，则 $\alpha \neq \beta$ 蕴涵 $g_\alpha \neq g_\beta$。

接下来的问题是：是否能找到这样一种脱殊的 G 与上述所有这些稠密集相交？容易证明，在 $\mathrm{Fn}(I, J)$ 这样的偏序上，任何一个滤子 F 都不能与所有的稠密集相交，因为 $\mathrm{Fn}(I, J) \setminus F$ 就是一个稠密集。事实上，我们也并不需要与所有的稠密集相交。

定义 3.19 (脱殊滤子) 令 $\mathbb{P}$ 是 ZFC 可数传递模型 M 中的偏序。我们称集合 G 是 M 上的 $\mathbb{P}$ 脱殊滤子，当且仅当 G 是 $\mathbb{P}$ 上的滤子，且对任意 $\mathbb{P}$ 上的稠密集 D，若 $D \in M$，则 $G \cap D \neq \emptyset$。

也就是说，在力迫法中，我们总是只考虑原模型中的稠密集。只要与这些稠密集相交，就足够脱殊了。特别地，上面定义的偏序 $\mathrm{Fn}(\aleph_2^M \times \omega, 2)$ 上的稠密集 $D_{\alpha,n}$ 和 $E_{\alpha,\beta}$ 都属于 M。而由于 M 本身是可数的，M 中的 $\mathrm{Fn}(\aleph_2^M \times \omega, 2)$ 上的稠密集自然也是可数的。与可数个稠密集都相交的脱殊滤子 G 是平凡地存在的。并且，根据之前的分析，这种脱殊的对象并不存在于 M 中，对 M 来说是新的。由此，我们就成功地找到了一个 $\aleph_2^M$ 长的两两不等的自然数子集序列 $\langle g_\alpha \rangle_{\alpha < \aleph_2^M}$。接下来只需要令 $M[G]$ 为包含 M 和编码了那个序列的 $\{G\}$ 的最小的 ZFC 的可数传递模型就行了。

但为了说明新的模型 $M[G]$ 中 $\aleph_2^M$ 就是 $\aleph_2^{M[G]}$，我们还需要更仔细地分析 $M[G]$ 的构造。用比喻的方式来说就是：在 M 中的人们可以设计一套名称用以指称他们想象的集合。但是他们缺乏一些关键信息，以至于这些名称的所指并不清楚。而只需要补上这个关键信息，即那个可能不存在于 M 中的脱殊滤子，那些名称就有了明确的所指。可以证明，$M[G]$ 就是这些名称在 G 下指称的对象组成的集合。我们称 $M[G]$ 为 M 的脱殊扩张 (generic extension)。

所指未定的力迫名称及其所指

定义 3.20 给定偏序 $\mathbb{P}$。递归定义 τ 是一个 $\mathbb{P}$-名称 ($\mathbb{P}$-name，记作 $\tau \in \mathbf{V}^{\mathbb{P}}$)，当且仅当 τ 是一个二元关系，且对任意 $(\sigma, p) \in \tau$，σ 是一个 $\mathbb{P}$-名称，$p \in \mathbb{P}$。

这里，$(\sigma, p) \in \tau$ 直观上提供了下述信息：σ 这个 $\mathbb{P}$-名称所指称的对象 (虽然 M 中的人们可能并不知道是什么) 属于 τ 所指称的集合的条件或 "可能性" 是 p。

假设 M 是 ZFC 的可数传递模型，偏序 $\mathbb{P} \in M$。由于 $\mathbb{P}$-名称对于 M 是绝对的，M 中的 $\mathbb{P}$-名称 $M^{\mathbb{P}} = \mathbf{V}^{\mathbb{P}} \cap M$。再

给定 M 上的 $\mathbb{P}$ 脱殊滤子 G，我们就可以确定每个 M 中的 $\mathbb{P}$-名称的所指。

定义 3.21 在上述假设下，对任意 $\tau \in M^{\mathbb{P}}$ 递归定义

$$\tau_G = \left\{ \sigma_G \mid \exists p \in G \, [(\sigma, p) \in \tau] \right\}。$$

也就是说，σ 的所指 σ_G 到底属于不属于 τ 指称的 τ_G 看的是：是否存在可以迫使前者属于后者的条件 p 属于脱殊滤子 G。在 M 中的人们虽然不知道 G，但随着条件 p 的加强，人们会越来越清楚如果那个携带完备信息的 G 包含 p 就必须是怎样。这也就是"力迫"的直观来源。

例如，令 $\tau = \{(\sigma^1, p_1), (\sigma^2, p_2), (\sigma^3, p_3)\}$ 且 $p_2, p_3 \leq p_1$，而 $p_2 \perp p_3$。假设我们知道 $p_1 \in G$(我们并不需要 G 的全部信息)，我们就断定 σ^1 的所指 $\sigma_G^1 \in \tau_G$，无论 G 还携带什么别的可能的信息。但我们尚不确定 σ_G^2 与 σ_G^3 是否属于 τ_G。而当我们知道 $p_2 \in G$ 时 (此时我们仍无需知道 G 的全部信息)，我们就可以确定 $\sigma_G^2 \in \tau_G$，而 $\sigma_G^3 \notin \tau_G$(G 再也不可能经过 p_3 了)，除非 σ_G^3 等于 σ_G^1 或 σ_G^2。

最后，定义脱殊扩张 $M[G] = \left\{ \tau_G \mid \tau \in M^{\mathbb{P}} \right\}$。可以证明：

引理 3.22 在上述假设下：

(1) $M \subset M[G]$，$G \in M[G]$，$M[G]$ 是 ZFC 的可数传递模型；

(2) 对任意满足条件 (1) 的模型 N，$M[G] \subset N$。

也就是说，$M[G]$ 的确是最小的包含 M 和 G 且满足那些封闭性要求的模型。

在 M 中的人虽然往往看不到 $M[G]$ 的全貌，却可以设想："如果 G 满足条件 p(即 $p \in G$)，那么 $M[G]$ 会是怎样的。"并且随着条件 p 越来越强，这种设想会越来越准确，越来越多的命题可以被断定在 $M[G]$ 中成立或不成立。或者说，p 迫使某些命题在 $M[G]$ 中成立。反过来，如果某个命题确实在 $M[G]$ 中成立，那么总有某个 p 迫使其成立。

再次考虑偏序 $\mathrm{Fn}(\aleph_2^M \times \omega, 2)$。假设 α 是 M 中的序数，κ 是 M 中的正则基数 (regular cardinal)，且 $\alpha < \kappa$。由绝对性，α、κ 也是 $M[G]$ 中的序数，但 κ 未必是 $M[G]$ 中的基数。有可能在 $M[G]$ 中有一个从 $\alpha < \kappa$ 到

κ 上的满射 f, 但这样的话, 就有一个 $\dot{f} \in M^{\mathbb{P}}$ 以及一个 $p \in \mathbb{P}$ 使得 M 中的人相信, $\dot{f}$ 指称了一个从 α 到 κ 的函数。显然, p 也迫使人们相信 $\dot{f}$ 所指的函数的每个函数值 $f(\xi)$ 都是某个 $< \kappa$ 的序数。只是在仅有 p 中信息时, M 中的人们尚无法确定每个 $f(\xi)$ 的值。但是 M 中聪明的居民可以断定每个 $f(\xi)$ 至多有可数个可能的 $< \kappa$ 的值。因为, 不同的值要有不兼容的条件迫使其实现, 两个相互兼容的条件不可能迫使 $f(\xi)$ 既是 0 又是 1。另一方面, 在 $\mathrm{Fn}(\aleph_2^M \times \omega, 2)$ 中不可能存在不可数个两两不兼容的条件。因此, 我们可以令 $F(\xi)$ 表示所有可数个 $f(\xi)$ 的可能的值。注意 F 是即使在 M 中的人们也能明确看到的函数。令 $X = \bigcup_{\xi < \alpha} F(\xi)$。同样, $X \in M$, 且在 M 中容易验证, X 的序型 $< \kappa$ 而 X 又在 κ 中无解。这就与 κ 是 M 中的正则基数矛盾了。因此, M 中的每一个正则基数 (从而所有基数) 都仍然是 $M[G]$ 中的基数。在 M 中的每一个 $\aleph_\xi$ 在 $M[G]$ 中仍然是 $\aleph_\xi$。[1]特别地, $\aleph_2^M = \aleph_2^{M[G]}$。所以我们最终确定在 $M[G]$ 中 $2^{\aleph_0} \geq \aleph_2$。

回顾目前为止的构造, 我们假设 M 是 ZFC 的可数传递模型, 并在其中添加了必要的集合, 使 $M[G]$ 成为 M 的脱殊扩张, 满足 ZFC 和 $\neg$CH。然而, 我们希望证明的是 $\mathrm{Con}(\mathrm{ZFC}) \to \mathrm{Con}(\mathrm{ZFC} + \neg\mathrm{CH})$, 即假设存在 ZFC 的模型, 证明存在 $(\mathrm{ZFC} + \neg\mathrm{CH})$ 的模型。在上述证明中, 我们实际假设存在 ZFC 的传递的模型, 这个假设比 $\mathrm{Con}(\mathrm{ZFC})$ 要强得多。它甚至蕴涵 $\mathrm{Con}(\mathrm{ZFC} + \mathrm{Con}(\mathrm{ZFC}))$, $\mathrm{Con}(\mathrm{ZFC} + \mathrm{Con}(\mathrm{ZFC} + \mathrm{Con}(\mathrm{ZFC})))$, 等等。

ZFC 的可数传递的模型

假设 M 是 ZFC 的可数传递的模型。$\omega \in M$ 是绝对的。在 $\mathbf{V}$ 中, 我们看到 M 是 ZFC 的模型, 因此 $\mathrm{Con}(\mathrm{ZFC})$ 成立。然而, $\mathrm{Con}(\mathrm{ZFC})$ 仅仅是一个算术句子, 其成立与否取决于是否有自然数编码了 ZFC 到矛盾式的证明。而全部的自然数已经在 M 中了, 因此 $\mathrm{Con}(\mathrm{ZFC})$ 对 M 是绝对的。也因此, 实际上 M 是 $(\mathrm{ZFC} + \mathrm{Con}(\mathrm{ZFC}))$ 的模型, 也就是说, $\mathrm{Con}(\mathrm{ZFC} + \mathrm{Con}(\mathrm{ZFC}))$ 成立。再一次, $\mathrm{Con}(\mathrm{ZFC} + \mathrm{Con}(\mathrm{ZFC}))$ 对 M 是绝对的, 因而 M 又是 $\mathrm{ZFC} + \mathrm{Con}(\mathrm{ZFC}) + \mathrm{Con}(\mathrm{ZFC} + \mathrm{Con}(\mathrm{ZFC}))$ 的模型。

更严格地, 可以对 $n < \omega$ 递归定义:

(1) $T_0 = \mathrm{ZFC}$;

---

[1] 需要指出的是, 这里 "保持基数" 的结果依赖于偏序 $\mathrm{Fn}(\aleph_2^M \times \omega, 2)$ 的特别性质, 即不存在不可数多的两两不兼容的条件。这并非普遍成立, 例如 $\mathrm{Fn}(\omega, \aleph_1^M)$ 就不满足。并且由它生成的脱殊扩张中, 原来的 $\aleph_1^M$ 被 "坍塌" 为一个可数的序数。

(2) $T_{n+1} = T_n + \mathrm{Con}(T_n)$。

最后令 $T_\omega = \bigcup_{n<\omega} T_n$。可以归纳地证明：如果存在 ZFC 的可数传递的模型，那么对每个 $n < \omega$，T_n 成立，因而 T_ω 成立。类似结论甚至可以推广到任意递归序数 $\alpha < \omega_1^{\mathrm{CK}}$。但在试图定义，例如，$T_{\omega+1} = T_\omega + \mathrm{Con}(T_\omega)$ 时需要注意良定义的问题。在集合论 (或算术) 语言中对递归集合 "T_ω" 的编码往往有无穷多个，基于不同的编码得到的语句 "$\mathrm{Con}(T_\omega)$" 可能非常不同。

但另一方面，要证明 $\mathrm{Con}(\mathrm{ZFC}) \to \mathrm{Con}(\mathrm{ZFC} + \neg\mathrm{CH})$，只需要证明：如果 $(\mathrm{ZFC} + \neg\mathrm{CH})$ 不一致，那么 ZFC 也不一致就行了。这样，只需要假设存在 $(\mathrm{ZFC} + \neg\mathrm{CH})$ 的一个有穷部分不一致，然后找到 ZFC 的一个有穷部分不一致就行了。实际上，上面的证明可以作如下解读：任给 $(\mathrm{ZFC} + \neg\mathrm{CH})$ 的一个有穷部分 Λ_0，我们都可以找到一个 ZFC 的足够丰富的有穷部分 $\pi(\Lambda_0)$。在 ZFC 中可以证明存在 $\pi(\Lambda_0)$ 的可数传递模型 M，并且可以证明按照前文中叙述构造的 $M[G]$ 就是 Λ_0 的可数传递模型。但如果 Λ_0 矛盾，那么 $M[G]$ 就不可能是它的模型，因而 M 也不可能是 $\pi(\Lambda_0)$ 的模型，这就矛盾了。

下一子节，笔者将介绍另一种对力迫法证明的解读，并说明 $\mathrm{Con}(\mathrm{ZFC}) \to \mathrm{Con}(\mathrm{ZFC} + \neg\mathrm{CH})$ 实际上是在一个有穷主义算术系统，如 $\mathrm{I}\Sigma_1^0$ 中可证的。

3.3.2 想象的语言

在 3.1 节和 3.2 节中，我们分别介绍了基于冯·诺伊曼层谱 **WF** 和基于可构成集类 **L** 的相对一致性证明。这些证明都属于基于内模型方法的证明，都可以被看作是给出了一种一阶逻辑理论间的翻译，并且也都可以在 $\mathrm{I}\Sigma_1^0$ 这样的有穷主义系统中证明。我们也提到，基于力迫法的相对一致性证明本质上不同于基于内模型方法的证明[①]，也很难直接解读为给出了一个一阶逻辑理论间的翻译。但是，这些并不妨碍它仍然是有穷主义可证的。

事实上，对力迫法论证可以有多种解读。上一子节介绍的通过可数传递的模型的解读只是其一。在这种解读下，我们似乎站在一个超越的视角来讨论玩具模型 M 以及它的脱殊扩张——另一个玩具模型 $M[G]$，这容易让认为仅有一个集合论宇宙的实在论者感到困惑。而在本子节中，笔者将介绍另一种完全不涉及集合模型的解读。所有的工作可以被看作发生于那个绝对的集合论宇宙 **V**，但生活在 **V** 的人们仍然可以谈论一些想象，尽管这些想象

---

① 可以证明，一些相对一致性结果不可能通过内模型方法得到。见第 122 页。

在 **V** 往往是不可能实现的。尽管如此,我们可以定义这些谈论想象的语言甚至它们的语义。

这种语言被称作**力迫语言** (forcing language)。给定偏序 $\mathbb{P}$,力迫语言 $\mathcal{FL}_\mathbb{P}$ 被定义为集合论一阶语言 $\mathcal{L}_\in$ 的扩张,即将所有 $\mathbb{P}$-名称 ($\mathbf{V}^\mathbb{P}$ 中对象) 作为它的常元符号。因此,我们经常用 $\varphi(\bar\tau)$ 来表示一则 $\mathcal{FL}_\mathbb{P}$ 句子。注意,所有 $\mathbb{P}$-名称和 $\mathcal{FL}_\mathbb{P}$ 公式都在 **V** 中。

仍然在 **V** 中,我们可以定义 $\mathcal{FL}_\mathbb{P}$ 的语义。它与塔斯基的二值语义学不同,是关于 $\mathbb{P}$ 中条件和 $\mathcal{FL}_\mathbb{P}$ 句子的一个二元关系,我们称作**力迫关系**。一个 $\mathbb{P}$ 条件 p 与一则 $\mathcal{FL}_\mathbb{P}$ 语句 $\varphi(\bar\tau)$ 具有力迫关系往往被记作 $p \Vdash \varphi(\bar\tau)$,读作 p **力迫** $\varphi(\bar\tau)$。直观上,$p \Vdash \varphi(\bar\tau)$ 表示 p 是 $\varphi(\bar\tau)$ 成立的充分条件。下述定理更严格地表述了这个直观。

引理 3.23 (力迫真性定理) 令 M 是 ZFC 的可数传递的模型,$\mathbb{P} \in M$ 是一个偏序。令 $\varphi(\bar\tau)$ 是语言 $\mathcal{FL}_\mathbb{P} \cap M$ 中的句子,G 是 M 上的 $\mathbb{P}$ 脱殊滤子,那么

$$M[G] \vDash \varphi(\bar\tau_G) \Leftrightarrow \exists p \in G\ (p \Vdash \varphi(\bar\tau)).$$

也就是说,如果 $p \Vdash \varphi(\bar\tau)$ 并且那个脱殊的完全条件 G 经过 p 的话,那么 $\varphi(\bar\tau_G)$ 就在由 G 生成的脱殊扩张 $M[G]$ 中成立。上述引理是力迫法可数传递的模型解读的核心引理,在证明 $M[G]$ 满足分离公理模式的证明中需要引用该引理。但是,在本子节的解读中,读者可以设想自己完全生活在 M 中,无需理会外面的对象,如 G 或 $M[G]$。

> **力迫语言语义定义**
>
> 显然,力迫语言公式 $\varphi(\bar\tau)$ 也是通过递归构造得到的。特别地,每个 $\mathbb{P}$-名称也是通过递归定义的。因此,我们也需要递归地定义关系 $p \Vdash \varphi(\bar\tau)$。首先,对原子语句做如下定义:
>
> **定义 3.24** 对 $\mathbb{P}$-名称 τ, ϑ, π,定义
>
> (1) $p \Vdash \tau = \vartheta$,当且仅当 $\forall \sigma \in \operatorname{dom}\tau \cup \operatorname{dom}\vartheta \forall q \leq p\ [q \Vdash \sigma \in \tau \leftrightarrow q \Vdash \sigma \in \vartheta]$;
>
> (2) $p \Vdash \pi \in \tau$,当且仅当集合 $\{q \leq p \mid \exists(\sigma, r) \in \tau [q \leq r \wedge q \Vdash \pi = \sigma]\}$ 是在 p 下稠密的。
>
> 这里,一个集合 X 在 p 下稠密指的是集合 X 是偏序 $\mathbb{P}{\upharpoonright}p = \{q \in \mathbb{P} \mid q \leq p\}$ 上的稠密集。注意,上述定义的定义项中也出现了 "$\Vdash$"。事实上,它是建立在对 $\{(\tau, \sigma, = / \in) \mid$

$\tau, \sigma \in \mathbf{V}^{\mathbb{P}}\}$ 的一个良序关系上的。关于这个良序的具体定义可以参考 (Kunen, 2013, p. 257)。

对复合语句：

定义 3.25

(1) $p \Vdash \neg\varphi$，当且仅当 $\forall q \leq p(q \nVdash \varphi)$；

(2) $p \Vdash \varphi \wedge \psi$，当且仅当 $p \Vdash \varphi$ 并且 $p \Vdash \psi$；

(3) $p \Vdash \forall x \varphi(x)$，当且仅当 $\forall \tau \in \mathbf{V}^{\mathbb{P}} [p \Vdash \varphi(\tau)]$。

这里，我们按照通常的做法将蕴涵 $\rightarrow$、析取 $\vee$ 和存在量词 $\exists x$ 视作通过定义得到的逻辑联词。由此，可以证明：

引理 3.26

(1) $p \Vdash \varphi \rightarrow \psi$，当且仅当 $\neg \exists q \leq p \, (q \Vdash \varphi \wedge q \Vdash \neg\psi)$；

(2) $p \Vdash \varphi \vee \psi$，当且仅当集合 $\{q \mid (q \Vdash \varphi) \vee (q \Vdash \psi)\}$ 在 p 下稠密；

(3) $p \Vdash \exists x \varphi(x)$，当且仅当集合 $\{q \mid \exists \tau \in \mathbf{V}^{\mathbb{P}} [q \Vdash \varphi(\tau)]\}$ 在 p 下稠密。

注意，力迫关系 $\Vdash$ 的定义援引偏序 $\mathbb{P}$。严格来说，应该记作 $\Vdash_{\mathbb{P}}$。但在上下文明确的前提下，人们往往省略下标 $\mathbb{P}$。

根据对力迫关系的定义，可以证明下述引理。这些引理可以进一步帮我们建立关于力迫关系的一些直观。

引理 3.27 对任意 $\varphi \in \mathcal{FL}_{\mathbb{P}}$，

(1) $p \Vdash \varphi$ 且 $q \leq p$，则 $q \Vdash \varphi$；

(2) $p \Vdash \varphi$，当且仅当集合 $\{q \leq p \mid q \Vdash \varphi\}$ 在 p 下稠密；

(3) $p \Vdash \varphi$，当且仅当 $\forall q \leq p \, (q \nVdash \neg\varphi)$。

(1) 说的是：如果一个条件迫使 φ 成立，那么任何比它强的条件也迫使其成立。关于 (2)，集合 $\{q \leq p \mid q \Vdash \varphi\}$ 在 p 下稠密意味着对 p 的任何加强终究无法避免遇到一个力迫 φ 的条件。因此，直观上 p 就已经力迫 φ 了。而 (3) 说的是：如果一个条件 p 已经力迫 φ 了，那么任何比它更强的条件

不可能再力迫 φ 的否定成立; 而如果所有可能的加强的条件都无法力迫一个句子的否定, 那么这个句子已经被力迫成立了。特别地, $p \Vdash \varphi$ 且 $p \Vdash \neg\varphi$ 是矛盾的。

现在, 为了证明 $\mathrm{Con}(\mathrm{ZFC}) \to \mathrm{Con}(\mathrm{ZFC} + \neg\mathrm{CH})$, 我们需要在 $\mathrm{I}\Sigma_1^0$ 中证明: 如果存在一个从 $(\mathrm{ZFC} + \neg\mathrm{CH})$ 出发到 $0 = 1$ 的证明, 那么就存在一个从 ZFC 出发到 $0 = 1$ 的证明。为此, 只需要找到一个原始递归函数 $f : \mathbb{N} \to \mathbb{N}$, 使得

$$\forall x \in \mathbb{N} \,[\, x \text{ 编码了从 } (\mathrm{ZFC} + \neg\mathrm{CH}) \text{ 出发到 } 0 = 1 \text{ 的证明}$$
$$\to f(x) \text{ 编码了从 ZFC 出发到 } 0 = 1 \text{ 的证明}]. \quad (3.12)$$

我们知道, 如果存在这样一个原始递归函数, 那么该函数可以在算术语言中被定义并且 $\mathrm{I}\Sigma_1^0$ 可以证明它是全函数, 从而证明 (3.12)。

需要说明的是, (3.12) 是一则形如 $\forall x \in \mathbb{N}[\varphi(x) \to \psi(x)]$ 的全称句子 (或称 Π_1^0 句子), 而其中的 "x 编码了从 $(\mathrm{ZFC} + \neg\mathrm{CH})$ 出发到 $0 = 1$ 的证明"(即 $\varphi(x)$) 本身是一个只含有有界量词的 Σ_0^0 的公式。直观而言, 判断一个具体的 $\varphi(n)$ 是否成立, 只需要考虑与 n 非常 "接近" 的若干自然数, 因此 $\varphi(n)$ 是一个算术的局部性质。[①]事实上, $\varphi(x)$ 是一个原始递归的性质。对任意给定的自然数 n, 无论 $\varphi(n)$ 是否成立, $\mathrm{I}\Sigma_1^0$ 都可以证明它或它的否定。特别地, 如果我们在 ZFC 中证明了某个定理 σ, 即我们确实给出了编码该定理的某个自然数 n, 那么, 在弱如 $\mathrm{I}\Sigma_1^0$ 的系统中就可以看到这点:

$$\mathrm{I}\Sigma_1^0 \vdash \; n \text{ 编码了从 ZFC 到 } \sigma \text{ 的一个证明}.$$

对于这些孤例, 甚至不需要任何归纳法, 在 PRA 甚至罗宾逊算术中即可证明。但有时候还需要在 $\mathrm{I}\Sigma_1^0$ 中证明形如

$$\forall x[\theta(x) \to \exists y \; y \text{ 编码了从 ZFC 到 } x \text{ 的一个证明}] \quad (3.13)$$

的命题, 这里的 θ 往往是一个递归的性质, 例如 "x 是 $(\mathrm{ZFC} + \neg\mathrm{CH})$ 中的一句句子"。类似 (3.12), 如果可以找到一个原始递归的函数 g, 使得

$$\forall x[\theta(x) \to \; g(x) \text{ 编码了从 ZFC 到 } x \text{ 的一个证明}], \quad (3.14)$$

那么, (3.13) 便是 $\mathrm{I}\Sigma_1^0$ 中可证的了。

因此, 接下来需要在算术语言中做下述工作。

(1) 给出具体的自然数, 说明这些自然数编码的公式在 ZFC 中定义了偏序 $\mathbb{P} = \mathrm{Fn}(\aleph_2 \times \omega, 2)$, 以及由 $\mathbb{P}$ 决定的力迫语言 $\mathcal{FL}_{\mathbb{P}}$ 和力迫关系 $\Vdash$;

---

① 读者可以对比集合论的局部性质。见第 127 页。

(2) 给出具体的原始递归函数 λ(由上述自然数决定), 如果 φ 是逻辑公理、ZFC 公理或 $\neg$CH, 那么 $\lambda(\varphi)$ 是从 ZFC 到 $\mathbb{1} \Vdash \varphi$ 的一个证明;

(3) 给出具体的原始递归函数 δ, 使得对任意集合论公式 φ, ψ, $\delta(\varphi, \psi)$ 是从 $[\mathrm{ZFC} + (p \Vdash \varphi \to \psi) + (p \Vdash \varphi)]$ 到 $p \Vdash \psi$ 的证明。

由 (2)、(3) 中的 λ, δ 两个函数, 通过原始递归定义就可以得到满足 (3.12) 的原始递归函数 f。假设序列 $S = \langle \beta_0, \dots, \beta_n \rangle$ 是从 $(\mathrm{ZFC} + \neg \mathrm{CH})$ 到 $0 = 1$ 的证明。对任意 $0 \leq i \leq n$, 如果 β_i 是逻辑公理或 $(\mathrm{ZFC} + \neg \mathrm{CH})$ 中的句子, 那么就用 $\lambda(\beta_i)$ 替换 S 中的 $\langle \beta_i \rangle$; 如果存在 $j, k < i$ 使得 $\beta_k = \beta_j \to \beta_i$, 那么就用 $\delta(\beta_j, \beta_i)$ 替换 S 中的 $\langle \beta_i \rangle$。将经过这番改造的序列记作 $f_0(S)$。容易验证, $f_0(S)$ 正是从 ZFC 到 $\mathbb{1} \Vdash 0 = 1$ 的证明序列。我们再在 $f_0(S)$ 后面连接上从 $[\mathrm{ZFC} + (\mathbb{1} \Vdash 0 = 1)]$ 到 $0 = 1$ 的证明序列①, 就得到了从 ZFC 到 $0 = 1$ 的证明序列 $f(S)$ 了。

> 对于上文 (2)、(3) 中所要求原始递归函数的构造, 笔者仅以下面几个例子稍作说明。
>
> (3) 是比较简单的。引理 3.26 是 ZFC 的内定理, 其中 3.26(1) 是形如 $\forall(p, \varphi, \psi)\Phi(p, \varphi, \psi)$ 的句子。将这个证明序列连接上必要的逻辑公理 (根据 φ, ψ 选择的) 例式和相应的分离规则后件就可以得到对 $p \Vdash \psi$ 的证明 $\delta(\varphi, \psi)$。
>
> (2) 中, $\mathbb{1} \Vdash \neg \mathrm{CH}$, $\mathbb{1} \Vdash \sigma(\sigma$ 是基础公理、对集公理、并集公理等) 的证明都是孤例, 只需要给出具体的证明即可。需要说明的是逻辑公理模式、分离公理模式和替换公理模式等。
>
> 例如, 一般将重言式②全部列为逻辑公理。所以, 我们必须给出一个原始递归的方法, 任给一则公式 φ, 能够机械地判断其是否为重言式, 并且如果是的话能生成从 ZFC 到 $\mathbb{1} \Vdash \varphi$ 的证明。
>
> 我们知道, 一则公式是否是重言式是原始递归的。因为, 任给一则一阶逻辑公式, 可以机械地将其分解为若干素公式的布尔组合, 并给出其真值表, 例如表 3.1 所示。

---

① 这是一个固定的证明。我们已经在 ZFC 中证明了 $p \Vdash \varphi$ 与 $p \Vdash \neg \varphi$ 矛盾, 以及 $\mathbb{1} \Vdash 0 \neq 1$。

② 一般将一阶逻辑的素公式 (prime formula) 定义为原子公式和形如 $\forall x \alpha$ (以及 $\exists x \alpha$) 的公式。如此, 一个一阶逻辑公式就可以被看作是若干素公式的布尔组合, 也即以素公式为命题变元的命题逻辑公式。我们称一个一阶逻辑公式是重言式, 当且仅当它在上述意义上是一个命题逻辑重言式。

表 3.1 真值表

α	β	$\alpha \wedge \beta$
1	1	1
1	0	0
0	1	0
0	0	0

对任意公式的真值表，只需要将其中出现在公式 α 列的 1 替换为 $p \Vdash \alpha$，0 替换为 $p \Vdash \neg\alpha$，就可以得到相应的力迫法版本的真值表，见表 3.2。

表 3.2 力迫法版真值表

α	β	$\alpha \wedge \beta$
$p \Vdash \alpha$	$p \Vdash \beta$	$p \Vdash \alpha \wedge \beta$
$p \Vdash \alpha$	$p \Vdash \neg\beta$	$p \Vdash \neg(\alpha \wedge \beta)$
$p \Vdash \neg\alpha$	$p \Vdash \beta$	$p \Vdash \neg(\alpha \wedge \beta)$
$p \Vdash \neg\alpha$	$p \Vdash \neg\beta$	$p \Vdash \neg(\alpha \wedge \beta)$

力迫法版的真值表应该被解读为：存在一个原始递归的方法，任给公式 φ 都可以将其分解为 $n(\varphi)$ 个素公式 (例如，$\alpha \wedge \beta$，其中 α 和 β 是素公式)，并给出 $2^{n(\varphi)}$ 个证明序列。在本例中是分别见证

$$[\mathrm{ZFC} + (p \Vdash \alpha \wedge p \Vdash \beta)] \vdash (p \Vdash \alpha \wedge \beta),$$

$$[\mathrm{ZFC} + (p \Vdash \alpha \wedge p \Vdash \neg\beta)] \vdash [p \Vdash \neg(\alpha \wedge \beta)],$$

$$[\mathrm{ZFC} + (p \Vdash \neg\alpha \wedge p \Vdash \beta)] \vdash [p \Vdash \neg(\alpha \wedge \beta)],$$

$$[\mathrm{ZFC} + (p \Vdash \neg\alpha \wedge p \Vdash \neg\beta)] \vdash [p \Vdash \neg(\alpha \wedge \beta)]$$

的四个证明序列。

任给句子 φ，在 ZFC 中容易证明 $\{p \in \mathbb{P} \mid p \Vdash \varphi \vee p \Vdash \neg\varphi\}$ 是稠密的。类似地，我们不难构造一个原始递归方法，任给有穷公式序列 $\langle \alpha_1, \ldots, \alpha_n \rangle$，可以得到从 ZFC 到

$$\forall p \in \mathbb{P} \exists q \leq p \, [\gamma_1 \vee \ldots \vee \gamma_{2^n}] \qquad (3.15)$$

的证明，其中，每个 γ_i 都是形如 $[q \Vdash (\neg)\alpha_1 \wedge \ldots \wedge q \Vdash (\neg)\alpha_n]$ 的句子，也即枚举了所有 2^n 种 p 力迫每个 α_j 或其否定的组合。

对命题逻辑优析取范式了解的读者会很容易理解 (3.15) 的结构。如果 τ 是重言式，$\langle \alpha_1, \ldots, \alpha_n \rangle$ 是 τ 的素公式分解，连接 (3.15) 和相应力迫法版真值表的证明，就可以得到从 ZFC 到 $\forall p \in \mathbb{P} \exists q \leq p\ (q \Vdash \tau)$ 乃至 $\mathbb{1} \Vdash \tau$ 的证明。

再以分离公理模式为例。显然，判断一则公式是否是一则形如 $\forall X \exists Y \forall z[z \in Y \leftrightarrow z \in X \wedge \varphi(z)]$ 的分离公理并析出其中的 $\varphi(z)$ 是一个原始递归的过程。接下来，我们以公式 $\varphi(z)$ 为例，给出 ZFC 到 $\mathbb{1} \Vdash \forall X \exists Y \forall z[z \in Y \leftrightarrow z \in X \wedge \varphi(z)]$ 的证明概述，并希望读者注意到，该证明并不依赖 φ 的什么特殊性质，因而可以能行地从 φ 得到。

> 要证明
>
> $$\mathbb{1} \Vdash \forall X \exists Y \forall z[z \in Y \leftrightarrow z \in X \wedge \varphi(z)],$$
>
> 只需要证明：对任意 $\mathbb{P}$-名称 τ 有
>
> $$\mathbb{1} \Vdash \exists Y \forall z[z \in Y \leftrightarrow z \in \tau \wedge \varphi(z)]。$$
>
> 令 $\pi =$
>
> $$\{(\theta, p) \mid \theta \in \operatorname{dom} \tau \wedge p \in \mathbb{P} \wedge p \Vdash \theta \in \tau \wedge p \Vdash \varphi(\theta)\}。$$
>
> 只需要证明：对任意 $\theta \in \mathbf{V}^{\mathbb{P}}$ 都有
>
> $$\mathbb{1} \Vdash \theta \in \pi \leftrightarrow \theta \in \tau \wedge \varphi(\theta)。$$
>
> 因而，只需要证明：
>
> (1) $\neg \exists p \in \mathbb{P}\ \left[p \Vdash \theta \in \pi \wedge p \Vdash (\theta \notin \tau \vee \neg\varphi(\theta))\right]$；
>
> (2) $\neg \exists p \in \mathbb{P}\ \left[p \Vdash (\theta \in \tau \wedge \varphi(\theta)) \wedge p \Vdash \theta \notin \pi\right]$。
>
> 要证明 (1)，假设有 $p \Vdash \theta \in \pi$，即 $\{q \leq p \mid \exists(\sigma, r) \in \pi\ [q \leq r \wedge q \Vdash \theta = \sigma]\}$ 在 p 下稠密，那么就存在 $q \leq p$ 以及 $(\sigma, r) \in \pi$，使得 $q \leq r$ 且 $q \Vdash \theta = \sigma$。由 π 的定义，$(\sigma, r) \in \pi$ 意味着 $r \Vdash \sigma \in \tau$ 且 $r \Vdash \varphi(\sigma)$。又因为 $q \leq r$，所以有 $q \Vdash \sigma \in \tau$，$q \Vdash \varphi(\sigma)$ 以及 $q \Vdash \theta = \sigma$，加之可证

$q \Vdash \theta = \sigma \to (\sigma \in \tau \to \theta \in \tau)$ 和 $q \Vdash \theta = \sigma \to \varphi(\sigma) \to \varphi(\theta)$ (即 q 力迫两个逻辑公理例式),就可以得到 $q \Vdash \theta \in \tau$ 以及 $q \Vdash \varphi(\theta)$。而这与 $q \le p \Vdash (\theta \notin \tau \lor \neg\varphi(\theta))$ 矛盾。

要证明 (2),假设有 $p \Vdash \theta \in \tau$ 且 $p \Vdash \varphi(\theta)$,即 $\{q \le p \mid \exists(\sigma,r) \in \tau[q \le r \land q \Vdash \sigma = \theta]\}$ 是在 p 下稠密的。取 $q \le p$ 以及 $(\sigma,r) \in \tau$,使得 $q \le r \land q \Vdash \sigma = \theta$,因而也有 $q \Vdash \sigma \in \tau$。类似地,可以证明 $q \Vdash \varphi(\sigma)$。因此,由 π 定义可得 $(\sigma,q) \in \pi$。因而 $q \Vdash \sigma \in \pi$,又由 $q \Vdash \sigma = \theta$ 得到 $q \Vdash \theta \in \pi$。

由此,我们完成了第 137 页提出的任务,即得到了原始递归函数 λ,它可以给出 ZFC 到 $\mathbb{1}$ 力迫每条逻辑公理、ZFC 公理以及 $\neg$CH 的证明;递归函数 δ 使得 $\delta(\varphi,\psi)$ 是从 $[\text{ZFC} + (p \Vdash \varphi \to \psi) + (p \Vdash \varphi)]$ 到 $p \Vdash \psi$ 的证明。

由此,任给一个从 $(\text{ZFC} + \neg\text{CH})$ 到 $0 = 1$ 的证明序列可以原始递归地得到一个从 ZFC 到 $\mathbb{1} \Vdash 0 = 1$ 乃至 $0 = 1$ 的证明。因此,在 $\text{I}\Sigma_1^0$ 中就可以证明 $\text{Con}(\text{ZFC}) \to \text{Con}(\text{ZFC} + \neg\text{CH})$。

第四章　无穷之上

恐怕没有什么哲学观念会比"无穷"更充满争议甚至令人畏惧。人们对于诸如"事物""自我""神明""知识""真理"等观念都经历过朴素的理解、怀疑与再认识等过程，但人们对"无穷"的看法从一开始就是怀疑或拒绝的。

阿那克西曼德 (Anaximander) 被认为是第一个谈论无穷概念的希腊哲学家。阿那克西曼德的"无穷"(ἄπειρον) 是 πέρας 的反面，后者的意思是终点或边界。阿那克西曼德认为可以被认识的世间万物都起始于无穷又复归于无穷。如果时空起源于无穷亦终结于无穷，那么无穷本身不是时空之中的。因此，无穷本身没有始终，无法被度量或认识。根据阿赫纳 (Achtner, Wolfgang) (Achtner, 2011) 的说法，希腊语 πέρας 又有确定、清晰、有序等含义；而 ἄπειρον 则是模糊的、不确定的，是仅可以被体验而无法被理性认知的。因此，"无穷不可理解"似乎从一开始就是分析的真。人们将一切不可理解的、无法度量的称作无穷。而反过来，试图理解无穷就是试图理解那些被认为不可理解东西。换句话说，就是试图拓展理性的边界。这个意义上，无穷也是一个终极的哲学概念。

前康托尔时期，人们也试图理性地把握无穷概念，亚里士多德的解释可能是其中最有代表性的。亚里士多德区分了潜无穷 (potential infinite) 与实无穷 (actual infinite) 两种关于无穷的可能的观念。潜无穷是指一种可能性，即亚里士多德承认一些度量总是可以分得更细，也总是可以增加。潜无穷常常被理解为一条没有终点的序列，其中的每个量都可以在有穷步内得到。而实无穷是一条完成了的序列。亚里士多德不承认存在实无穷，也不承认存在无穷大或无穷小的量。①

在康托尔之前，人们即使承认实无穷存在也往往是作为一个宗教观念

---

① 《庄子·天下篇》提到惠施关于无穷的零星论述。如"至大无外，谓之大一；至小无内，谓之小一"，说的似乎是作为无穷大量的实无穷——"大一"与作为无穷小量的实无穷——"小一"。而以"大一""小一"为名，表明当时人们所能理解的作为实无穷的无穷大、无穷小是唯一的。此外，惠施与名家辩论时提到"一尺之棰，日取其半，万世不竭"讲的似乎就是潜无穷。这显示出，惠施与名家已经意识到这些违背常理的观念。令人遗憾的是，笔者未能在其中找到更具体的观点与论证。《天下篇》斥责惠施与名家的这些争辩"以反人为实""弱于德，强于物，其涂𡝭矣"，站在道德的高度终结了这类思辨的合法性。

而接受的，是关于体验的，而非理性认识的。根据阿赫纳的报道，普罗提诺 (Plotinus) 是西方 "第一位有影响的从《圣经》以外的哲学传统宣称上帝无穷的思想家"(Achtner, 2011)，他的思想对之后的教父哲学有较大影响。普罗提诺的无穷不是关于时空的无穷，而是关于力量的。有趣的是，普罗提诺将人类的理性能力区分为语言的 (logos) 和智性直观的 (nous)，前者可以进行计算，用来处理经验世界的繁多，而后者处理的就是那个作为实体的、统一的、完全的无穷。这似乎与哥德尔一千七百年后关于心灵与概念实体的论述异曲同工。可以肯定的是，在普罗提诺那里，实无穷是唯一的，并且关于这个唯一的神圣的实体本身并没有什么能说得清楚的。

　　人们在思考无穷的时候总是遇到各种困难甚至悖论，这恐怕是拒绝实无穷或相信实无穷即便存在也无法作为一个数学处理的对象的主要原因。伽利略悖论 (Galileo's paradox) 是其中比较有代表性的。伽利略在《关于两门新科学的谈话与数学证明》(*Discorsi e Dimostrazioni Matematiche Intorno à Due Nuove Scienze*) 中指出：一方面平方数的数量应该与平方根的数量一样多；另一方面所有平方数都可以作为平方根，而有一些平方根不是平方数，所以平方数少于平方根。伽利略的结论是：我们不能将大小或等于关系运用于实无穷。

　　直到康托尔于 1874 年发表《论所有代数数集合的一个性质》(*Ueber eine Eigenschaft des Inbegriffs aller reellen Algebraischen Zahlen*, Cantor, 1874)，人类才第一次可以对实无穷进行数学化的处理。康托尔在文中证明了两则定理。如论文标题所示，第一则定理是：所有代数数的集合是可数的，即与所有自然数的集合具有相同的大小。这则定理的证明本身只是伽利略悖论的推广。它的意义在于放弃了用集合包含关系作为集合大小的度量标准，而采用更一般的：集合 A 与集合 B 有相同的大小①，当且仅当存在双射 $h : A \to B$。②这篇文章的另一个结果是证明了所有实数组成的集合是不可数的。这意味着，如果接受实数集作为一种实无穷的话，人们第一次发现存在两个不同大小的实无穷！

　　康托尔的发现是如此地违反直观，以至于遭受到来自庞加莱、克罗内克、外尔 (Weyl, Hermann) 等数学家的猛烈评击。布劳威尔 (Brouwer, Luitzen Egbertus Jan)、维特根斯坦等人则从哲学上反对康托尔的理论。人们对康托尔理论的激烈反应，甚于非欧几何的发现，更像历史上对无理数的发现。这说明，实无穷理论的发现确实冲击了亚里士多德以来延续两千年的哲学、

---

　　① 假设选择公理，集合 A 与集合 B 有相同的大小等价于说 card A = card B。其中，card A 是与 A 具有相同大小的最小序数。当然，康托尔对 "有相同大小" 的定义本身不需要选择公理。

　　② $h : A \to B$ 是双射，即对任意 $a_1, a_2 \in A$，若 $a_1 \neq a_2$，则 $h(a_1) \neq h(a_2)$ (h 是一一的或单射)，并且对任意 $b \in B$，存在 $a \in A$，有 $h(a) = b$ (h 是满射)。

宗教观念。有意思的是，据报道 (Jané, 1995)，康托尔又将实无穷区分为超穷 (transfinite) 与绝对无穷 (absolute infinite)。前者即集合论所研究的对象，如超穷序数与基数；而后者则是由所有集合组成的类。康托尔很早就意识到，所有序数组成的类不是一个"一致的复多 (multiplicity)"。否则，所有序数组成的类就是一个比所有序数更大的序数，这是矛盾的。康托尔甚至将这种绝对的无穷直接称作神。

从阿那克西曼德、亚里士多德、普罗提诺一直到康托尔，可以看到一条明显的进步过程。人类对无穷从最开始的彻底排斥甚至恐惧，到区分可理解与不可理解的无穷，再进一步扩展可理解的无穷。虽然不可理解的无穷 (如亚里士多德的实无穷、康托尔的绝对无穷) 总是存在，但经验同时也告诉我们，对无穷的理解总能更进一步。接下来，笔者试图展示，人类自康托尔以来对无穷的认识又有哪些新的进展。

4.1 二阶算术与大基数

极端的怀疑论会面临太多的不方便。形式主义者试图回避谈论数学命题的真假，但仍然要求证明他们的数学游戏是一致的。后者被翻译为一则数学命题 $\mathrm{Con}(T)$，形式主义者不仅要求对 $\mathrm{Con}(T)$ 的一个证明，还要求它是真的。妥协的结果是：形式主义接受"某个层次"以下的数学作为元理论是客观的，而更"高阶"的数学则只是 *façon de parler* (说话方式)。同理，反对实无穷的学者大多至少接受自然数结构是客观的。

在集合论中，定义 HF 为所有遗传有穷集合 (hereditarily finite set) 组成的类。如果我们追溯一个集合 X 的元素、元素的元素、元素的元素的元素……只能得到有穷个不同的元素，那么我们称 X 是遗传有穷的。严格地，定义一个集合的传递闭包 $\mathrm{trcl}\, X$ 为最小的包含 X 并且在 $\in$ 的逆下封闭的 (即若 $a \in \mathrm{trcl}\, X$ 且 $b \in a$，则 $b \in \mathrm{trcl}\, X$) 集合，则 $HF = \{ X \mid \mathrm{card}(\mathrm{trcl}\, X) < \omega \}$。在基础公理下可以证明，$HF = V_\omega$。[①] 因此，$HF$ 是一个集合。事实上，HF 中的集合就是那些包含且仅包含 (如何从 $\emptyset$ 构造出来的) 有穷信息的集合。利用莫斯托夫斯基函数 (Mostowski function)，我们可以构造 $(HF, \in)$ 理论与自然数结构 $(\mathbb{N}, +, \cdot, 0, 1)$ 理论 (一阶算术) 之间的相互翻译。[②] 每个遗传有穷集合 (的全部信息) 被编码为一个自然数。

[①] V_ω 的定义参见第 102 页，定义 3.7。

[②] 理论间的翻译或解释参见第 97 页。

莫斯托夫斯基函数

对 V_ω 中元素 a 递归定义：

$$\mathrm{Mf}(a) = \sum_{b \in a} 2^{\mathrm{Mf}(b)}。$$

显然，$\mathrm{Mf}(\emptyset) = 0$。而对集合 $a = \{b_1, \ldots, b_k\}$，$\mathrm{Mf}(a) = 2^{\mathrm{Mf}(b_1)} + \cdots + 2^{\mathrm{Mf}(b_k)}$。也就是说，编码集合 a 的自然数 $\mathrm{Mf}(a)$ 的二进制展开在第 $\mathrm{Mf}(b_i)$ 位 $(1 \leq i \leq k)$ 上是 1 (见图 4.1)。

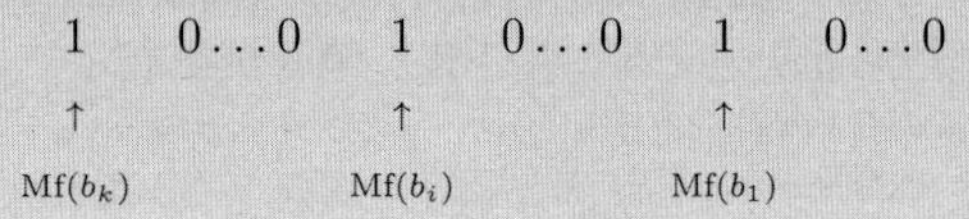

图 4.1　$\mathrm{Mf}(a)$ 的二进制展开

因此，HF 的理论就是集合论学家的一阶算术理论。集合论中有一定争议的幂集公理和选择公理在 $HF = V_\omega$ 里都是平凡成立的，关于无穷的一切魔法从 $V_{\omega+1}$ 开始发生。$V_{\omega+1} = P(V_\omega)$ 包含了所有自然数子集 (即集合论学家的实数) 作为其元素。$(V_{\omega+1}, \in)$ 是集合论学家的二阶算术模型，它的理论与完全二阶算术结构 $(\mathbb{N}, P(\mathbb{N}), +, \cdot, 0, 1)$ 的理论是可以相互翻译的。此外，定义 HC 为所有遗传可数集合 (hereditarily countable set) 组成的集合 $(V_{\omega+1} \subset HC \subset V_{\omega_1})$，可以证明 $(HC, \in)$ 与 $(V_{\omega+1}, \in)$ 的理论也是可以相互翻译的 (每个遗传可数的集合可以被 "编码" 为一个自然数子集)。有时候，集合论学家更喜欢将 $(HC, \in)$ 作为二阶算术模型。

整个 $V_{\omega+1}$ 的基数已经等于连续统的基数，是不可数的了。也就是说，如果我们的语言是可数的，那么一定有二阶算术的对象是不可定义的。将这些不可定义的对象引入数学王国引起许多数学家的反对。有穷主义者往往只承认原始递归的对象，而直谓主义者只承认在一阶算术结构 $(V_\omega, \in)$ 中可定义的集合。这些构造主义者的担心并非杞人忧天。

在集合论宇宙中，HF 的结构是非常坚固、难以被改变的。对任意集合论的传递模型 M, N (无论 M, N 是集合模型还是类模型)，其中的遗传有穷集是固定的：$HF^M = HF^N$。[①]而不同集合论模型却可能含有不同的实数。例

[①] 请读者注意这里添加的对模型的传递性限制。运用模型论方法，可以构造含有非标准自然数的集合论模型。例如，假设 Con(ZFC)，那么也存在 (ZFC + ¬Con(ZFC)) 的非标准模型，其中有一个非标准的 "自然数" 见证 ZFC 是不一致的。我们称含有标准自然数结构的模型为 ω-模型 。传递模型都是 ω-模型。

如，可构成集类 **L** 中的实数都是可构成的。利用科恩力迫(参见定义 3.16)，我们可以添加任意多个 "新" 的实数，这些实数不是可构成的，其数量可以使连续统假设为假。又如，利用萨克斯力迫 (Sacks forcing) 我们可以 "生成" 一个可构成度极小的不可构成实数 a，使得对任意实数 $r \in \mathbf{L}[a]$，要么 $r \in \mathbf{L}$，要么 $a \in \mathbf{L}[r]$。也就是说，a 是复杂度最小的不可构成实数，对任意不可构成的实数 r 都有 $a \in \mathbf{L}[r]$。二阶算术的对象 $V_{\omega+1}$ 在这个意义上并不是一个坚固的结构，而是可以轻易被改造的结构。或者说，人们似乎很容易想象不同的 $V_{\omega+1}$ 而难以断定哪个才是真实的。这让怀疑论者断言根本不存在所谓唯一真实的二阶算术结构。

即使可能有不同的结构，人们仍然可以期望这些结构的理论是一样的。对本体论的实在论的否定未必蕴涵对真的客观性的否定。例如，自然数的诸多非标准模型之间可以是初等等价的，具有同样的一阶算术理论。在一些情况下，我们可能无法在这些算术模型中确定哪一个才是真实的。但这不影响我们判断一个算术命题的真假。一则算术命题是真的，当且仅当它在其中一个也即所有模型上真。本章中将反复谈及的脱殊多宇宙观(generic multiverse view) 正是这种哲学立场的具体表现。

如果只考虑理论，哥德尔不完备性定理的确告诉我们，即使一阶算术的理论也不是坚不可摧的：一阶算术的任何一致的公理系统都是不完备的。例如，令 $\mathrm{ZFC}^{\mathbb{N}}$ 为所有 ZFC 可证的一阶算术命题组成的理论。它比皮亚诺算术等常见算术公理系统要强很多，比如，它含有 Con(PA)。但如果 ZFC 是一致的话，Con(ZFC) 是独立于 $\mathrm{ZFC}^{\mathbb{N}}$ 的。

目前集合论中已知的证明一致性(即不可证性) 的方法只有: (1) 哥德尔不完备性定理及其衍生; (2) 内模型方法; 以及 (3) 力迫法。利用哥德尔不完备性定理直接给出的独立命题往往被认为是人为的、不自然的。此外，根据定义 3.5 所定义的理论间证明论意义上的等价关系，可以将各个理论和公理系统划分为不同的证明论强度; 再根据定义 3.2 所定义的 (严格) 强弱关系 $\lhd$，我们可以将至少包含有穷主义算术的公理系统按照证明论强度排列成一个偏序关系。在一定的一致性假设下，可以证明这个序结构是可以不断向上分叉的。换句话说，这个序结构既不是线性的，也不是良基的，而是一个纷繁复杂的结构。但是，一个值得注意的现象是，工作中的数学家们实际会用到的数学公理系统，从严格有穷主义算术、皮亚诺算术、二阶算术、类型论、集合论到大基数等，在证明论强度意义上几乎排列成了一个良序，即哥德尔层谱(见第 49 页)。对实在论者来说，已有的哥德尔层谱是一条不断强化公理系统的正确途径，只是这条路径尚不足以得到足够完备的公理系统来判定一些人们关心的数学命题。例如，在第三章中，我们实际证明了 ZFC + CH 和 ZFC + ¬CH 属于同一个证明论强度，所以，对集合论的实在论者来说最关切的问题是如何在属于同一个证明论强度而相互排斥的命题间做出选择。这种命题对的存在性目前只有通过内模型方法或力迫法来证明。因此，如果关于某类结构的理论能够免于这两种方法的改变，我们就可以称该理论是**实际完备的** (effectively complete)。

容易证明，不同 ZF 传递模型的一阶算术理论是绝对的。即：对任意一阶算术命题 σ [1]，有

$$N \vDash \sigma \Leftrightarrow M \vDash \sigma。$$

特别地，用内模型和力迫法生成的 ZFC 模型都不改变传递性。因此，这两种方法都无法左右一阶算术命题的真假。在这个意义上，一阶算术在集合论中是实际完备的。而这点在二阶算术上就未必成立了。假设 M 是 **L** 的萨克斯力迫扩张，那么 $HC^{\mathbf{L}} \vDash$"所有实数都是可构成的"，而 $HC^M \vDash$"存在不可构成的实数"。这些独立的二阶算术命题是否有确定的真假？如果有的话是真还是假？对这些问题的回答不可避免地要诉诸数学证明以外的论证，或可称作哲学的论证。

接下来，我们以对描述集合论的一些研究为例来说明当代集合论学家如何结合纯数学的工作和哲学的论证试图判定二阶算术命题的真假。

4.1.1 描述集合论

描述集合论考虑的是可定义的实数集及其性质。当我们跟随幂集公理逐渐深入无穷的王国，在选择公理的作用下会发现一系列匪夷所思的现象。利用选择公理，可以证明存在不可测的集合，而后者的存在使得巴拿赫-塔斯基悖论 (Banach-Tarski paradox) 得以可能。巴拿赫-塔斯基悖论实际上是 ZFC 的定理，可表述为：可以把一个三维实心球体分解为有穷多个部分，并只通过旋转和平移重新组成两个和原球体相同体积的球体。该定理过于违反直观以至于被称作 "悖论"。实际上，被切分出来的诸子集不是可测的集合，无法将通常的体积概念应用于这些集合，才会出现违反直观的情况。由于上述定理必须用到被认为是非构造的选择公理，人们似乎有理由期望，至少那些可定义的实数集不会出现这种糟糕的属性。

在描述集合论中，有一组较好的属性被称作**正则性质**。常见的正则性质有：(1) 勒贝格可测 (Lebesgue measurable) 性、(2) 完美集性质 (perfect set property) 和 (3) 贝尔性质 (Baire property)。如果一个实数集是**勒贝格可测的**，我们可以按照一个统一的标准赋予它一个测度来表示它的长度、面积或体积，并且当我们将它与其他集合 (包括对它进行平移得到的集合或与其

---

[1] 在集合论语境下，我们可以把**一阶算术**公式/命题定义为所有形如 φ^{HF} 的集合论公式/命题。

他集合的交或差) 比对时, 这个统一的测度不会出现不一致 (例如巴拿赫-塔斯基悖论的情况)。一个实数集具有完美集性质, 那么它要么是可数的, 要么与连续统是等势的, 也即无法作为否定连续统假设的反例。贝尔性质的直观是: 一个集合非常接近于开集。①

正则性质

在数学分析中, 人们希望有一套统一的标准来测量欧式空间中任意子集的长度、面积、体积等。以直线 $\mathbb{R}$ 为例, 闭区间 $[a,b]$ 的长度 $\ell[a,b]$ 可以自然地定义为 $(b-a)$, 那么单点集 $[a,a]$ 的长度就是 $\ell[a,a] = 0$, 而开区间 (a,b) 的长度与闭区间 $[a,b]$ 的一样: $\ell(a,b) = \ell[a,b] = (b-a)$。对于更复杂的集合, 我们希望它们上面的测度 μ 是对上述长度函数的推广且至少满足下述性质:

(1) 如果 $X \subset Y$, 那么 $\mu X \le \mu Y$ (单调性);

(2) 假设 $\{X_n\}_{n<\omega}$ 是可数个两两不交的集合, 那么

$$\mu(\bigcup_{n<\omega} X_n) = \sum_{n<\omega} (\mu X_n)。$$

(可数可加性);

(3) 对集合 X、实数 r, 令 $(X+r) = \{x+r \mid x \in X\}$, 则

$$\mu X = \mu(X+r)$$

(平移不变性)。

为了将之前的测度推广至一般集合, 可以定义下述外测度 (outer measure) 概念:

定义 4.1 (外测度) 对任意 $X \subset \mathbb{R}$, 定义 X 的外测度 $\mu^*(X)$ 为

$$\inf\Big\{\sum_{k<\omega} \ell I_k \ \Big|\ \forall k \in \omega \ (I_k \text{ 是开集}) \wedge X \subset \bigcup_{k<\omega} I_i\Big\}。$$

换句话说, 一个集合的外测度是它的所有开覆盖 (可数个开区间的并) 测度的下确界。显然, 外测度是区间长度函数的

---

① 下文中对描述集合论更具体的介绍预设了一些基本的点集拓扑知识。读者可以参考 (Munkres, 2000) 等教材。

扩张, 并且满足单调性和平移不变性。但是, 外测度在一般集合上只满足准可数可加性: $\mu(\bigcup_{n<\omega} X_n) \leq \sum_{n<\omega}(\mu X_n)$。由此可以证明, 任何可数集合的外测度都是 0。因此, 任意在 $[0,1]$ 区间中取一个点, 取到有理数的概率是 0。

利用选择公理, 我们可以构造外测度可数可加性的反例。考虑区间 $[0,1]$ 中元素间的等价关系:

$$a \sim b \Leftrightarrow (a-b) \text{ 是有理数,}$$

由此, 可以把 $[0,1]$ 中的实数划分为 $2^{\aleph_0}$ 那么多个等价类 (显然, 每个等价类都是可数的)。由选择公理, 从每个等价类中选取一个实数组成一个实数集 V。我们称 V 是一个维塔利集 (Vitali set)。对 V 做有理数距离的平移可以得到一系列与它具有相同外测度的集合 $(V+q)$。并且, 有理数 $q \neq r$, 那么 $(V+q) \cap (V+r) = \emptyset$。令 $\langle q_n \rangle_{n<\omega}$ 枚举所有 $[-1,1]$ 中的有理数。考虑集合

$$U = \bigcup_{n<\omega}(V+q_n)。$$

容易证明, $[0,1] \subset U \subset [-1,2]$。由单调性, $1 \leq \mu^*(U) \leq 3$。由准可数可加性,

$$u = \sum_{n<\omega} \mu^*(V+q_n) \geq \mu^* U \geq 1。$$

因此, 维塔利集 V 的外测度不是 0。而可数无穷个非零测度加起来是 ∞, 因而 $\mu^* U \leq 3 < u = \infty$, 可数可加性不成立。外测度甚至不满足 (有穷) 可加性。假设对有理数 $q \neq r$ 有

$$\mu^*(V_q \cup V_r) = \mu^*(V_q) + \mu^*(V_r),$$

那么就可以归纳地证明对任意 $N < \omega$ 有

$$\mu^*(\bigcup_{n \leq N} V_{q_n}) = \sum_{n \leq N} \mu^* V_{q_n},$$

取 N 使得等式右侧的值 > 3 就导致矛盾了。

一个自然的想法是: 当考虑集合的测度时, 排除像维塔利集这样糟糕的集合。

定义　4.2 (勒贝格可测集)　我们称一个实数集 X 是勒贝格可测的，当且仅当 X 满足卡拉西奥多里标准 (Carathéodory criterion)。即，对任意实数集 A，有

$$\mu^*(A) = \mu^*(A \cap X) + \mu^*(A \setminus X)。$$

显然，不满足可加性的维塔利集不满足卡拉西奥多里标准。可以证明，如果把外测度限制在勒贝格可测的集合上，那么可数可加性也成立。并且，可以证明勒贝格可测集在取补集和可数并下封闭。也就是说，勒贝格可测集组成了一个 σ-代数 (σ-algebra)。

定义　4.3 (完美集)

(1) 称一个集合 X 是完美集，当且仅当 X 是闭集且不含有孤立点；

(2) 集合 X 具有完美集性质，当且仅当 X 要么是可数的，要么包含一个非空的完美集。

可以证明，在任何非空完美集中都可以嵌入一个康托尔空间 2^ω，因而非空完美集与整个连续统等势。那么，一个具有完美集性质的集合无法见证存在基数上严格小于连续统的不可数集合。

康托尔与本迪克森 (Bendixson, Ivar Otto) 证明了所有闭集都具有完美集性质。但并不是所有集合都具有完美集性质。由于实数上的闭集有连续统那么多个，可以令 $\langle C_\xi \rangle_{\xi < 2^{\aleph_0}}$ 枚举所有不可数闭集 (需要选择公理)。每个 C_ξ 都具有完美集性质，因而基数也都是 $2^{\aleph_0}$。因此，可以递归地从每个 C_ξ 中取出尚未出现的一对实数 (x_ξ, y_ξ)。令 $X = \{x_\xi \mid \xi < 2^{\aleph_0}\}$，则 x_ξ 见证了 X 与每个不可数闭集 C_ξ 相交，而 y_ξ 见证了每个 C_ξ 不是 X 的子集。我们称这样的集合为伯恩斯坦集 (Bernstein set)。显然，伯恩斯坦集不具备完美集性质。此外也可以证明，伯恩斯坦集与每个正测度的勒贝格可测集相交而不包含任何一个，因此伯恩斯坦集是不可测的。

定义　4.4 (贝尔性质)

(1) 实数集 X 是无处稠密的，当且仅当在任意非空开集 U 中都可以找到一个子开集 V 避开 X，即 $V \cap X = \emptyset$；

(2) 实数集 X 是贫集 (meager set)，当且仅当 X 可以被表示为可数个无处稠密集合的并；

(3) 实数集 X 具有贝尔性质，当且仅当存在开集 U，使得 $X \triangle U$ 是一个贫集。

无论无处稠密的集合还是贫集，直观上都是非常稀疏的集合。例如，整数集在实数中就是无处稠密的；有理数集是稠密的，也是贫集。贝尔性质所说的就是：一个集合与一个开集只差一个非常稀疏的集合。因此，具有贝尔性质的集合又被称作"几乎开的"。

容易证明，贝尔性质也对 σ-代数封闭。而伯恩斯坦集同样与每个具有贝尔性质的非贫集相交而不包含任何一个，因此并非所有实数集都具有贝尔性质。

利用选择公理，人们很容易找到上述正则性质的反例。但是通过选择公理得到的反例被认为并非构造性的。例如，并没有什么一致的方法能让人判断一个实数是否属于一个维塔利集。另一方面，人们所熟悉的集合几乎全部具有正则性质。例如，所有的开集、闭集都是勒贝格可测的，具有完美集性质和贝尔性质。事实上，具有这些正则性质的集合在取补集和可数并下封闭，也即组成了一个 σ-代数。这说明，满足这些正则性质的集合也是相当丰富的。因此，有理由猜测，是不是所有可定义的实数集都具有正则性质？

为了更方便地刻画可定义性及其层谱，集合论学家一般把 $\omega^\omega = \{f \mid f : \omega \to \omega\}$ 作为实数集。在 ω^ω 上存在一个自然的拓扑：对任意有穷序列 $\sigma \in \omega^{<\omega}$，取它的所有无穷尾节扩张 $[\sigma]^\prec = \{f \in \omega^\omega \mid \sigma \prec f\}$，则以

$$\{[\sigma]^\prec \mid \sigma \in \omega^{<\omega}\}$$

作为拓扑基生成的拓扑空间称作贝尔空间 (Baire space)。贝尔空间与直线上的序拓扑空间并不同胚 (例如，后者是连通的而前者不是)，但就描述集合论所关心的可定义性与正则性质而言，并没有什么不同。此外，贝尔空间有一些更方便的属性。例如，每个 $[\sigma]^\prec$ 都是既开又闭的。

波莱尔集 (Borel set) 被定义为由开集通过补集和可数并生成的集合。具体而言，可以递归地定义波莱尔集层谱如下：

定义 4.5 (波莱尔集层谱) 对 $\alpha < \omega_1$，递归定义 $\boldsymbol{\Sigma}_\alpha^0$，$\boldsymbol{\Pi}_\alpha^0$，$\boldsymbol{\Delta}_\alpha^0$ 集合：

(1) 定义所有开集为 $\boldsymbol{\Sigma}_1^0$ 的；

(2) 称集合 X 为 $\mathbf{\Pi}_\alpha^0$ 的, 当且仅当它的补集 $\omega^\omega \setminus X$ 是 $\mathbf{\Sigma}_\alpha^0$ 的;

(3) 对 $\alpha > 1$, 集合 X 是 $\mathbf{\Sigma}_\alpha^0$ 的, 当且仅当存在集合序列 $\langle X_i \rangle_{i<\omega}$ 使得 $X = \bigcup_{i<\omega} X_i$, 其中每个 X_i 都是某个 $\mathbf{\Pi}_{\beta_i}^0$ 集合且 $\beta_i < \alpha$;

(4) 如果 X 既是 $\mathbf{\Sigma}_\alpha^0$ 也是 $\mathbf{\Pi}_\alpha^0$ 的, 那么称 X 是 $\mathbf{\Delta}_\alpha^0$ 的。

显然, 如果 $\alpha < \beta$, 那么 $\mathbf{\Sigma}_\alpha^0 \subset \mathbf{\Sigma}_\beta^0 \cap \mathbf{\Pi}_\beta^0 = \mathbf{\Delta}_\beta^0$, 类似地, $\mathbf{\Pi}_\alpha^0 \subset \mathbf{\Delta}_\beta^0$。因此, 波莱尔集可以被等价地定义为 $\bigcup_{\alpha<\omega_1} \mathbf{\Sigma}_\alpha^0 = \bigcup_{\alpha<\omega_1} \mathbf{\Pi}_\alpha^0$ 中的集合, 也即波莱尔集组成包含开集的最小 σ-代数。波莱尔集层谱如图 4.2 所示。

图 4.2 波莱尔集层谱

运用对角线法可以证明, 图 4.2 中的子集符号都是真子集关系 $\subsetneq$。

在波莱尔集之上, 鲁金 (Luzin, Nikolai) 与他的学生苏斯林 (Suslin, Mikhail Yakovlevich) 在 (Lusin, 1917) 和 (Suslin, 1917) 中引入了分析集 (analytic set) 概念。集合 A 是分析集当且仅当它是一个波莱尔集的投影, 即存在波莱尔集 $B \subset (\omega^\omega)^{n+1}$, 使得 $A = \{\bar{x} \in (\omega^\omega)^n \mid \exists y (\bar{x}, y) \in B\}$。[1] 我们称一个集合是余分析集, 当且仅当它的补集是分析集。苏斯林证明了, 一个集合是波莱尔集, 当且仅当它既是分析集也是余分析集。运用投影运算推广分析集就得到了投影集层谱 (projective set hierarchy)。

定义 4.6 (投影集层谱) 对 $n < \omega$ 递归定义 $\mathbf{\Sigma}_n^1$, $\mathbf{\Pi}_n^1$, $\mathbf{\Delta}_n^1$ 集合:

(1) 定义分析集为 $\mathbf{\Sigma}_1^1$ 的;

(2) 集合 $X \subset (\omega^\omega)^n$ 是 $\mathbf{\Pi}_n^1$ 的, 当且仅当存在 $\mathbf{\Sigma}_n^1$ 集合 Y 使得, $X = (\omega^\omega)^n \setminus Y$;

(3) 集合 $X \subset (\omega^\omega)^n$ 是 $\mathbf{\Sigma}_{n+1}^1$ 的, 当且仅当它是某个 $\mathbf{\Pi}_n^1$ 集的投影, 即存在 $\mathbf{\Pi}_n^1$ 的集合 $Y \subset (\omega^\omega)^{n+1}$, 使得 $X = \{\bar{x} \in (\omega^\omega)^n \mid \exists y (\bar{x}, y) \in Y\}$;

(4) 集合 X 是 $\mathbf{\Delta}_n^1$ 的, 当且仅当它既是 $\mathbf{\Sigma}_n^1$ 的也是 $\mathbf{\Pi}_n^1$ 的。

---

[1] 利用典范编码可以证明贝尔空间的有穷乘积空间 $(\omega^\omega)^n$ 与其本身 ω^ω 同胚。

显然，$\mathbf{\Pi}_1^1$ 的集合就是余分析集，而 $\mathbf{\Delta}_1^1$ 集就是波莱尔集。投影集层谱的图像与波莱尔集层谱类似。容易证明，$\mathbf{\Sigma}_n^1 \subsetneq \mathbf{\Sigma}_{n+1}^1$，$\mathbf{\Sigma}_n^1 \subsetneq \mathbf{\Pi}_{n+1}^1$。需要注意的是，投影集层谱指对每个自然数 n 有定义，而波莱尔集层谱对任意可数序数 α 有定义。

逻辑学家常用 Σ_m^n，Π_m^n 表示谓词逻辑公式以及由这种公式定义的集合的复杂程度。其中，上标 n 表示该公式最高阶量词是几阶的。0 表示一阶的，往往是以自然数集 $\mathbb{N}$ 或 $V_\omega = HF$ 为辖域，1 表示二阶的，以 $P(\mathbb{N})$ 或 $V_{\omega+1}$ 或 HC 为辖域。依此类推。而下标 m 提示该公式最高阶量词前置后，存在与全称量词交替叠置的次数。例如，Σ_1^n 公式具有 $\exists x_1 \ldots \exists x_k \varphi$ 的形式，Π_2^n 公式则形如 $\forall y_1 \ldots \forall y_{k_1} \exists x_1 \ldots \exists x_{k_2} \psi$，而 $\exists x \forall y \exists z \theta$ 可能是一则 Σ_3^n 的公式。

用类似的符号来标记波莱尔集层谱与投影集层谱，是因为两者确实与定义复杂性的层谱有关。事实上，一个投影集是 $\mathbf{\Sigma}_m^1$ 的，当且仅当存在一个以实数为参数的二阶算术的 Σ_m^1 公式定义它。之所以用粗体符号来表示投影集层谱，是为了与不带参数的可定义性作区分。后者被称作分析层谱 (analytical hierarchy)，它是自然数集算术层谱 ($\Sigma_1^0, \Pi_1^0, \Sigma_2^0, \ldots$) 的推广，是投影集层谱的无参数版。**细体字版波莱尔集层谱** (lightface Borel hierarchy) 就是不带参数的波莱尔集层谱。细体字版的波莱尔集又被称作能行版的波莱尔集，其层谱只定义到丘奇-克莱尼序数 (Church-Kleene ordinal) ω_1^{CK}，对应于自然数集的超算术层谱 (hyperarithmetical hierarchy)。

投影集层谱还可以继续推广至可构成集层谱。参照定义 3.9，令 $L_0(\mathbb{R}) =_{\mathrm{df}}$ $V_{\omega+1}$，$L_{\alpha+1}(\mathbb{R}) =_{\mathrm{df}} D\big(L_\alpha(\mathbb{R})\big)$，$L_\alpha(\mathbb{R}) =_{\mathrm{df}} \bigcup_{\xi<\alpha} L_\xi(\mathbb{R})$(若 α 是极限序数)，$L(\mathbb{R}) = \bigcup_{\alpha \in \mathbf{ON}} L_\alpha(\mathbb{R})$，那么，$L_1(\mathbb{R})$ 中含的实数集恰好是投影集，而 $L_\alpha(\mathbb{R}) \cap P(\mathbb{R})$ 则形成实数集的可构成集层谱。

波莱尔集层谱、投影集层谱和可构成集层谱基本囊括了描述集合论所关心的 "可定义的" 实数集。这些可定义实数集的性质，几乎都能 (通过编码) 在二阶算术结构 $V_{\omega+1}$ 或 HC 中表达。

作为二阶算术的描述集合论

描述集合论考虑的对象是一些实数集。如果我们将自然数作为一阶算术的对象，实数作为二阶算术的对象，那么实数集就是三阶算术的对象。但另一方面，如果只考虑 "可定义的" 实数集，就有可能将这些三阶对象编码为实数 (二阶对象)。

在贝尔空间 ω^ω 中，基本的开闭集 $[s]^\prec$ 作为一个实数集

所包含的信息完全可以编码为一个遗传有穷集合 s 或一个自然数 $n(s)$。给定实数 x，$x \in [s]^{\prec}$ 当且仅当 $x||s| = s$，而后者可以被表示为算术公式 $\theta(x, n(s))$。一个开集可以表示为可数个基本开闭集的并：$U = \bigcup_{i<\omega}[s_i]^{\prec}$。令实数 $f \in \omega^\omega$ 编码序列 $\langle s_i \rangle_{i<\omega}$，即 $f(i) = n(s_i)$，那么，$x \in U$ 就可以用算术公式 $\exists i \theta(x, f(i))$ 来表示，或记作以 x, f 为参数的二阶算术 $\mathbf{\Sigma}_0^1$ 公式 $\eta_1(x, f)$。由此，我们可以避免直接谈论 $[s]^{\prec}$ 或 U 这些三阶算术的对象。类似地，可以递归定义每个 $\mathbf{\Sigma}_\alpha^0$ 集类的编码模式，即公式 η_α，使得对任意 $X \in \mathbf{\Sigma}_\alpha^0$，存在 X 的编码 $g_X^\alpha \in \omega^\omega$，使得对任意实数 $x \in X$ 当且仅当 $\eta_\alpha(x, f_X)$。又由于 η_α 是由 $\alpha < \omega_1$ "能行地" 得到的，因而可以一般地编码波莱尔集。即存在二阶算术公式 β，使得对任意波莱尔集 X，存在它的编码 b_X，对任意 $x \in X$ 当且仅当 $\beta(x, b_X)$。

一个分析集是一个波莱尔集的投影。所以，任给分析集 A，存在波莱尔集 B，使得对任意实数 x，$x \in A$ 当且仅当存在实数 y 满足 $(x, y) \in B$。因此，$x \in A$ 可以表示为以 x 和 b_B 为参数的 $\mathbf{\Sigma}_1^1$ 公式：$\exists y \beta((x, y), b_B)$。由此，几乎所有的描述集合论问题都可以被翻译为关于二阶算术结构 $V_{\omega+1}$ 或 HC 中的问题。

经过上述澄清，现在的问题是：是否所有的波莱尔集、投影集甚至可构成集都满足上述三条正则性质？我们已经知道所有的开集、闭集都具有全部正则性质。并且容易看出，勒贝格可测性和贝尔性质在 σ-代数下封闭，波莱尔集都是勒贝格可测的且有贝尔性质。鲁金和苏斯林于 1917 年证明了下述 ZFC 定理：

定理 4.7 (鲁金-苏斯林) 任意分析集 ($\mathbf{\Sigma}_1^1$ 集) 都具有完美集性质、贝尔性质并且是勒贝格可测的。

接下来的的问题是：这些结果能否推广到投影集，甚至可构成集？然而，哥德尔 1938 年的发现表明，鲁金与苏斯林的成果已经是 ZFC 中可以证明的最佳结果了。

哥德尔在 (Gödel, 1938) 中陈述的定理除了人们熟知的连续统假设和选择公理相对 ZF 的一致性，还包括：

(1) 存在 $\mathbf{\Delta}_2^1$ 的不可测集；

(2) 存在不满足完美集性质的 $\mathbf{\Pi}_1^1$ 集

是相对 ZFC 一致的。对可构成集类 **L** 的构造更细致的分析可以发现，其中存在一个 $\mathbf{\Delta}_2^1$ 可定义的实数集 ω^ω 上的良序，由此可以构造出三种正则性质的 $\mathbf{\Delta}_2^1$ 的反例。所以，如果 ZFC 是一致的，那么 ZFC 证明不了 $\mathbf{\Delta}_2^1$ 集合具有正则性质。

另一方面，索罗维在 1965 年 (Solovay, 1965) 宣布了下述定理 (证明发表在 (Solovay, 1970))：

定理 4.8 假设 (ZFC+ 存在不可达基数)[①] 一致，那么存在 **V** 的脱殊扩张 **V**[*G*]，在其中所有以可数序数序列为参数可定义的实数集都是勒贝格可测的且具有完美集性质和贝尔性质。特别地，在 **L**($\mathbb{R}$)$^{\mathbf{V}[G]}$ 中，所有实数集都是勒贝格可测的且具有完美集性质和贝尔性质。

也就是说，如果 (ZFC+ 存在不可达基数) 一致，那么 ZFC 也证明不了有投影集或可构成集不具备正则性质，ZF 证明不了任何集合不具备正则性质。[②]

根据 (Stillwell, 2010, p. 180) 的报道，鲁金在 1927 年宣称

人们不知道，且人们将永远不知道

是否所有投影集是可测的且具有完美集性质。这看似与希尔伯特的著名口号 (见第 2 页引文) 针锋相对，但其实反映了当时的分析学家对自己直观的自信：既然尝试了所有方法都无法证明，那么一定是不可证的。哥德尔和索罗维的结果在一定意义上验证了鲁金的预言，投影集是否具有正则性质至少是 ZFC 无法回答的。

分析学家的直觉的确令人惊叹，但集合论学家并未就此止步。在接下来读者将看到，集合论学家如何诉诸对集合论宇宙的直观来判定这些二阶算术命题的真假。[③]

4.1.2 无穷博弈与决定性公理

哥德尔和索罗维的结果显示，投影集是否具有正则性质是独立于 ZFC 的问题。接受 ZFC 的形式主义者可能会就此宣布游戏结束，鲁金关于不可知的猜想就是这个问题最终的答案。而对实在论者来说，这 "毫不意味着问题的最终解决"(Gödel, 1947)。一些集合论学家试图寻找新的公理来判定。

[①] 不可达基数的定义参见定义4.13。

[②] 因此，在构造不具备正则性质的反例 (如维塔利集、伯恩斯坦集) 时，选择公理是必要的。

[③] 关于描述集合论上述结果的证明和更详细的介绍可以参考 (Moschovakis, 2009)。

根据 (Kanamori, 2003, p. 371) 的报道，集合论学家对博弈问题的关注最早体现在 (Zermelo, 1913) 中，并影响了博弈论的奠基人之一冯·诺伊曼。在这篇文章中，策梅洛论证了：如果一个棋手在棋局 q 下有一个赢策略，那么存在 $t(q)$，无论他的对家怎么走，他总能在 $t(q)$ 步内取胜。策梅洛的结果被后人解读为：任意 $G_X(A)$ 博弈的有穷版本都是被决定的。

盖尔 (Gale, David) 和斯图尔特 (Stewart, Frank M.) 在 (Gale and Stewart, 1953) 开始考虑完全信息的无穷博弈概念。对任意非空集合 X，任意 $A \subset X^\omega$，一个盖尔-斯图尔特博弈 (Gale-Stewart game) $G_X(A)$被定义如下：有两个玩家 I 和 II 参与博弈。在偶数轮由玩家 I 选择 X 中元素，记作 x_{2n}；在奇数轮由玩家 II 选择 X 中元素，记作 x_{2n+1}，如此往复。

$$\text{玩家 I：} \quad x_0 \qquad x_2 \qquad \cdots$$
$$\text{玩家 II：} \quad\quad x_1 \qquad x_3 \qquad\quad \cdots$$

我们称博弈生成的无穷序列 $x = \langle x_i \rangle_{i<\omega}$ 为一盘 (play)，而把 x 的有穷前段称作中盘 (partial play)。如果 $x \in A$，则称 x 盘为玩家 I 获胜；反之则为玩家 II 获胜。

盖尔-斯图尔特博弈$G_X(A)$ 的策略被定义为一个从 $X^{<\omega}$ 到 X 的函数 τ。即对任意中盘 $s \in X^{<\omega}$，策略 τ 告诉玩家下一步该走 $\tau(s)$。给定策略 τ 以及 $y = \langle y_n \rangle_{n<N\leq\omega} \in X^{\leq\omega}$，递归定义 $\tau * y = x$ 为：$x_{2n} = \tau(x{\restriction}2n)$，$x_{2n+1} = y_n$，即玩家 II 走出 y 序列而玩家 I 按照策略 τ 应对所走成的 (中) 盘。类似地，定义 $y * \tau = x$ 为：$x_{2n} = y_n$，$x_{2n+1} = \tau\big(x{\restriction}(2n+1)\big)$，即玩家 I 走出 y 序列而玩家 II 按照策略 τ 应对所走成的 (中) 盘。我们称策略 τ 是玩家 I 在博弈 $G_X(A)$ 中的赢策略，当且仅当对任意 $y \in X^\omega$，有 $\tau * y \in A$。即：无论玩家 II 怎么走，玩家 I 按照策略 τ 应对总能赢。类似地，策略 τ 是玩家 II 在博弈 $G_X(A)$ 中的赢策略，当且仅当对任意 $y \in X^\omega$，有 $y * \tau \notin A$。

数学家很快发现，盖尔-斯图尔特博弈与实数集的正则性质有关。巴拿赫-马祖尔博弈 (Banach-Mazur game) $G_\omega^{**}(A)$ 被定义为玩家 I 与玩家 II 交替选择开闭集 $O_0 \supsetneqq O_1 \supsetneqq O_2 \supsetneqq \ldots$(也可等价地描述为交替选择非空有穷 ω 序列 $s_0, s_1, s_2, \ldots$，其中 $O_0 = [s_0]^\prec, O_1 = [s_0^\frown s_1]^\prec, O_2 = [s_0^\frown s_1^\frown s_2]^\prec, \ldots$)，若最终 $s_0^\frown s_1^\frown s_2^\frown \cdots \in A$，则玩家 I 获胜，反之则为玩家 II 获胜。显然，如果 A 是一个贫集，那么玩家 II 有一个 $G_\omega^{**}(A)$ 的赢策略；而如果 A 在某个开闭集 $[s]^\prec$ 中的补集是贫集，那么玩家 II 有一个赢策略。[1]马祖尔 (Mazur, Stanisław) 在《"苏格兰咖啡馆" 笔记本》(*The Scottish Book*) 中问道：玩家 I 或玩家 II 有赢策略是否是 A 或某个 $[s]^\prec \setminus A$ 是贫集的充要条件？据

---

[1] 如果 A 是贫集，玩家 II 只需要每次避开一个无处稠集，可数次下避开所有列出的无界闭集即可。如果 $[s]^\prec \setminus A$ 是贫集，玩家 I 只需要第一步走 s，接着执行类似前一情况下玩家 II 的策略就行了。

报道，巴拿赫 (Banach, Stefan) 在 1935 年给出了肯定的答案，但没有证明。梅切尔斯基 (Mycielski, Jan) 在 1956 年宣布得到了一个证明，但克斯托比 (Oxtoby, John C.) 的 (Oxtoby, 1957) 是第一个正式发表的证明。

定理 4.9 (巴拿赫-马祖尔-梅切尔斯基-克斯托比) 对任意 $A \subset \omega^\omega$，

(1) A 是贫集，当且仅当玩家 II 在博弈 $G_\omega^{**}(A)$ 中有赢策略；

(2) 存在 $s \in \omega^{<\omega}$ 使得 $[s]^\prec \setminus A$ 是贫集，当且仅当玩家 I 在 $G_\omega^{**}(A)$ 中有赢策略。

巴拿赫-马祖尔-梅切尔斯基-克斯托比定理证明

现证明定理 4.9 (1) 和 (2) 从右到左的方向。

假设玩家 II 在 $G_\omega^{**}A$ 中有赢策略 τ。即无论玩家 I 怎么走，玩家 II 根据策略 τ 总可以将最终盘引导到 A 之外。不妨设目前中盘为 p。如果玩家 I 下一步走 t，根据策略 τ，玩家 II 会走 $\tau(t)$，这意味着

$$B_{p,t} = [p]^\prec \setminus [p ^\frown t ^\frown \tau(p ^\frown t)]^\prec$$

会被排除出终盘的可能。令 $B_p = \bigcap_{t \in \omega^{<\omega}} B_{p,t}$，则无论玩家 I 在中盘 p 时怎么走，都不可能让终盘走进 B_p。容易证明，B_p 是 $[p]^\prec$ 的一个无处稠密的子集。

再令 $B = \bigcup_{p \in \omega^{<\omega}} B_p$。显然，$B$ 是一个贫集。

要证明 $A \subset B$，反设存在 $x \in A$ 而 x 不输于任何一个 B_p。特别地，对任何中盘 $x{\restriction}n$，玩家 I 都存在一个走法 t，使得玩家 II 根据策略 τ 走出来的结果无法排除 x，即 $(x{\restriction}n) ^\frown t ^\frown \tau((x{\restriction}n) ^\frown t) \subset x$。由此，可以递归定义玩家 I 的走法 $t_0, t_1, \ldots$ 为每次最小的 t 使得玩家 II 根据策略 τ 无法排除 x，那么，$\langle t_0, t_1, \ldots \rangle * \tau = x \in A$，矛盾。

对于 (2)，由于玩家 I 先行。所以玩家 I 在 $G_\omega^{**}(A)$ 中有赢策略，即玩家 I 可以走一步 s，使得他作为后手 (即扮演玩家 II 的角色) 在博弈 $G_\omega^{**}([s]^\prec \setminus A)$ 中有赢策略。

利用对 $\omega^{<\omega}$ 的典范编码 $\langle s(i) \rangle_{i<\omega}$，可以将一个巴拿赫-马祖尔博弈 $G_\omega^{**}(A)$ 改造为一个等效的盖尔-斯图尔特博弈。定义 $A^{**} \subset \omega^\omega$ 为

$$x \in A^{**} \iff s\big(x(0)\big) ^\frown s\big(x(1)\big) ^\frown \ldots \in A,$$

则玩家 I / II 在 $G_\omega^{**}(A)$ 中有赢策略，当且仅当玩家 I / II 在 $G_\omega(A^{**})$ 中有赢策略。

基于上述定理以及对其他相关结果的观察，梅切尔斯基和施泰因豪斯 (Steinhous, Hugo) 在 (Mycielski and Steinhous, 1962) 提出了决定性公理 (axiom of determinacy)，以期解决实数集的正则性质问题。我们称一个盖尔-斯图尔特博弈 $G_\omega(A)$ 是**被决定的**，当且仅当要么玩家 I 要么玩家 II 有一个赢策略。显然，一些简单的集合是被决定的。例如，空集、全集或形如 $[s]^\prec$ 的开闭集 ($|s| \le 1$ 时玩家 I 有赢策略，反之玩家 II 有赢策略)。进一步，每个开集也是被决定的。

开集是被决定的

假设开集 $U = \bigcup_{i<\omega}[s_i]^\prec$。又假设玩家 I 在 $G_\omega(U)$ 上没有赢策略。因此，玩家 I 第一步走任意 n_0，玩家 II 总可以选到 n_1 使得玩家 I 在接下来的博弈中仍然没有赢策略。否则，玩家 I 就可以选到 m_0 使得无论玩家 II 怎么选，玩家 I 在接下来的博弈里有赢策略。那么，玩家 I 从一开始就有赢策略了，即第一步选 m_0，然后视玩家 II 选择而执行接下来的赢策略。由此，可以递归地定义玩家 II 的策略为：每一步选择最小的数使玩家 I 在接下来的游戏里始终没有赢策略 (之前的论证作为归纳步骤保证这样的数总是存在)。玩家 II 按此策略走出的盘必定不属于任何 $[s_i]^\prec$，否则当中盘走成 s_i 的扩张的时候玩家 I 就有赢策略了 (事实上已经赢了)，这与对玩家 II 策略的定义矛盾。

梅切尔斯基和施泰因豪斯提出的**决定性公理 (AD)** 断言：

对任意 $A \subset \omega^\omega$，$G_\omega(A)$ 是被决定的。

利用巴拿赫-马祖尔-梅切尔斯基-克斯托比定理，容易证明 AD 蕴涵所有实数集具有贝尔性质。对任意实数集 A，考虑所有 $[s]^\prec$ 使得 $[s]^\prec \setminus A$ 是贫集。把它们并起来得到开集

$$U_A = \bigcup \{[s]^\prec \mid s \in \omega^\omega \wedge [s]^\prec \setminus A \text{ 是贫集}\},$$

显然，$U_A \setminus A$ 还是一个贫集。那么考虑巴拿赫-马祖尔博弈 $G_\omega^{**}(A \setminus U_A)$。由决定性公理，$G_\omega((A \setminus U_A)^{**})$ 是被决定的，因而 $G_\omega^{**}(A \setminus U_A)$ 也是被决定的。容易证明玩家 I 没有赢策略，因此玩家 II 有赢策略。所以，$A \triangle U_A$ 是一个贫集。

戴维斯 (Davis, Morton) 在 (Davis, 1964) 构造了盖尔-斯图尔特博弈的另一个变种 $G_2^*(A)$。其中，玩家 I 每次出一个有穷的 01 序列，而玩家 II 每次只出 0 或 1。显然，$G_2^*(A)$ 也可以被改造为等价的盖尔-斯图尔特博弈。戴维斯证明了：(1) 集合 $A \subset 2^\omega$ 是可数的，当且仅当玩家 II 有 $G_2^*(A)$ 的赢策略；(2) 集合 A 包含完美集，当且仅当玩家 I 有赢策略。因此，决定性公理也蕴涵每个实数集都具有完美集性质。最后，梅切尔斯基和斯威尔奇考夫斯基 (Świerczkowski, Stanisław) 在 (Mycielski and Świerczkowski, 1964) 中证明了决定性公理蕴涵每个实数集都是勒贝格可测的。综合上述结果就有：

定理 4.10 假设决定性公理成立。那么每个实数集都是勒贝格可测的，具有完美集性质和贝尔性质。

决定性公理似乎完美地解决了正则性质问题，甚至超出预期地证明了"所有"实数集都满足正则性质。然而，梅切尔斯基和施泰因豪斯在提出决定性公理伊始 (Mycielski and Steinhous, 1962) 就注意到决定性公理是与选择公理相矛盾的。假设选择公理，人们可以枚举所有可能的策略，运用对角线法构造出实数集让玩家 I 和玩家 II 都没有赢策略。梅切尔斯基和施泰因豪斯在文章中颇具先见之明地指出：

> 这篇文章的目的并不是贬抑经典数学和它对集合宇宙根本上"绝对的"直观 (其中就包括选择公理)，而只是提议另一种似乎非常有趣的理论，尽管它的一致性是有疑问的。我们的公理可以被看作是在经典集合概念上的一个限制，导致一个更小的宇宙，即被决定的集合，这些集合反映出一些更符合物理规律的直观，而这是经典集合【概念】所不满足的 (例如，【AD】取消了对球体悖论般的分解)。我们的公理可以被看作是对经典集合论的补充，断言存在一类集合满足【AD】和除了选择公理以外的经典公理。(Mycielski and Steinhous, 1962)[①]

梅切尔斯基和施泰因豪斯所猜想的满足决定性公理和除了选择公理以外经典集合论公理的集合类被证明或许就是 $\mathbf{L}(\mathbb{R})$。这是后话了。就描述集合论真正关心的可定义的实数集而言，的确只需要部分的决定性公理就足以提供所期望的结果了。对定理 4.10 证明更细致地分析和改进，可以得到：

定理 4.11 令 Γ 表示波莱尔集层谱、投影集层谱或可构成集层谱某一层以下的所有实数集组成的类。令

$$\exists^{\mathbb{R}}\Gamma = \left\{ X \subset \omega^\omega \mid \exists Y \in \Gamma \ (X \text{ 是 } Y \text{ 的投影}) \right\}.$$

[①] 转译自 (Kanamori, 2003, p. 377)。

如果所有 Γ 中集合是被决定的, 那么所有 $\exists^{\mathbb{R}}\Gamma$ 中集合是勒贝格可测的, 具有完美集性质和贝尔性质。

特别地, "所有 $\boldsymbol{\Delta}_n^1$ 集合是被决定的" 蕴涵 "所有 $\boldsymbol{\Sigma}_n^1$ 集合是勒贝格可测的且具有完美集性质和贝尔性质"。定义投影集决定性公理 (axiom of projective determinacy, 亦作 PD) 为 "所有投影集是被决定的", 那么, PD 蕴含 "所有投影集是勒贝格可测的且具有完美集性质和贝尔性质", $\mathrm{AD}^{\mathbf{L}(R)}$ (所有可构成集是被决定的) 则蕴涵所有可构成集都满足正则性质。

现在, 问题被集中于决定性公理会在可定义实数集的哪个层次上成立。我们知道, 非常简单的集合, 如开集、闭集都是被决定的。但更复杂集合的决定性证明则遇到了较大的阻力。直到 1975 年, 才由马丁 (Martin, Donald A.) 证明了所有波莱尔集是被决定的(Martin, 1975)。

梅切尔斯基早在 (Mycielski, 1964) 中就注意到:

定理　4.12　假设 AD, 那么 ω_1 在 $\mathbf{L}$ 中是不可达基数。

也就是说, $\mathrm{Con}(\mathrm{ZF} + \mathrm{AD}) \to \mathrm{Con}(\mathrm{ZFC} + 存在不可达基数)$。决定性公理的证明论强度是严格强于 ZFC 的, 这与连续统假设的情况不一样。梅切尔斯基的发现提示人们, 要证明一类更复杂的集合是被决定的, 也即 AD在某个集合宇宙中成立, 可能需要援引大基数公理。

4.1.3　大基数公理

正如无穷公理的丰富推论所揭示的, 对实无穷的接纳让人类得以打开通向新世界的大门。第一个无穷集 ω 出现之初的确给习惯于生活在 *HF* 世界中的人们制造了一些慌乱。但人们很快发现, 所谓伽利略悖论、斯寇伦悖论 (见第 125 页)、巴拿赫-塔斯基悖论并不是什么悖论, 而只是揭示了人们直观的模糊之处, 并让概念世界更清晰地呈现在人们面前。哥德尔将这些现象与发生在天文学中的现象做对比:

> 存在这种情况, 我们把两个或更多个明晰概念 (sharp concept) 混淆为一个直观概念 (intuition concept), 然后我们似乎得到了相悖的结果。……当我们意识到有两个不同的明晰概念被混淆为一个直观概念时, 悖论就消失了。这里可以与感觉知觉类比。我们无法分辨远距离的两颗相邻的星球, 但通过望远镜, 我们能看到确实有两颗星球。(Wang, 1996, p. 234)

大基数公理被认为是对无穷公理的推广。

定义 4.13 (不可达基数)　称不可数基数 κ 是不可达基数 (inaccessible cardinal)，当且仅当 κ 满足以下两个条件：

(1) 对任意基数 $\lambda < \kappa$，有 $2^\lambda < \kappa$ (κ 是强极限基数)；

(2) 对任意 $\theta < \kappa$ 以及由 $< \kappa$ 的序数组成的非降序列 $\langle \alpha_\xi \rangle_{\xi < \theta}$，该序列的极限 $\lim_{\xi < \theta} \alpha_\xi < \kappa$。

也就是说，不可达基数被定义为无法从更小的基数通过取幂集的基数或取极限达到的不可数基数，而后两者是除了无穷公理以外 ZFC 公理赋予的仅有的两种获得更大基数的运算。事实上，无穷公理所断言存在的 ω 相对于比它小的基数 (自然数) 已经是不可达的了。正因为如此，$V_\omega = HF$ 成为 (ZFC−无穷公理) 的模型。类似地，如果 κ 是不可达基数，那么 $V_\kappa = H(\kappa)$(遗传地 $< \kappa$ 的集合族，参见第 145 页对遗传有穷的定义)，并且 $V_\kappa \vDash$ ZFC。也因此，(ZFC + 存在不可达基数) $\vdash$ Con(ZFC)，大基数公理往往带来更高的证明论强度。

大基数公理是无穷公理的自然推广且带来更高的证明论强度，那么它们又是否能用来处理具体的描述集合论问题呢？索罗维的定理 4.8 提示，大基数公理的确可能有助于回答描述集合论的问题。梅切尔斯基的定理 4.12 则表示，即使希望通过决定性公理来证明可定义实数集的正则性质，也必须引入大基数。谢拉在 (Shelah, 1984) 证明了：

定理 4.14　假设 ZF + DC+ 所有集合都是勒贝格可测的，那么 ω_1 在 **L** 中是不可达基数。因此，

Con(ZF + DC + 所有集合都是勒贝格可测的)

$$\to \text{Con(ZFC + 存在不可达基数)}.$$

也就是说，索罗维在定理 4.8 中对不可达基数的使用是必要的。

据报道，索罗维在 20 世纪 60 年代就猜测大基数可以用来解决描述集合论问题。事实上，作为定理 4.8 的推论，索罗维在 (Solovay, 1969) 证明了下述 ZFC 定理：

定理 4.15　假设存在一个可测基数，那么所有 $\mathbf{\Sigma}_2^1$ 集合都具有完美集性质、贝尔性质并且是勒贝格可测的。

可测基数 (measurable cardinal) 概念早在 1930 年由乌拉姆 (Ulam, Stanisław) 提出 (Ulam, 1930)。一个不可数基数是可测基数，当且仅当存在一个关于 κ 子集的 $< \kappa$-可加的非平凡二值测度。所谓二值测度，就是判定

任意 κ 的子集是 "大"(非 0 测度) 还是 "小"(0 测度)。如果一个测度只看 κ 的子集是否含有某个特定的元素，那么这个测度是平凡的。二值测度又可以用偏序 $(P(\kappa), \subset)$ 上的 (又称 κ 上的) 超滤子 (ultrafilter) 来表示 (参见定义 3.17)。定义偏序 $(P(X), \subset)$ 上的滤子 U 是一个超滤子，当且仅当对任意 $Y \in X$，要么 $Y \in U$，要么 $X \setminus Y \in U$。直观上，属于 U 的集合是 "大" 的，而补集 "大" 的集合是 "小" 的。超滤子将所有 X 子集划分为 "大" 的和 "小" 的。超滤子 U 是主超滤子 (principal ultrafilter)，当且仅当存在 $x \in X$ 使得 $U = \{Y \subset X \mid x \in Y\}$。而我们称滤子 U 是 κ-完全的，当且仅当任意 $< \kappa$ 个 "大" 的集合的交仍然是大的。由此，一个不可数基数是可测基数，当且仅当存在 κ 上的 $< \kappa$-完全非主超滤子。

容易证明，第一个无穷基数 ω 上就有一个有穷可加的非平凡的二值测度。[1]但是 $\aleph_1$ 就不是可测基数。假设 U 是 ω_1 上的可数完全非主超滤子。我们知道，连续统的基数 $2^{\aleph_0} \geq \aleph_1$，也即可以用 $\aleph_1$ 枚举部分以 $\aleph_0$ 为定义域的二值函数 $\langle f_\xi : \xi < \omega_1 \rangle$。对任意 $n < \omega$，要么 $\{\xi < \omega_1 \mid f_\xi(n) = 0\} \in U$，要么 $\{\xi < \omega_1 \mid f_\xi(n) = 1\} \in U$。令 A_n 是大的那个。由 $< \aleph_1$-完全性，$\bigcap_{n < \omega} A_n$ 也是大的。但 $\bigcap_{n < \omega} A_n$ 同时是个单点集 $\{f\}$，这与 U 是非主的矛盾。事实上，可以证明可测基数总是一个不可达基数。

斯科特 (Scott, Dana Stewart) 和基斯勒 (Keisler, Howard Jerome) 分别发表于 (Scott, 1961) 和 (Keisler, 1962) 的结果让可测基数有了另一个基于初等嵌入 (elementrary embedding) 的等价定义，标志着现代大基数理论的诞生。我们称单射 $e : M \to N$ 是从结构 $(M, \in)$ 到 $(N, \in)$ 的初等嵌入，当且仅当对任意集合论公式 $\varphi(\bar{x})$、任意 $\bar{a} \in M$ 有

$$(M, \in) \vDash \varphi(\bar{a}) \Leftrightarrow (N, \in) \vDash \varphi(\overline{e(a)}).$$

也就是说，e 把 M 嵌入为 N 的一个初等子结构。

定理 4.16 (基斯勒-斯科特) 下列命题等价：

(1) κ 是可测基数。

(2) 存在传递类 M 和非平凡的初等嵌入 $j : \mathbf{V} \to M$，使得 κ 是 j 的关键点 (critical point)。

如果 $j : \mathbf{V} \to M$ 是一个初等嵌入的话，那么 M 与 $\mathbf{V}$ 满足同样的命题，且对任意集合 a，"$\mathbf{V}$ 对 a 的看法" 与 "M 对 $j(a)$ 的看法" 是一样的。特别地，j 将 $\mathbf{V}$ 中的序数映射为 M 中的序数，并且是严格递增的。可以证

---

[1] 例如，ω 上的弗雷歇滤子 (Fréchet filter) 的极大化。

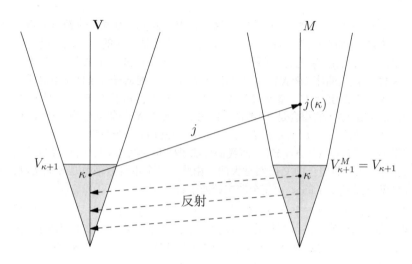

图 4.3　非平凡初等嵌入

明，非平凡的 (非等同函数) 初等嵌入总是会改变一个序数 (即第一个被改变的集合在冯·诺伊曼层谱中所处的层数)。我们称第一个被改变的序数 κ 为初等嵌入 $j : \mathbf{V} \to M$ 的关键点，又记作 $\mathrm{crit}(j) = \kappa$。显然，$j(\kappa) > \kappa$。此外，由于对任意 $a \in V_\kappa$ 有 $j(a) = a$，因此 $V_\kappa^M = V_\kappa$。而对任意 $X \subset V_\kappa$ 有 $j(X) \cap V_\kappa^M = X$，因而 $V_{\kappa+1}^M = V_{\kappa+1}$ (见图 4.3)。

> **反射论证**
>
> 　　利用初等嵌入的等价定义容易证明：可测基数 κ 是一系列不可达基数的极限。已知 κ 本身是不可达基数，这是在 $V_{\kappa+1}$ 中的局部性质。而 $V_{\kappa+1}^M = V_{\kappa+1}$，因此，$\kappa$ 在 M 中也是不可达基数。在 M 看来，存在一个比 $j(\kappa)$ 小的不可达基数。又由于 $j : \mathbf{V} \to M$ 是初等嵌入，在 $\mathbf{V}$ 看来，就存在一个 $< \kappa$ 的不可达基数。而对任意 $< \kappa$ 的序数 α，在 M 看来都 "存在一个 $\alpha = j(\alpha)$ 与 $j(\kappa)$ 之间的不可达基数"，即 κ，那么，在 $\mathbf{V}$ 看来也 "存在一个 α 与 κ 之间的不可达基数"。因此，不可达基数在 κ 之下是无界的。事实上，任何在 $V_{\kappa+1}$ 中局部成立的大基数性质在 κ 下都有无界多 (unbounded many) 的见证。

斯科特在 (Scott, 1961) 中里程碑式的结果是：

定理　4.17　假设存在可测基数，那么 $\mathbf{V} \neq \mathbf{L}$。

证明

　　假设 κ 是最小的可测基数，$j : \mathbf{V} \to M$ 是以 κ 为关键点的初等嵌入，那么 M 是一个 ZFC 的传递内模型。而 $\mathbf{L}$ 是最小的内模型，因此，$\mathbf{V} = \mathbf{L} \subset M \subset \mathbf{V}$，那么，$\kappa$ 在 $M = \mathbf{V}$ 中见证了存在比 $j(\kappa)$ 更小的可测基数。由初等性，在 $\mathbf{V}$ 中存在比 κ 更小的可测基数。这与 κ 是最小的矛盾了。

　　这被认为是 $\mathbf{V} \neq \mathbf{L}$ 的决定性证据，也是第一次从大基数公理直接得到关于自然的数学命题的推论。在下一节中，读者将看到大基数公理未能如哥德尔所愿解决连续统假设问题。但是，索罗维发表于哥德尔诞辰六十周年纪念文集的结果 (定理 4.15) 出人意料地表明，非常高远的大基数公理竟然可以对自然的二阶算术问题做出解答。索罗维在同一篇文章中进一步猜想：假设存在超紧致基数 (supercompact cardinal)，就可以得到所有投影集的正则性质。

　　超紧致基数是比可测基数更强的大基数公理。可测基数基于初等嵌入的等价定义为刻画更强的大基数性质提供了一套统一的方式，即通过假设被嵌入 $\mathbf{V}$ 的内模型 M 与 $\mathbf{V}$ 越来越接近而获得更强的大基数性质。在可测基数的定义中，$V_{\kappa+1}^M = V_{\kappa+1}$，这使得相对于 $V_{\kappa+1}$ 绝对的 κ 的大基数性质能够被"反射"到 κ 之下。

　　定义　4.18 (强基数)　对任意基数 κ,

(1) 令 γ 是序数。称 κ 是 $+\gamma$-强基数 ($+\gamma$-strong cardinal)，当且仅当存在初等嵌入 $j : \mathbf{V} \to M$，使得 $\mathrm{crit}(j) = \kappa$ 且 $V_{\kappa+\gamma} \subset M$。

(2) κ 是强基数 (strong cardinal)，当且仅当对任意序数 γ，κ 是 $+\gamma$-强基数。

　　显然，可测基数是 $+1$-强基数。而反过来，任意 $+\gamma$-强基数都是可测基数。假设 κ 是 $+2$-强基数，那么 κ 也是可测基数，而见证它是可测基数的超滤子 $U \in V_{\kappa+2}$。利用非平凡初等嵌入的反射论证可以证明，可测基数在 $+2$-强基数下是无界的。

　　除了通过宣称越来越高的前段相等，刻画 M 与 $\mathbf{V}$ 非常接近的另一种方式宣称 M 在足够长的序列下封闭。例如，假设 $j : \mathbf{V} \to M$ 是见证 κ 是可测基数的初等嵌入，可以证明 $M^\kappa \subset M$，也即 M 在 κ 序列下封闭。**超紧致基数**概念正是推广了这个性质。

　　定义　4.19 (超紧致基数)　对基数 κ,

(1) 令 γ 是基数。称 κ 是 γ-超紧致基数，当且仅当存在初等嵌入 $j : \mathbf{V} \to M$，使得 $\mathrm{crit}(j) = \kappa$ 且 $M^{\gamma} \subset M$。

(2) κ 是超紧致基数，当且仅当对任意基数 γ，κ 是 γ-超紧致基数。

显然，对任意序数 γ，如果 κ 是 $|V_{\kappa+\gamma}|$-超紧致基数，那么 κ 就是 $+\gamma$-强基数。因此，超紧致基数总是强基数。

与可测基数性质可以被一个超滤子见证类似，每个 $+\gamma$-强基数 κ 也可以由一个被称作 $(\kappa, |V_{\kappa+\gamma}|^+)$-延展系统的集合来见证。延展系统 (extender) 是一系列超滤子，这些超滤子对应的一系列超幂 (ultrapower) 形成一个直系统 (direct system)。一个 (κ, λ)-延展系统 $(\kappa << \lambda)$ 往往是 $V_{\lambda+1}$ 中的一个集合。由此，可以利用反射论证证明足够大的 δ-超紧致基数下面有许多较小的 $+\gamma$-强基数。特别地，我们有：

定理 4.20 如果 κ 是 2^κ-超紧致基数，那么存在 κ 个 $\alpha_\xi < \kappa$，使得 $V_\kappa \vDash \alpha_\xi$ 是强基数。因此，超紧致基数的证明论强度严格强于强基数，即

$$\mathrm{ZFC} + \text{ 存在超紧致基数} \vdash \mathrm{Con}(\mathrm{ZFC} + \text{存在强基数}).$$

但是，上述定理中的每个 α_ξ 未必是 $\mathbf{V}$ 中的强基数，并且一种大基数性质的证明论强度更高也未必蕴涵满足这种大基数性质的基数 "更大"。武丁于 1984 年首次定义的**武丁基数** (Woodin cardinal) 可以作为例证。

定义 4.21 (武丁基数)

(1) 对任意集合 A，称 κ 是对 A 的 $+\gamma$-强基数，当且仅当存在初等嵌入 $j : \mathbf{V} \to M$，使得

    (a) $\mathrm{crit}(j) = \kappa$ 且 $\gamma < j(\kappa)$；

    (b) $V_{\kappa+\gamma} \subset M$；

    (c) $A \cap V_{\kappa+\gamma} = j(A) \cap V_{\kappa+\gamma}$。

(2) 称 δ 是**武丁基数**，当且仅当对任意 $A \subset V_\delta$，存在 $\alpha < \delta$，对任意 $\gamma < \delta$，α 是对 A 的 $+\gamma$-强基数。

对 A 的 $+\gamma$-强基数可以看作是 $+\gamma$-强基数的带参数版本。显然，对 A 的 $+\gamma$-强基数也是 $+\gamma$-强基数。因此，如果 δ 是武丁基数，那么存在 $\alpha < \delta$ 使得 $V_\delta \vDash \alpha$ 是强基数。所以，武丁基数的证明论强度严格强于强基数。但同样地，在 V_δ 看来是强基数的序数在 $\mathbf{V}$ 中未必是强基数。利用反射论证甚至可以证明：

定理　4.22　假设 δ 是武丁基数，$\kappa < \delta$ 是强基数，那么存在 κ 个 $< \kappa$ 的武丁基数。

因此，如果同时存在武丁基数和强基数，那么第一个武丁基数必然小于第一个强基数——尽管武丁基数是更强的大基数性质。利用反射论证甚至可以证明：第一个武丁基数自身不是可测基数(尽管仍然有许多可测基数在其下)。

大基数的"大"往往来自于相应的大基数性质允许我们使用越来越强的反射论证。其背后的直观是：集合论宇宙 **V** 的广大可以不断超出人们的想象。人们每每自以为以某种方式可以刻画了集合论宇宙 **V**，他们所刻画的其实都只是集合论宇宙的某个前段 V_κ。正是基于这个直观，康托尔将集合论宇宙称作绝对无穷并暗示其不可理解性。而哥德尔称 (Gödel, 1964, p. 260)，"……的集合"算子 (the operation "set of") 可以被不断迭代，而大基数公理正是对这种极大性的刻画：

> 从一个某种意义上与此[1]截然相反的公理出发，也许能推出康托尔猜想不成立。我这里所想的公理或许会谈到某种关于所有集合组成的系统的极大性（类似于几何里的希尔伯特完备性公理），而公理 A 【即 **V = L**】谈论的则是极小性。注意只有某种极大性才似乎能与……集合概念相融合。(Gödel, 1964, pp. 262–263)

因此，大基数公理被认为可以获得某种内在性辩护而被许多集合论学家接受为 ZFC 公理系统的典范扩张。

回到第 162 页的索罗维定理 4.15。该定理的意义在于让人们意识到，大基数公理不仅能将证明论强度的典范层谱推广至 ZFC 之上，还能在具体的二阶算术领域给出直接的推论。这些推论不仅仅是诸如公理系统一致性这样的元数学命题，而且包括数学分析学家们所关心的自然的数学命题。由于 Π_1^1 集合的决定性蕴涵 Σ_2^1 集合的正则性质 (定理 4.11)，人们有理由期待大基数公理可以直接证明决定性从而让所有正则性质有一个统一的解决方案。马丁很快便在 (Martin, 1970) 中给出了正面答案。

定理　4.23 (马丁1970)　假设存在可测基数，那么所有 Π_1^1 集合都是被决定的。

更进一步的正面结果直到 1980 年才由马丁再次证明。

---

[1] 指可构成性公理 **V = L**。由于 **L** 被证明是最小的内模型，可构成性公理可以被视为刻画了某种极小性而与大基数公理相对。斯科特的定理 4.17 证明了这一直观。

定理 4.24 (马丁1980) 假设 I2 (见定义 4.29)，那么所有 $\mathbf{\Pi}^1_2$ 集合都是被决定的。

I2 是非常强的大基数性质，已经很接近不一致了。武丁在 1984 年由已知最强的大基数性质证明了决定性公理对所有可构成集成立。

定理 4.25 (武丁1984) 假设 I0 (见定义 4.29)，那么 $\mathrm{AD}^{\mathbf{L}(\mathbb{R})}$。

最强的大基数性质

利用初等嵌入 $j: \mathbf{V} \to M$ 定义的大基数性质随着要求 M 与 $\mathbf{V}$ 越来越接近而获得越来越强的反射性质。一个自然的想法是：假设 $M = \mathbf{V}$ 就可以得到上述意义下最强的大基数性质。莱因哈特 (Reinhardt, William Nelson) 在他博士论文 (Reinhardt, 1967) 的末尾刻画了这个大基数性质。

定义 4.26 (莱因哈特基数) 莱因哈特基数 (Reinhardt cardinal) 是非平凡初等嵌入 $j: \mathbf{V} \to \mathbf{V}$ 的关键点。

然而，库能很快证明了莱因哈特基数性质与 ZFC不一致 (Kunen, 1971)。库能和后来各种改良版的证明都不可避免地使用了选择公理。虽然许多集合论学家猜想，莱因哈特基数与 ZF已经矛盾了，但至今尚未被证明。为此，武丁在 90 年代初期的一次讨论班上定义了一种更强的大基数性质，试图将莱因哈特基数不一致证明的关键步骤更明显地暴露出来。

定义 4.27 (伯克利基数) κ 是伯克利基数 (Berkeley cardinal)，当且仅当对任意传递集 M 满足 $\kappa \in M$ 都存在非平凡初等嵌入 $j: M \to M$ 且 $\mathrm{crit}(j) < \kappa$。

然而，伯克利基数与 ZF 的一致性目前仍未可知。

另一方面，库能的结果可以被推广为：

定理 4.28 (库能) 假设 ZFC。对任意 δ，不存在非平凡初等嵌入 $j: V_{\delta+2} \to V_{\delta+2}$。

这提示了一种定义恰好在不一致以下的大基数性质的方式。

定义 4.29 (阶到阶的) 基数 λ 是阶到阶的 (rank-into-rank)，当且仅当它满足下述某个性质：

I3 存在非平凡初等嵌入 $j : V_\lambda \to V_\lambda$;

I2 存在非平凡初等嵌入 $j : \mathbf{V} \to M$, 满足 $V_\lambda \subset M$ 且 λ 是最小的 $> \mathrm{crit}(j)$ 的固定点, 即 $j(\lambda) = \lambda$;

I1 存在非平凡初等嵌入 $j : V_{\lambda+1} \to V_{\lambda+1}$;

I0 存在非平凡初等嵌入 $j : \mathbf{L}(V_{\lambda+1}) \to \mathbf{L}(V_{\lambda+1})$ 且 $\mathrm{crit}(j) < \lambda$。

"阶到阶的" 中的阶就是指冯·诺伊曼层谱的阶。从 I3 到 I0, 反射性质在不违反定理 4.28 的前提下被逐渐加强, 因此 (证明论) 强度也越来越强。阶到阶的性质是目前被集合论学家刻画的且未被证明与 ZFC 矛盾的最强的大基数性质。

然而, 无论 I0 还是 I2 都被认为是过强了。内模型计划 (参见第 179 页) 在当时看来似乎毫无做到这些大基数性质上的希望。因此, 接下来的问题是如何有效降低所需的大基数假设。据报道 (Kanamori, 2003, p. 461), 武丁在 1984 年 4 月给出了从超紧致基数到所有可构成集都是勒贝格可测的证明。他在当年访问耶路撒冷期间定义了武丁基数并与谢拉合作证明了下述定理:

定理 4.30 (谢拉-武丁) 如果存在无穷个武丁基数以及一个可测基数在它们之上, 那么 $\mathbf{L}(\mathbb{R})$ 中的每个实数集都是勒贝格可测的。

类似地, 人们会希望这个结果能推广到决定性上。1985 年 9 月, 专注于内模型计划的马丁和斯提尔 (Steel, John Robert) 发现将内模型推广至武丁基数的困难可以被用来证明决定性(Martin and Steel, 1989)。[1]

定理 4.31 (马丁-斯提尔) 假设存在 n 个武丁基数以及一个可测基数在它们之上, 那么所有 $\mathbf{\Pi}^1_{n+1}$ 集合都是被决定的。因此, 如果存在无穷个武丁基数, 那么 PD 成立。

武丁稍后又将该定理推广到证明所有可构成集的决定性。

定理 4.32 (马丁-斯提尔-武丁) 假设存在无穷个武丁基数以及一个可测基数在它们之上, 那么 $\mathrm{AD}^{\mathbf{L}(\mathbb{R})}$ 成立。

---

[1] 马丁和斯提尔在 1986 年将他们的内模型计划推广至关于武丁基数的最好可能, 即得到了同时包含 n 个武丁基数和 $\mathbb{R}$ 上 $\mathbf{\Delta}^1_2$ 良序的传递类。而根据定理 4.31, 该模型不能被 $\mathbf{\Sigma}^1_2$ 良序化。参见 (Martin and Steel, 1994)。

武丁的下述定理表明，马丁和斯提尔的结果已经是最佳结果了。有穷个武丁基数不足以证明 PD 或 $\mathrm{AD}^{\mathbf{L}(\mathbb{R})}$。

定理 4.33 (武丁) 下述理论是等一致的：

(1) ZFC + 存在无穷个武丁基数；

(2) ZF + AD。

根据之前的介绍，武丁基数是相对阶到阶的大基数性质或超紧致基数弱得多的大基数性质。马丁、斯提尔和武丁的成果无疑是重大的突破。马丁和斯提尔后来将内模型计划推广至武丁基数的武丁基数极限 (在一个关于迭代树在极限处可迭代的假设下)，这为武丁基数的一致性提供了有力的证据。一些集合论学家就此认为，武丁基数存在，并且 PD 和 $\mathrm{AD}^{\mathbf{L}(\mathbb{R})}$ 是集合论真命题。

PD 或 $\mathrm{AD}^{\mathbf{L}(\mathbb{R})}$ 成立的另一个证据来自于所谓的外在性辩护。哥德尔在其哲学论文《康托尔篇》(*What is Cantor's Continuum Problem*, Gödel, 1964) 中试图解释这种辩护：

> 即使不考虑新公理的内在必然性，甚至它完全没有内在必然性，仍旧可能通过另一种方法来大致决定其真假，即归纳地研究新公理的"功效"。这里的功效指的是其推论的丰富性，……可能存在一类公理，它们有如此众多可验证的推论，能使整个领域变得如此明晰，并且能产生如此强有力的解决问题的方法 (甚至构造性地解决问题，只要有可能)，那么无论它们是否具有内在必然性，我们都不得不至少像对已经确立的物理理论那样接受它们。(Gödel, 1964, p. 261)

"推论的丰富性" 的追求在当代集合论中被更具体地刻画为理论的实际完备性。由于大基数公理被认为是 ZFC 证明论强度的典范扩张，为集合论寻找新公理的任务就被转换为在诸多等一致的公理候选中挑选最似真的。然而，集合论中被用来证明相对一致性的常见方法只有内模型方法和力迫法。因而，如果某个理论在一定领域内的推论无法被内模型方法和力迫法更改，就可以称该理论在该领域内是实际完备的。另外，根据哥德尔的极大性质原则 (见第 167 页)，在脱殊扩张中成立的往往比在内模型中成立的命题获得更强的内在性辩护。所以，在追求实际完备性的过程中，考虑所有的脱殊扩张似乎就足够了。

根据拉尔森 (Larson, Paul Bradley) 的报道 (Larson, 2004)，武丁在 1985 年的手稿中证明了下述定理：

定理 4.34 (武丁) 假设存在任意大的武丁基数，那么 $\mathbf{L}(\mathbb{R})$ 的理论在所有集合力迫的脱殊扩张中不变。即对任意集合论句子 σ，任意集合偏序 $(\mathbb{P}, \leq, \mathbb{1})$ 有，

$$\sigma^{\mathbf{L}(\mathbb{R})} \leftrightarrow (\mathbb{1} \Vdash \sigma^{\mathbf{L}(\mathbb{R})}).$$

也就是说，大基数公理的确如哥德尔所愿具有 "推论的丰富性"。特别地，ZFC+ 大基数公理在二阶算术乃至 $\mathbf{L}(\mathbb{R})$ 理论上是实际完备的。显然，在这个实际完备的理论中，$\mathrm{AD}^{\mathbf{L}(\mathbb{R})}$ 成立。武丁的另一个定理表明，几乎任何关于 $\mathbf{L}(\mathbb{R})$ 实际完备的理论都蕴涵 $\mathrm{AD}^{\mathbf{L}(\mathbb{R})}$。

定理 4.35 (武丁) 假设存在任意大的不可达基数并且 $\mathbf{L}(\mathbb{R})$ 的理论在所有集合力迫的脱殊扩张中不变，那么 $\mathrm{AD}^{\mathbf{L}(\mathbb{R})}$。

"存在任意大的不可达基数" 已经是非常弱的大基数性质，任何集合论实在论者都会认为这是关于集合论宇宙的简单事实。而如果他们希望得到实际完备的的二阶算术理论，他们就必须承认投影集决定性公理。对实在论者来说，当代集合论已经近乎完美地解决了所有二阶算术中自然生成的独立性问题。关于大基数理论与决定性公理更详细的介绍可以在 (Kanamori, 2003) 中找到。在下一节中读者将看到在二阶算术中顺利推进的哥德尔纲领 (Gödel's program) 却如何在以连续统假设问题为代表的三阶算术上困难重重。

4.2　连续统假设与内模型计划

本书的第三章也围绕连续统假设展开，但只是将其作为一则集合论公式，在有穷主义的框架下进行审视。本节中，我们将站在实在论者的立场上，试图在真实的集合论宇宙中寻找答案。

连续统假设 (CH) 从康托尔建立集合论伊始就被提出，希尔伯特将其列为第一问题。哥德尔与科恩先后给出的证明表明，连续统假设是独立于集合论公理系统 ZFC 的，这在一定程度上解释了为何连续统假设得到如此重视却一直无法被解决。一些数学家，如科恩本人宣称独立性结果已经是连续统假设问题能够获得的最终解决方案，即不可能期望得到明确的是或非的答案。另一些，如哥德尔则坚持，"证明了康托尔猜想不可由公认的集合论公理判定，绝不意味着解决了这个问题"，并且相信 "能够以确定的方式补充新的公理" 来判定连续统假设的真假。这就是所谓的哥德尔纲领 。

哥德尔的 CH 相对一致性结果同时表明 CH 是 $\mathbf{V} = \mathbf{L}$ 的推论。但哥德尔以及多数作为实在论者的集合论学家认为 $\mathbf{V} = \mathbf{L}$ 表达了集合论宇宙的某

种 "极小性"，因而是错的。哥德尔寄希望于表达某种 "极大性" 的大基数公理来解决连续统假设问题。当然，他也意识到，"对解决连续统问题来说，基于玛诺原则①的那些无穷公理基本是没希望的"。因为，哥德尔本人基于内模型对连续统假设一致性的证明完全不受不可达基数或玛诺基数是否存在的影响。而斯科特的结果 (定理 4.17) 表明存在可测基数会导致 $\mathbf{V} \neq \mathbf{L}$。这让哥德尔相信，一些 "基于不同原则" 的大基数公理或许可以判定连续统的基数。

我们在 4.1 节中看到，大基数公理的确可以判定许多自然的独立问题，甚至可以固定二阶算术，使之成为实际完备的理论。特别地，大基数公理可以证明所有可定义的实数集都具有完美集性质。也就是说，不存在可定义的实数集见证 ¬CH (其基数严格介于可数与连续统基数之间)。

然而，连续统假设问题是三阶算术的问题。令 $H(\omega_2)$ 是遗传地 $\leq \aleph_1$ 的集合族，即其中每个元素的传递闭包的基数都 $\leq \aleph_1$。连续统假设是否成立只需要看结构 $H(\omega_2)$ 就可以了。如果 CH 成立，即存在双射 $f : \omega_1 \to P(\omega)$，那么 $f \in H(\omega_2)$；反之，若在 $H(\omega_2)$ 中没有这样的双射，那么在 $\mathbf{V}$ 中也没有。而 $H(\omega_2)$ 的理论可翻译到 $V_{\omega+2}$ 的理论中。例如，可以定义 $V_{\omega+2}$ 中的 "第一个不可数基数 $\aleph_1$" 为 "最小的实数集 $P(\omega)$ 上的良序关系 R，使得不存在 ω 上的良序关系与之同构"。因此，连续统假设问题也可以在 $V_{\omega+2}$ 中表达，而 $V_{\omega+2}$ 的理论一般被称为三阶算术。值得注意的是，如果 CH 成立，那么 $V_{\omega+2} \subset H(\omega_2)$，显然，$V_{\omega+2}$ 的理论也可以被翻译到 $H(\omega_2)$ 的理论中；而如果 CH 不成立，那么 $H(\omega_2)$ 的理论就不如 $V_{\omega+2}$ 的丰富了 (如图 4.4 所示)。

根据爱瑟瑞尔·莱维 (Lévy, Azriel) 和索罗维的观察 (Levy and Solovay, 1967)，二阶算术中有丰富成果的大基数公理在连续统假设问题上则无能为力。

在 3.3 节中，我们介绍了如何利用有穷部分函数 $\mathrm{Fn}(\aleph_2 \times \omega, 2)$来力迫 ¬CH。类似地，考虑

$$\mathbb{P} = \left\{ f \subset \omega_1 \times 2 \mid f \text{ 是函数} \land \operatorname{card} f = \aleph_0 \right\} \tag{4.1}$$

及其上的子集关系偏序，那么，在由 $\mathbb{P}$ 生成的脱殊扩张中，不会被添加新的实数 (自然数子集) 并且 $2^{\aleph_0}$ 被坍塌为 $\aleph_1$。如果 κ 是大基数，κ 至少是不可达基数，那么无论 (4.1) 中力迫 CH 成立的偏序$\mathbb{P}$ 还是力迫 ¬CH 成立的偏序$\mathrm{Fn}(\aleph_2 \times \omega, 2)$ 的基数都 $< \kappa$。

---

① 一个不可达基数 κ 被称作玛诺基数 (Mahlo cardinal)，当且仅当比 κ 小的不可达基数构成一个 κ 上的稳定集 (stationary set)。玛诺基数的证明论强度严格强于不可达基数，严格地弱于可测基数。

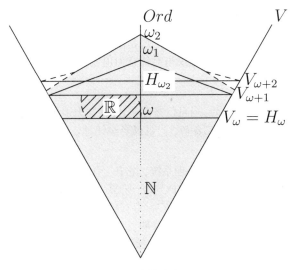

图 4.4　三阶算术与 $H(\omega_2)$

定理 4.36 (莱维-索罗维)　假设 κ 是大基数，偏序 $\mathbb{P}$ 的基数 $< \kappa$，那么 κ 在由 $\mathbb{P}$ 生成的脱殊扩张 $\mathbf{V}[G]$ 中，κ 仍然具有原来的大基数性质。

莱维-索罗维定理证明概述

假设 $j : \mathbf{V} \to M$ 是见证 κ 大基数性质的初等嵌入，$\mathrm{crit}(j) = \kappa$，$G$ 是 $\mathbf{V}$ 上的 $\mathbb{P}$ 脱殊滤子，$\mathbf{V}[G]$ 是脱殊扩张。

由于 j 在 V_κ 上是等同映射，$\mathrm{card}\,\mathbb{P} < \kappa$(因而不妨假设 $\mathbb{P} \in H(\kappa) = V_\kappa$)，因此 $j(\mathbb{P}) = \mathbb{P} \in M$，且对任意 $p \in \mathbb{P}$，$j(p) = p$，因而 G 也是 M 上的 $\mathbb{P}$ 脱殊滤子。令 $M[G]$ 是相应的脱殊扩张。定义函数 $j^* : \mathbf{V}[G] \to M[G]$ 为

$$j^*(\dot{x}^G) = (j(\dot{x}))^G,$$

根据 j 是初等嵌入，$j(\dot{x})$ 是 $M[G]$ 中的 $\mathbb{P}$-名称。容易证明，$j^* : \mathbf{V}[G] \to M[G]$ 是初等嵌入，且 $j^*{\upharpoonright}\mathbf{V} = j$。因此，$\kappa$ 仍然是 j^* 的关键点。j 的其他性质也往往可以由 j^* 在 $\mathbf{V}[G]$ 中实现。

武丁在 (Woodin, 1999) 中定义了 Ω-逻辑 (Ω-logic)，试图更严格地刻画集合论在一阶算术和二阶算术上取得的"成功"，并且为将这种成功复制到

三阶算术提供明确的目标。

定义 4.37 (Ω-逻辑语义) 令 T 是集合论语言的理论，φ 是一则集合论命题。定义 $T \vDash_\Omega \varphi$ 当且仅当对任意力迫偏序 $\mathbb{P}$、任意序数 α 有：若 $V_\alpha^{\mathbb{P}} \vDash T$，则 $V_\alpha^{\mathbb{P}} \vDash \varphi$。

命题 φ 是 Ω-可满足的，当且仅当存在 α，存在力迫偏序 $\mathbb{P}$，使得 $V_\alpha^{\mathbb{P}} \vDash \varphi$。理论 T 对命题类 Γ 是 Ω-完备的，当且仅当对任意 $\varphi \in \Gamma$，要么 $T \vDash_\Omega \varphi$，要么 $T \vDash_\Omega \neg\varphi$。

ZFC 是被公认的集合论公理系统，它在一阶算术上的推论 $\{\varphi \mid \text{ZFC} \vdash \varphi^{V_\omega}\}$ 都是 Ω-可满足的，并且 ZFC 对一阶算术 (即形如 φ^{V_ω} 的命题类) 是 Ω-完备的。而根据定理 4.34，(ZFC+ 存在任意大武丁基数) 对二阶算术是 Ω-完备的。而莱维和索罗维的观察表明，ZFC 加任何已知且一致的大基数公理都无法对三阶算术做到 Ω-完备。接下来的任务似乎就是寻找大基数以外的公理以期获得对三阶算术 (或部分三阶算术) Ω-完备的理论。

值得一提的是，武丁在 1985 年的结果表明，假设 (ZFC+存在任意大的可测的武丁基数)，那么 ZFC + CH 是对 Σ_1^2 命题 Ω-完备的。也就是说，连续统假设可能确实是三阶算术中具有代表性的问题。直接将 CH 作为公理，就可以得到对 Σ_1^2-完备的理论。这可以视作对 CH 来自外在性辩护的有利证据，但显然尚不足以令人断定 CH 成立。事实上，¬CH 也可以获得类似的外在性辩护。

相对于定义 4.37中给出的 Ω-逻辑的"逻辑蕴涵"概念 $\vDash_\Omega$，武丁也试图给出 Ω-逻辑的证明概念 $\vdash_\Omega$。在一阶逻辑的语法中，一个证明可以被一个自然数编码；而 Ω-逻辑的证明则是被一个普贝尔集 (universally Baire set) 见证。武丁证明了 Ω-逻辑的可靠性，即 $T \vdash_\Omega \varphi$ 蕴涵 $T \vDash_\Omega \varphi$。Ω-猜想 (Ω-conjecture) 则被定义为

$$\emptyset \vdash_\Omega \varphi \Leftrightarrow \emptyset \vDash_\Omega \varphi.$$

定理 4.38 (武丁) 假设存在真类那么多武丁基数并且强 Ω 猜想成立①，那么：

(1) 存在公理候选 σ，使得

    (a) ZFC $+\sigma$ 是 Ω-可满足的，并且

    (b) ZFC $+\sigma$ 对结构 $H(\omega_2)$ 是 Ω-完备的；

---

① 比 Ω-猜想稍强的命题。

(2) 对任意满足 (1) 的公理候选 σ 都有

$$\text{ZFC} + \sigma \vDash_\Omega \neg\text{CH}。$$

也就是说，假设一定的大基数公理和强 Ω 猜想，那么就存在一些公理候选，它们能获得足够强的外在性辩护。而任何能够获得这些外在性辩护的公理候选都蕴涵 $\neg\text{CH}$。在这个意义上，$\neg\text{CH}$ 本身也获得了外在性辩护。

作为实在论者追求 Ω-完备的理论是为了获得外在性辩护，同时也是对于一种被称作脱殊多宇宙观的集合论真理观的妥协。持这种真理观的集合论学家，往往接受 ZF，ZFC 甚至大基数公理，并且认为一则集合论命题是有意义的，当且仅当它在某个脱殊复宇宙 (generic multiverse) 中的所有集合论宇宙上都成立或都不成立。

定义 4.39 (脱殊复宇宙) 给定集合论模型 M。定义由 M 生成的脱殊复宇宙 $\mathbb{V}_M$ 为包含 M 且在集合力迫的脱殊扩张及其逆关系下封闭的最小模型类。

例如，无论 $M = N[G]$ 或 $M[G] = N$，都有 $N \in \mathbb{V}_M$。

ZFC 对一阶算术的 Ω-完备性也可以用脱殊复宇宙来表示：令 $\mathbb{V}_M$ 是由 ZFC 模型 M 生成的脱殊复宇宙，那么任何一阶算术命题 φ^{V_ω} 要么在 $\mathbb{V}_M$ 里的每个模型上都成立，要么在 $\mathbb{V}_M$ 里的每个模型上都不成立。我们可以称一阶算术在由 ZFC 模型生成的脱殊复宇宙中是被决定的。一个由 (ZFC + 存在任意大武丁基数) 的模型生成的脱殊复宇宙中的每个模型均满足 (ZFC + 存在任意大武丁基数)，由此可以证明：二阶算术在由 (ZFC + 存在任意大武丁基数) 模型生成的脱殊复宇宙中是被决定的。脱殊多宇宙观的追随者往往会认为，连续统假设在脱殊复宇宙中不是被决定的，因而不是有意义的数学命题。而上述工作则可以被视为试图寻找集合论公理系统 T，使得三阶算术 (或部分至少包括连续统假设的三阶算术) 在由 T 生成的脱殊复宇宙中是被决定的。

然而，更进一步的研究表明，脱殊多宇宙真理观与上述努力中遇到的核心猜想——Ω-猜想是不兼容的。

定理 4.40 (武丁) 假设存在任意大的武丁基数并且 Ω-猜想成立，那么 Π_2 的多宇宙真可以图灵归约为集合论宇宙前段 V_{δ_0+1} 的多宇宙真。

其中，δ_0 是最小的武丁基数。这表明，"当限制于考虑 Π_2 的脱殊复宇宙真时，复宇宙就等价于仅仅由集合论宇宙的前段 V_{δ_0+1} 构成的缩减版的复宇宙了"，这"相当于否认了 V_{δ_0+1} 之上的超穷"(Woodin, 2011b)。类似地，还可以证明：

定理 4.41 (武丁) 假设存在任意大的武丁基数并且 Ω-猜想成立，那么 Π_2 的多宇宙真在 V_{δ_0+1} 中可定义。

根据塔斯基真不可定义定理，整个集合论宇宙的真不能在集合论宇宙的一个前段中被定义。而如果期望实在论与脱殊多宇宙观兼容，即希望脱殊多宇宙的真就是那个集合论宇宙的真，那么就有理由要求脱殊多宇宙的真不能在某个集合论宇宙的前段被定义。而上述两则定理表明，假设 Ω-猜想成立，脱殊多宇宙观与实在论是不兼容的。

基于不同立场的学者对上述结果会有不同的解读。可以认为，上述定理表明 Ω-猜想很可能是错的。也可以基于 Ω-猜想认为脱殊多宇宙观提供了一个过于受限的真理观。武丁本人持第二种观点。在试图理解 Ω-猜想如何可能被证否的过程中，武丁的注意力转移到了内模型计划：

> 对内模型结构相当一般的要求就蕴涵了，Ω-猜想必须在内模型中成立，此外最新的一些结果提示，如果该计划能够在超紧致基数层面取得成功，那么就没有大基数假设会证否 Ω-猜想。(Woodin, 2011a)

武丁提到的结果可以被表述如下：

定理 4.42 (武丁) 假设 N 是超紧致基数 δ 的弱延展系统模型 (weak extender model)，并且 $\gamma > \delta$ 是 N 中的基数。假设

$$j : \left(H(\gamma^+)\right)^N \to \left(H(j(\gamma)^+)\right)^N$$

是初等嵌入且 $\mathrm{crit}(j) \geq \delta$，那么 $j \in N$。

其中，超紧致基数的弱延展系统模型的定义可以看作是对超紧致基数的内模型的"相当一般的要求"。

> **弱延展系统模型**
>
> 可测基数 κ 可以被一个 κ 上的超滤子见证，强基数则可以被一系列延展系统见证。这是构造可测基数或强基数内模型的关键。类似地，超紧致基数性质也可以由一系列超滤子来见证。
>
> **引理 4.43** 对任意基数 κ，以下等价：
>
> (1) κ 是超紧致基数；
>
> (2) 对任意 $\lambda > \kappa$，存在 $P_\kappa(\lambda)$ 上的 κ-完全正规精细超滤

子。

其中，$P_\kappa(\lambda)$ 指所有 λ 的基数为 κ 的子集组成的集合。我们称 $P_\kappa(\lambda)$ 上的滤子 F 是**精细的** (fine)，当且仅当对任意 $\alpha \in \lambda$，有

$$\{\sigma \in P_\kappa(\lambda) \mid a \in \sigma\} \in F.$$

我们称 F 是**正规的** (normal)，当且仅当对任意函数 $f : P_\kappa(\lambda) \to \lambda$，如果 $\{\sigma \in P_\kappa(\lambda) \mid f(\sigma) \in \sigma\} \in F$，那么存在 $\alpha \in \lambda$ 使得 $\{\sigma \in P_\kappa(\lambda) \mid f(\sigma) = \alpha\} \in F$。

定义 4.44 (弱延展系统模型) 称传递类 $N \vDash$ ZFC 是超紧致基数 δ 的**弱延展系统模型**，当且仅当对任意 $\gamma > \delta$ 存在 $P_\delta(\gamma)$ 上的 δ-完全的正规精细超滤子 U 满足：

(1) $N \cap P_\delta(\gamma) \in U$，以及

(2) $U \cap N \in N$。

内模型 N 是弱延展系统模型的定义可以大致理解为断言 N 具有很强的封闭性，即包含所有见证 V 中超紧致基数在 N 中也是超紧致基数的超滤子。利用超幂构造 (由超滤子引出初等嵌入)、反射论证和一些计算就可以由弱延展系统模型关于一些超滤子的封闭性得到定理 4.42，即关于一些初等嵌入的封闭性。

武丁定理证明概述

我们首先陈述一则证明定理 4.42 的关键引理。

引理 4.45 假设 N 是超紧致基数 δ 的弱延展系统模型。那么对任意 $\lambda > \delta$，任意 $a \in V_\lambda$ 都存在 $\tilde\delta < \tilde\lambda < \delta$ 和 $\tilde a \in V_{\tilde\lambda}$，以及初等嵌入

$$\pi : V_{\tilde\lambda+1} \to V_{\lambda+1},$$

使得

(1) $\operatorname{crit}(\pi) = \tilde\delta$，$\pi(\tilde\delta) = \delta$ 并且 $\pi(\tilde a) = a$；

(2) $\pi(N \cap V_{\tilde\lambda}) = N \cap V_\lambda$；

(3) $\pi{\restriction}(N \cap V_{\tilde\lambda}) \in N$。

其中，该引理的证明思路与马吉多在 (Magidor, 1971) 给出的超紧致基数的另一种等价刻画的证明类似。

定理 4.46 (马吉多) 假设 δ 是正则基数，那么下列命题等价：

(1) δ 是超紧致基数；

(2) 对任意 $\lambda > \delta$，存在 $\tilde{\delta} < \tilde{\lambda} < \delta$，以及初等嵌入

$$\pi : V_{\tilde{\lambda}+1} \to V_{\lambda+1},$$

使得 $\operatorname{crit}(\pi) = \tilde{\delta}$ 并且 $\pi(\tilde{\delta}) = \delta$。

要证明 $(2) \Rightarrow (1)$，我们可以利用初等嵌入 $\pi : V_{\tilde{\lambda}+3} \to V_{\lambda+3}$ 定义一个在 $V_{\tilde{\lambda}+3}$ 中的 $P_{\tilde{\delta}}(\tilde{\gamma})$ 上的正规精细超滤子 $\tilde{U}$，并证明 $U = \pi(\tilde{U})$ 就是一个 $P_\delta(\gamma)$ 上的正规精细超滤子，并见证 δ 是 $+\gamma$-超紧致基数。

引理 4.45 的证明与马吉多定理 $(1) \Rightarrow (2)$ 的证明使用相似的反射论证。要证明后者：给定 λ，取足够大的 γ，使得 $\gamma = |V_{\lambda+1}|$。令 $j : V \to M$ 见证 δ 是 $+\gamma$-超紧致基数，那么 $M^\gamma \subset M$，因而 $j{\restriction}V_{\lambda+1} \in M$。由此，$j{\restriction}V_{\lambda+1} : V_{\lambda+1} \to V_{j(\lambda)+1}$ 就在 M 中见证了：存在 $\delta < \lambda < j(\delta)$ 满足 (2) 中的要求。利用初等嵌入 j 将这个事实反射回 V 中就得到：存在 $\tilde{\delta} < \tilde{\lambda} < \delta$ 满足 (2) 中的要求 (参见图 4.5)。

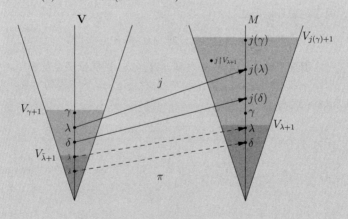

图 4.5 马吉多定理 $(1) \Rightarrow (2)$

> 利用弱延展系统模型的封闭性，经过一些计算可以得到引理 4.45 的 (2) 和 (3)。
>
> 要证明定理 4.42，取足够大的 $\lambda > j(\gamma)$，使得 $\lambda = |V_\lambda|$，那么 $j \in V_\lambda$。根据引理 4.45，令 j 作为其中的 a，得到 $\delta < \tilde\lambda < \delta$，$\tilde j \in V_{\tilde\lambda}$ 以及初等嵌入 $\pi : V_{\tilde\lambda+1} \to V_{\lambda+1}$。注意，$\pi(\tilde j) = j$ 并且 $\pi{\restriction}(N \cap V_{\tilde\lambda}) \in N$。接下来，只需要证明 $\tilde j \in N$，即在 N 中把 $\tilde j$ 定义出来，就完成证明了。

定理 4.42 表明，如果 N 是超紧致基数的弱延展系统模型，那么 "任何在 $\mathbf{V}$ 中存在的大基数的内模型都应该包含在 N 中，而如果 N 本身就是 $\mathbf{L}$ 的扩张【即满足对内模型精致结构的要求】，那么这些大基数假设应该都在 N 中成立"。(Woodin, 2016, p. 10) 例如，作为定理 4.42 的推论，可以证明：

推论 4.47 假设 N 是超紧致基数 δ 的弱延展系统模型。假设对任意 $n < \omega$，存在任意大的 n-巨基数，那么在 N 中，对任意 $n < \omega$，存在任意大的 n-巨基数。

> **n-巨基数**
>
> 任给非平凡初等嵌入 $j : \mathbf{V} \to M$ 以及 $\kappa = \mathrm{crit}(j)$，定义序列 $\kappa_0 = \kappa$，$\kappa_{n+1} = j(\kappa_n)$。
>
> **定义 4.48** 给定 $n < \omega$。称基数 κ 是 n-巨基数 (n-huge cardinal)，当且仅当存在初等嵌入 $j : \mathbf{V} \to M$ 使得 $\mathrm{crit}(j) = \kappa$ 并且 $M^{\kappa_n} \subset M$。
>
> 显然，0-巨基数就是可测基数。1-巨基数又称作巨基数，是比超紧致基数更强的大基数性质。可以推广上述定义得到 ω-巨基数(令 κ_ω 为 $\sup_{n<\omega} \kappa_n$，并要求 $M^{\kappa_\omega} \subset M$)。库能关于莱因哈特基数不一致的证明也同样证明了不存在 ω-巨基数。

内模型计划 (inner model program) 可追溯自斯科特的定理 4.17。可构成集类有许多良好的性质。例如，$\mathbf{L}$ 作为内模型是绝对的，因而它的理论是力迫不变的；$\mathbf{L}$ 中的实数集上存在可定义的 (实际上是 Σ_2^1 的) 良序；$\mathbf{L}$ 具有凝聚性 (condensation)；$\mathbf{L}$ 满足强的覆盖性质 (covering property)。但是，斯科特的定理表明 $\mathbf{L}$ 中无法容纳大基数。内模型计划即为越来越强的大基数寻找可以容纳它们的类似 $\mathbf{L}$ 的 (**L**-like) 内模型，也即具有类似良好性质的内模型。

L的良好性质

引理 4.49 (哥德尔凝聚性引理) 如果 X 是一个传递集, 并且存在序数 α 使得 $(X, \in)$ 是 $(L_\alpha, \in)$ 的初等子模型, 那么存在 $\beta \le \alpha$ 使得 $X = L_\beta$。

广义连续统假设在 **L** 中成立, 是可构成集类具有凝聚性的推论。一个内模型满足一定形式的凝聚性是保证广义连续统假设在其中成立核心性质。大基数内模型 **L**$[U]$ 或 **L**$[\vec{E}]$ 满足类似的凝聚性, GCH 在其中成立。

引理 4.50 (延森覆盖引理) 假设 $0^\sharp$ 不存在, 那么对任意集合 $x \subset$ **ON**, 存在一个可构成集覆盖 $y \in$ **L** 使得 $x \subset y$ 并且 card $y \le ($card $x + \aleph_1)$。

$0^\sharp$ 可以被理解为一个实数, 它编码了构造非平凡初等嵌入 $j : $ **L** $\to$ **L** 的信息, 因此, $0^\sharp$ 存在也可以被理解为一个大基数性质。所以, 覆盖引理可以理解为: 如果不存在大基数, 那么 **L** 就与 **V** 很接近。一个内模型满足一定形式的覆盖性质可以被理解为它在某种意义上是不具有某些更强大基数性质的极大的模型, 这种内模型往往通过取一系列内模型的极限来获得并被称作核心模型 (core model)。覆盖性质作为一种反大基数原则可以用来证明某些命题与某个大基数性质是等一致的, 从而可以将更多独立性命题的证明论强度嵌入大基数序列的线性结构, 强化大基数层谱作为 ZFC 典范扩张的地位。能够构造包含某种大基数的满足覆盖性质的内模型相当于为该大基数假设的正当性提供了很强的证据。

构造容纳一个可测基数的内模型并不困难。由于可测基数 κ 被其上的一个 κ-完全非主超滤子 U 所见证, 只需要在可构成集层谱构造过程中将 U 的信息逐步添加进去就可以得到包含可测基数 κ 的典范内模型 **L**$[U]$。可以证明: **L**$[U]$ 有一个绝对的定义; **L**$[U]$ 中有 Σ_3^1 可定义的 $\mathbb{R}$ 上良序; **L**$[U]$ 具有凝聚性且满足 GCH (Silver, 1971); **L**$[U]$ 满足一定的覆盖性质 (Dodd and Jensen, 1982)。

库能在 (Kunen, 1970) 中利用超幂迭代的方法证明了 **L**$[U]$ 中只有唯一的正规超滤子 D, 且如果超滤子 U 和 D 有同样的关键点, 那么 **L**$[U] = $ **L**$[D]$。这表明 **L**$[U]$ 与 **L** 有类似的典范性质, 但也同时暗示每个大基数的类似 **L** 的内模型似乎只能容纳该大基数而无法容纳更强的大基数。因此, 内模型计划每推进一步都需要更复杂的技术。例如，米歇尔 (Mitchell, Willian J.) 在 (Mitchell, 1974) 中构造了 $\mathbf{L}[\mathcal{U}]$，其中 $\mathcal{U}$ 是一个超滤子的连贯序列 (coherent sequence of ultrafilters)。它可以见证许多个可测基数，并让每个可测基数携带不止一个正规的超滤子。延展系统模型 (extender model) 是形如 $\mathbf{L}[\mathcal{E}]$ 的内模型，其中 $\mathcal{E}$ 是一个延展系统的连贯序列(coherent sequence of extenders)。在 $\mathbf{L}[\mathcal{E}]$ 中可以存在强基数，并且可以证明 $\mathbf{L}[\mathcal{U}]$ 和 $\mathbf{L}[\mathcal{E}]$ 都是类似 $\mathbf{L}$ 的。米歇尔和斯提尔在 (Mitchell and Steel, 1994) 定义了被称作鼠模型 (mice) 的类似 $\mathbf{L}$ 的内模型，其中可以存在武丁基数。尼曼 (Neeman, Itay) 在 (Neeman, 2002) 构造了包含武丁基数个武丁基数的内模型，这被认为是内模型计划目前最好的结果。

　　而定理 4.42 似乎改变了内模型计划自始以来给人的印象：沿着大基数层谱每向上一步都需要付出努力，并且不会收获额外的奖励。武丁的结果表明，要么内模型计划能够达到超紧致基数并就此获得全面成功，要么内模型计划在超紧致基数之前就会失败。如果前者实现，那么人们将得到一个所有已知大基数的类似 $\mathbf{L}$ 的模型——终极-$\mathbf{L}$ (Ultimate-L)。而对后者的某种证明会成为否认超紧致基数的强证据。无论如何，人们对集合论宇宙的理解似乎来到了一个岔路口。这对哥德尔纲领的追随者来说，无疑是令人兴奋的结果。

　　在此之前，实在论者的工作是试图沿着一阶算术、二阶算术、三阶算术 (或 V_ω，$V_{\omega+1}$，$V_{\omega+2}$) 的路径，即试图通过逐步理解越来越大的集合论宇宙的局部来推进对整个集合论宇宙的理解，从而解决诸如连续统假设等问题。而内模型计划则是基于一个全局性的视角。如果终极-$\mathbf{L}$存在，那么人们对整个集合论宇宙的理解将会有下述图景：令

$$T = \text{ZFC} + (\mathbf{V} = \text{终极-}\mathbf{L}) + \text{足够强的大基数公理,}$$

如果 T 是一致的，那么设想这些大基数存在是十分合理的。基于大基数公理的典范地位和终极-$\mathbf{L}$ 的覆盖性质，可以期待任何一致的集合论理论都在 T 中可翻译。这意味着，将 T 作为集合论的公理系统不会有任何解释力上的损失。此外，根据终极-$\mathbf{L}$类似 $\mathbf{L}$ 的性质，可以期待终极-$\mathbf{L}$的理论是力迫不变的，因而 T 是 Ω-完备的，也即实际完备的，几乎所有自然的数学问题 (不再限于一阶、二阶或三阶算术) 都可以在其中得到回答。特别地，终极-$\mathbf{L}$很可能具有足够的凝聚性使得 GCH 在其中成立。武丁期待，这一基于对集合论宇宙全局性理解而得到的对 (广义) 连续统假设问题的回答是决定性的。

　　技术上，问题的关键在于是否能找到类似 $\mathbf{L}$ 的超紧致基数的弱延展系统模型。在趋近于这一目标的过程中，人们可以试图猜测：如果终极-$\mathbf{L}$存在，那么它会是什么样的？例如，马丁和斯提尔在 (Martin and Steel, 1994) 提

出了被称作唯一分枝假设 (unique branches hypothesis, UBH)、共尾分枝假设 (cofinal branches hypothesis, CBH) 和策略分枝假设 (strategic branches hypothesis, SBH) 的树可迭代性假设。米歇尔、斯提尔为武丁基数构造的延展系统模型(鼠模型) 基于一种弱唯一分枝假设(Mitchell and Steel, 1994)。SBH 是相比 UBH 和 CBH 更弱的假设。武丁最新的结果表明, UBH 和 CBH 在超紧致基数假设下是不成立的。因此, 超紧致基数的内模型不可能是米歇尔-斯提尔式的延展系统模型, 而只可能是一个策略延展系统模型(strategic extender model)(Woodin, 2011b)。

另一方面, 即使武丁的终极-**L**计划取得了成功, 人们仍然可以质疑它是否足以回答连续统假设问题。无疑, 如果终极-**L**存在, 那么它将是一个足够典范的集合论模型。在可以容纳所有大基数性质因而其理论可以解释几乎所有 ZFC 一致扩张的意义下, 它符合康托尔和哥德尔关于集合论宇宙极大性的直观, 因而可以获得一定的内在性辩护。此外, $((\mathbf{V} = 终极\text{-}\mathbf{L}) + $ 大基数公理$))$ 是实际完备的, 因而可以获得足够强的外在性辩护。可以说, $((\mathbf{V} = 终极\text{-}\mathbf{L}) + $ 大基数公理$)$ 在内在性辩护和外在性辩护的需求上找到了很好的平衡点。即使如此, 人们仍然可以就以下两点提出质疑: (1) 集合论宇宙的极大性是否是内在性辩护可以依凭的唯一标准? 如果基于对集合概念的内在直观可以提出其他标准, 这些标准是否可能相互冲突? 如何在这些冲突中取舍? (2)$(\mathbf{V} = 终极\text{-}\mathbf{L})$ 虽然可能与所有大基数假设兼容, 但其本身仍然是在表达某种极小性。而终极-**L**的几乎所有集合力迫扩张都具有同样的大基数, 并且有可能具有更好的极大性。将 $(\mathbf{V} = 终极\text{-}\mathbf{L})$ 作为公理是一种为了获得外在性辩护的平衡结果, 牺牲了部分关于集合概念的内在直观。那么, 关于公理候选的内在性辩护和外在性辩护之间的平衡是否有明确的标准? 在这种标准下是否有其他的相互排斥的公理候选? 又或者平衡的产物能否作为公理? 面对这些质疑, 哥德尔纲领的追随者或许可以选择退回到下述立场: 终极-**L**可以被看作是目前所能得到的最典范的集合论模型, $(\mathbf{V} = 终极\text{-}\mathbf{L})$ 或许未必是关于集合概念的真理, 但是在这个假设下可以没有损失地帮助人们更有效地了解集合论宇宙。

薄叶季路的最新结果 (Usuba, 2016) 表明, 由存在超巨基数 (hyper huge cardinal)[①]的集合论模型 M 生成的脱殊复宇宙$\mathbb{V}_M$ 有一个其中所有模型唯一共同的力迫原模型。武丁宣称 (Woodin, 2016, p. 116), 终极-**L**就是那个脱殊复宇宙的最小元。这或许是实在论者与其他集合论哲学立场 (如多宇宙观和基于 ZFC的形式主义) 持有者之间所能达成的最大共识。

[①] 非常强的大基数假设。超巨基数本身是超紧致基数, 并且是其下超紧致基数的极限。

参考文献

郝兆宽、杨跃 2014. 集合论: 对无穷概念的探索. 复旦大学出版社.

郝兆宽、杨睿之、杨跃 2014. 数理逻辑: 证明及其限度. 复旦大学出版社.

杨睿之 2014. 哥德尔在构造主义数学方面的工作. 逻辑学研究, 7(3):12–29.

杨睿之 2015. 集合论多宇宙观述评. 自然辩证法研究, 31(9):99–103.

Aaronson, S. 2014. Quantum Randomness. *American Scientist*, 102(4):266.

Achtner, W. 2011. Infinity as a Transformative Concept in Science and Theology. In (Heller and Woodin, 2011), pages 19–54.

Alama, J. 2016. The Lambda Calculus. In Zalta, E. N., editor, *The Stanford Encyclopedia of Philosophy*. `http://plato.stanford.edu/archives/spr2016/entries/lambda-calculus/`, spring 2016 edition.

Albers, D. J., Alexanderson, G. L., and Reid, C., editors 1994. *More Mathematical People: Contemporary Conversations*. Academic Press.

Austin, J. L. 1962. *How to Do Things with Words*. Oxford University Press.

Baldwin, T., editor 2003. *The Cambridge History of Philosophy 1870-1945*. Cambridge University Press.

Barendregt, H. P. 2012. *The Lambda Calculus: its Syntax and Semantics*. College Publications.

Bell, D. and Cooper, N. 1990. *The Analytic Tradition: Meaning, Thought, and Knowledge*. Blackwell.

Biletzki, A. and Matar, A., editors 1998. *The Story of Analytic Philosophy: Plot and Heroes*. Routledge.

Boole, G. 1847. *The Mathematical Analysis of Logic.* Philosophical Library.

Braithwaite, R. B., editor 1931. *The Foundation of Mathematics and other Logic Essays.* Routledge.

Bulloff, J. J., Holyoke, T. C., and Hahn, S. W., editors 1969. *Foundations of Mathematics: Symposium Papers Commemorating the Sixtieth Birthday of Kurt Gödel.* Springer-Verlag.

Burgess, J. P. and Rosen, G. A. 1997. *A Subject with No Object: Strategies for Nominalistic Interpretation of Mathematics.* Oxford University Press.

Cantor, G. 1874. Ueber eine Eigenschaft des Inbegriffs aller reellen Algebraischen Zahlen. *Journal für die reine und Angewandte Mathematik,* 77:258–262.

Chaitin, G. J. 1975. A Aheory of Program Size Formally Identical to Information Theory. *Journal of the Association for Computing Machinery,* 22(3):329–340.

Chaitin, G. J. 1976. Information-theoretic Characterizations of Recursive Infinite Strings. *Theoretical Computer Science,* 2:45–48.

Chalmers, D. 2006. Two-Dimensional Semantics. In (Lepore and Smith, 2006), pages 575–606.

Chappell, V. C., editor 1964. *Ordinary Language: Essays in Philosophical Method.* Prentice-Hall.

Cohen, P. 2002. The Discovery of Forcing. *Rocky Mountain Journal of Mathematics,* 32(4):1071–1100.

Cohen, P. J. 1963. The Independence of the Continuum Hypothesis. In *Proceedings of the National Academy of Sciences,* volume 50, pages 1143–1148. National Academy of Sciences.

Cohen, P. J. 1971. Comments on the Foundations of Set Theory. In (Scott, 1971), pages 9–15.

Cooper, S. B. 1990. The Jump is Definable in the Structure of the Degrees of Unsolvability. *Bulletin of the American Mathematical Society,* 23(1).

Davis, M. 1964. Infinite Games of Perfect Information. *Advances in game theory*, 52:85–101.

Dawson, J. 2003. The Golden Age of Mathematical Logic. In (Baldwin, 2003), chapter 47, pages 592–599.

De Morgan, A. 1847. *Formal Logic: or, the Calculus of Inference, Necessary and Probable*. Taylor and Walton.

Demuth, O. 1988. Remarks on the Structure of tt-Degrees Based on Constructive Measure Theory. *Commentationes Mathematicae Universitatis Carolinae*, 29(2):233–247.

Dodd, A. J. and Jensen, R. B. 1982. The Covering Lemma for $L[U]$. *Annals of Mathematical Logic*, 22(2):127–135.

Downey, R. 2006. Algorithmic Randomness and Computability. In *Proceedings of the 2006 International Congress of Mathematicians*, volume 2, pages 1–26.

Downey, R. G. and Griffiths, E. J. 2004. Schnorr Randomness. *The Journal of Symbolic Logic*, 69(02):533–554.

Downey, R. G. and Hirschfeldt, D. R. 2010. *Algorithmic Randomness and Complexity*. Springer.

Downey, R. G., Hirschfeldt, D. R., Nies, A., and Stephan, F. 2002. Trivial Reals. *Electronic Notes in Theoretical Computer Science*, 66(1):36–52.

Doyle, B. 2011. *Free Will: The Scandal in Philosophy*. Information Philosopher.

du Bois-Reymond, E. 1903. *Über die Grenzen des Naturerkennens: die sieben Welträthsel; zwei Vorträge*. Veit.

Dummett, M. 1996. *Origins of Analytical Philosophy*. Harvard University Press.

Easton, D. and Schelling, C. S., editors 1991. *Divided Knowledge: Across Disciplines, Across Cultures*. SAGE Publications.

Ershov, Y. L. 1975. The Upper Semilattice of Numerations of a Finite Set. *Algebra and Logic*, 14(3):159–175.

Feferman, S., Dawson, John W., J., Goldfarb, W., Parsons, C., and Solovay, R. M., editors 1995. *Kurt Gödel: Collected Works: Volume III Unpublished Essays and Lectures*. Oxford University Press, New York.

Feferman, S., Dawson, John W., J., Kleene, S. C., Moore, G. H., Solovay, R. M., and van Heijenoort, J., editors 1986. *Kurt Gödel: Collected Works: Volume I Publications 1929-1936*. Oxford University Press, New York.

Feferman, S., Dawson, John W., J., Kleene, S. C., Moore, G. H., Solovay, R. M., and van Heijenoort, J., editors 1990. *Kurt Gödel: Collected Works: Volume II Publications 1938-1974*. Oxford University Press, New York.

Forster, T. 2014. Quine's New Foundations. In Zalta, E. N., editor, *The Stanford Encyclopedia of Philosophy.* http://plato.stanford.edu/archives/fall2014/entries/quine-nf/, fall 2014 edition.

Frege, G. 1879. *Begriffsschrift, eine der Arithmetischen Nachgebildete: Formelsprache des reinen Denkens.* Verlag von Louis Nebert.

Frege, G. 1882. Über den Zweck der Begriffsschrift. *Sitzungsberichte der Jenaischen Gesellschaft für Medicin und Naturwissenschaft für das Jahr 1882.*

Frege, G. 1884. *Die Grundlagen der Arithmetik.* Basil Blackwell, j. l. aust edition.

Frege, G. 1893/1903. *Grundgesetze der Arithmetik I/II.* Verlag Hermann Pohle.

Frege, G. 1914. Logic in Mathematics. In (Long et al., 1979), pages 203–250.

Friedberg, R. M. 1957. Two Recursively Enumerable Sets of Incomparable Degrees of Unsolvability (Solution of Post's Problem, 1944). *Proceedings of the National Academy of Sciences*, 43(2):236–238.

Gale, D. and Stewart, F. M. 1953. Infinite Games with Perfect Information. *Contributions to the Theory of Games*, 2:245–266.

Glock, H.-J. 2008. *What is Analytic Philosophy?* Cambridge University Press.

Glock, H.-J. 2013. The Owl of Minerva: Is Analytic Philosophy Moribund? In (Reck, 2013), pages 326–347.

Gödel, K. 1929. Über die Vollständigkeit des Logikkalküls. In (Feferman et al., 1986), pages 60–101.

Gödel, K. 1933. An Interpretation of the Intuitionistic Propositional Calculus. In (Feferman et al., 1986), page 301.

Gödel, K. 1938. The Consistency of the Axiom of Choice and of the Generalized Continuum Hypothesis. In (Feferman et al., 1990), pages 26–27.

Gödel, K. 1939. Lecture at Göttingen. In (Feferman et al., 1995), pages 126–155.

Gödel, K. 1944. Russell's Mathematical Logic. In (Feferman et al., 1990), pages 119–143.

Gödel, K. 1947. What is Cantor's Continuum Problem? In (Feferman et al., 1990), pages 154–188.

Gödel, K. 1958. On a Hitherto Unutilized Extension of the Finitary Standpoint. In (Feferman et al., 1990), pages 241–251.

Gödel, K. 1964. What is Cantor's Continuum Problem? In (Feferman et al., 1990), pages 254–270.

Gödel, K. 1972. Some Remarks on the Undecidability Results. In (Feferman et al., 1990), pages 305–306.

Godfrey-Smith, P. 2009. *Theory and Reality: An Introduction to the Philosophy of Science.* University of Chicago Press.

Griffor, E. R., editor 1999. *Handbook of Computability Theory.* Elsevier.

Hacker, P. 1996. *Wittgenstein's Place in Twentieth-Century Analytic Philosophy.* Blackwell.

Hacker, P. 1998. Analytic Philosophy: What, Whence, and Whither? In (Biletzki and Matar, 1998), pages 3–34.

Hamkins, J. D. 2012. The Set-Theoretic Multiverse. *The Review of Symbolic Logic*, 5(3):416–449.

Harrington, L. and Soare, R. I. 1991. Post's Program and Incomplete Recursively Enumerable Sets. *Proceedings of the National Academy of Sciences*, 88(22):10242–10246.

Heller, M. and Woodin, W. H., editors 2011. *Infinity: New Research Frontiers*. Cambridge University Press.

Hilbert, D. and Ackermann, W. 1928. *Grundzüge der Theoretischen Logik*. Springer-Verlag.

Hintikka, J. 1998. Who is About to Kill Analytic Philosophy? In (Biletzki and Matar, 1998), pages 253–269.

Hodgson, D. 2002. Quantum Physics, Consciousness, and Free Will. In (Kane, 2002), pages 85–110.

Huffman, C. A. 1993. *Philolaus of Croton: Pythagorean and Presocratic: a Commentary on the Fragments and Testimonia with Interpretive Essays*. Cambridge University Press.

Hutter, M. 2011. Algorithmic Randomness as Foundation of Inductive Reasoning and Artificial Intelligence. In (Zenil, 2011), chapter 12, pages 159–169.

Jané, I. 1995. The Role of the Absolute Infinite in Cantor's Conception of Set. *Erkenntnis*, 42(3):375–402.

Jech, T. 2002. *Set Theory*. Springer, 3rd millen edition.

Jockusch, C. G. 1973. An Application of Σ_4^0 Determinacy to the Degrees of Unsolvability. *The Journal of Symbolic Logic*, 38:293–294.

Jockusch, C. G. and Soare, R. I. 1970. Minimal Covers and Arithmetical Sets. *Proceedings of the American Mathematical Society*, 25(4):856–859.

Jónsson, B. and Tarski, A. 1951. Boolean Algebras with Operators. Part I. *American Journal of Mathematics*, 73:891–939.

Jónsson, B. and Tarski, A. 1952. Boolean Algebras with Operators. Part II. *American Journal of Mathematics*, 74:127–162.

Kanamori, A. 2003. *The Higher Infinite: Large Cardinals in Set Theory from Their Beginnings*. Springer, 2nd edition.

Kanamori, A. 2008. Cohen and Set Theory. *Bulletin of Symbolic Logic*, 14(3):351–378.

Kane, R., editor 2002. *The Oxford Handbook of Free Will*. Oxford University Press.

Kautz, S. M. 1991. *Degrees of Random Sets*. PhD thesis, Cornell University.

Keisler, H. J. 1962. The Equivalence of Certain Problems in Set Theory with Problems in the Theory of Models. *Notices of the American Mathematical Society*, 9:339–340.

Kennedy, J. and Kossak, R., editors 2011. *Set Theory, Arithmetic, and Foundation of Mathematics: Theorems, Philosophies*. Cambridge University Press.

Kenny, A. 1995. *Frege: An Introduction to the Founder of Modern Analytic Philosophy*. Penguin Books.

Kleene, S. C. and Post, E. L. 1954. The Upper Semi-Lattice of Degrees of Recursive Unsolvability. *Annals of Mathematics*, 59(3):379–407.

Kolmogorov, A. N. 1963. On Tables of Random Numbers. *Sankhyā: The Indian Journal of Statistics, Series A*, pages 369–376.

Kripke, S. A. 1963. Semantical Analysis of Modal Logic I: Normal Modal Propositional Calculi. *Mathematical Logic Quarterly*, 9(5-6):67–96.

Kučera, A. 1986. An Alternative, Priority-Free, Solution to Post's Problem. In *International Symposium on Mathematical Foundations of Computer Science*, pages 493–500. Springer.

Kučera, A. and Terwijn, S. A. 1999. Lowness for the Class of Random Sets. *The Journal of Symbolic Logic*, 64(4):1396–1402.

Kunen, K. 1970. Some Applications of Iterated Ultrapowers in Set Theory. *Annals of Mathematical Logic*, 1(2):179–227.

Kunen, K. 1971. Elementary Embeddings and Infinitary Combinatorics. *The Journal of Symbolic Logic*, 36(3):407–413.

Kunen, K. 2013. *Set Theory*. College Publications.

Larson, P. B. 2004. *The Stationary Tower: Notes on a Course by W. Hugh Woodin*, volume 32. American Mathematical Soc.

Lepore, E. and Smith, B. C., editors 2006. *Oxford Handbook of Philosophy of Language*. Oxford University Press.

Levin, L. A. 1971. *Some Theorems on the Algorithmic Approach to Probability Theory and Information Theory*. PhD thesis, Moscow University.

Levy, A. and Solovay, R. M. 1967. Measurable Cardinals and the Continuum Hypothesis. *Israel Journal of Mathematics*, 5(4):234–248.

Lévy, P. 1937. *Théorie de l'Addition des Variables Aléatoires*. Gauthier-Villars.

Lewis, C. I. 1918. *A Survey of Symbolic Logic*. University of California Press, Berkeley.

Long, P., White, R., Hermes, H., Kambartel, F., and Kaulbach, F., editors 1979. *Gottlob Frege: Posthumous Writings*. Basil Blackwell.

Lusin, N. 1917. Sur la Classification de M. Baire. *Comptes Rendus Hebdomadaires des Séances de l'Académie des Sciences, Paris*, 164:91–94.

Maddy, P. 1997. *Naturalism in Mathematics*. Oxford University Press.

Magidor, M. 1971. On the Role of Supercompact and Extendible Cardinals in Logic. *Israel Journal of Mathematics*, 10:147–157.

Malcolm, N. 1942. Moore and Ordinary Language. In (Chappell, 1964), pages 5–23.

Martin, D. A. 1970. Measurable Cardinals and Analytic Games. *Fundamenta Mathematicae*, 66:287–291.

Martin, D. A. 1975. Borel Determinacy. *Annals of Mathematics*, 102(2):363–371.

Martin, D. A. and Steel, J. R. 1989. A Proof of Projective Determinacy. *Journal of the American Mathematical Society*, 2(1):71–125.

Martin, D. A. and Steel, J. R. 1994. Iteration Trees. *Journal of the American Mathematical Society*, 7(1):1–73.

Martin-Löf, P. 1966. The Definition of Random Sequences. *Information and Control*, 9(6):602–619.

Matar, A. 1998. Analytic Philosophy: Rationalism vs. Romanticism. In (Biletzki and Matar, 1998), pages 71–87.

Miller, J. and Yu, L. 2008. On Initial Segment Complexity and Degrees of Randomness. *Transactions of the American Mathematical Society*, 360(6):3193–3210.

Miller, J. S. 2009. The K-Degrees, Low for K Degrees, and Weakly Low for K Sets. *Notre Dame Journal of Formal Logic*, 50(4):381–391.

Mitchell, W. J. 1974. Sets Constructible from Sequences of Ultrafilters. *The Journal of Symbolic Logic*, 39(1):57–66.

Mitchell, W. J. and Steel, J. R. 1994. *Fine Structure and Iteration Trees*. Springer-Verlag.

Moschovakis, Y. N. 2009. *Descriptive Set Theory*. American Mathematical Society.

Muchnik, A. A. 1956. On the Unsolvability of the Problem of Reducibility in the Theory of Algorithms. In *Dokl. Akad. Nauk SSSR*, volume 108, pages 29–32.

Munkres, J. R. 2000. *Topology*. Prentice Hall.

Mycielski, J. 1964. On the Axiom of Determinateness. *Fundamenta Mathematicae*, 53:205–224.

Mycielski, J. and Steinhous, H. 1962. A Mathematical Axiom Contradicting the Axiom of Choice. *Bulletin de l'Académie Polonaise des Sciences. Série des Sciences Mathématiques, Astronomiques et Physiques*, 10:1–3.

Mycielski, J. and Świerczkowski, S. 1964. On the Lebesgue Measurability and the Axiom of Determinateness. *Fundamenta Mathematicae*, 54:67–71.

Myhill, J. 1956. Solution of a Problem of Tarski. *The Journal of Symbolic Logic*, 21(1):49–51.

Neeman, I. 2002. Inner Models in the Region of a Woodin Limit of Woodin Cardinals. *Annals of Pure and Applied Logic*, 116(1):67–155.

Nies, A. 2005. Lowness Properties and Randomness. *Advances in Mathematics*, 197(1):274–305.

Nies, A., Stephan, F., and Terwijn, S. A. 2005. Randomness, Relativization and Turing Degrees. *The Journal of Symbolic Logic*, 70(02):515–535.

Oxtoby, J. C. 1957. The Banach-Mazur game and Banach category theorem. *Contributions to the Theory of Games*, 3:159–163.

Palyutin, E. A. 1975. Supplement to Yu. L. Ershov's Article "The Upper Semilattice of Numerations of a Finite Set". *Algebra and Logic*, 14(3):176–178.

Parkinson, B. W. and Spilker, J. J., editors 1996. *Global Positioning System: Theory & Applications*. AIAA.

Poincaré, H. 1913. *The Foundations of Science: Science and Hypothesis, the Value of Science, Science and Methods*. BiblioBazaar.

Post, E. L. 1944. Recursively Enumerable Sets of Positive Integers and their Decision Problems. *Bulletin of the American Mathematical Society*, 50(5):284–316.

Post, E. L. 1948. Degrees of Recursive Unsolvability - Preliminary Report. In *Bulletin of the American Mathematical Society*, volume 54, pages 641–642.

Preston, A. 2007. *Analytic Philosophy: The History of Illusion*. Continuum International Publishing.

Putnam, H. 1992. *Renewing Philosophy*. Harvard University Press.

Quine, W. V. 1960. *Word and Object*. MIT Press.

Quine, W. V. O. 1937. New Foundations for Mathematical Logic. *The American Mathematical Monthly*, 44(2):70–80.

Quine, W. V. O. 1940. *Mathematical Logic*. Harvard University Press.

Quine, W. V. O. 1941. *Elementary Logic*. Harvard University Press.

Quine, W. V. O. 1950. *Methods of Logic*. Harvard University Press.

Quine, W. V. O. 1951. Two Dogmas of Emprircism. *Philosophical Review*, 60:20–43.

Quine, W. V. O. 1957. The Scope and Language of Science. *The British Journal for the Philosophy of Science*, 8(29):1–17.

Quine, W. V. O. 1969a. Existence and Quantification. In (Quine, 1969c), chapter 4, pages 91–113.

Quine, W. V. O. 1969b. Natural kinds. In (Quine, 1969c), chapter 5, pages 114–138.

Quine, W. V. O. 1969c. *Ontological Relativity and Other Essays*. Columbia University Press.

Quine, W. V. O. 1981. *Theories and Things*. Harvard University Press.

Ramsey, F. P. 1925. The Foundation of Mathematics. In (Braithwaite, 1931), pages 1–61.

Reck, E. H., editor 2013. *The Historical Turn in Analytic Philosophy*. Palgrave Macmillan.

Reinhardt, W. N. 1967. *Topics in the Metamathematics of Set Theory*. PhD thesis, University of California, Berkeley.

Robinson, R. M. 1950. An Essentially Undecidable Axiom System. *Proceedings of the International Congress of Mathematics*, pages 729–730.

Russell, B. 1905. On Denoting. *Mind*, 14(56):479–493.

Russell, B. 1908. Mathematical Logic as Based on the Theory of Types. In (van Heijennoort, 1967), pages 150–182.

Russell, B. 1946. *History of Western Philosophy*. George Allen & Unwin Ltd.

Sacks, G. E. 1963. *Degrees of Unsolvability*. Princeton University Press, 2nd edition.

Sacks, G. E. 1964. The Recursively Enumerable Degrees are Dense. *Annals of Mathematics*, 80(2):300–312.

Schnorr, C.-P. 1971. A Unified Approach to the Definition of Random Sequences. *Mathematical Systems Theory*, 5:246–258.

Schnorr, C.-P. 1973. Process Complexity and Effective Random Tests. *Journal of Computer and System Sciences*, 7(4):376–388.

Scott, D. 1961. Measurable Cardinals and Constructible Sets. *Bulletin de l' Académie Polonaise des Sciences, Série des Sciences Mathématiques, Astronomiques et Physiques*, 9:521–524.

Scott, D. S., editor 1971. *Axiomatic Set Theory, Part 1*, volume 13.1 of *Proceedings of Symposia in Pure Mathematics*. American Mathematical Society.

Searle, J. 1991. Contemporary Philosophy in the United States. In (Easton and Schelling, 1991), pages 139–170.

Shannon, C. E. 1948. A Mathematical Theory of Communication. *The Bell System Technical Journal*, 27:379–423, 623–656.

Shapiro, S. 2000. *Thinking About Mathematics: The Philosophy of Mathematics*. Oxford University Press.

Shelah, S. 1984. Can You Take Solovay's Inaccessible Away? *Israel Journal of Mathematics*, 48:1–47.

Shelah, S. 1993. The Future of Set Theory. In Haim Judah, editor, *Set Theory of the Reals. Israel Mathematical Conference*, pages 1–11. American Mathematical Society.

Shields, C. 2016. Aristotle's Psychology. In Zalta, E. N., editor, *The Stanford Encyclopedia of Philosophy.* http://plato.stanford.edu/archives/spr2016/entries/aristotle-psychology/, spring 2016 edition.

Silver, J. 1971. The Consistency of the GCH with the Existence of a Measurable Cardinal. In *Axiomatic Set Theory Part I: Proceeding of Symposia in Pure Mathematics*, volume 13.1, pages 391–396.

Simpson, S. G. 1977. First-Order Theory of the Degrees of Recursive Unsolvability. *Annals of Mathematics*, 105(1):121–139.

Simpson, S. G. 2010. The Gödel Hierarchy and Reverse Mathematics. In *Kurt Gödel: Essays for his Centennial*, pages 109–127. Cambridge University Press.

Skolem, T. 1922. Some Remarks on Axiomatized Set Theory. In (van Heijennoort, 1967), pages 290–301.

Skolem, T. 1923. The Foundations of Elementary Arithmetic. In (van Heijennoort, 1967), pages 302–333.

Slaman, T. A. and Soskova, M. I. 2015. The Δ_2^0 Turing Degrees: Automorphisms and Definability. submitted.

Slaman, T. A. and Woodin, W. H. 1986. Definablility in the Turing degrees. *Illinois Journal of Mathematics*, 30(2):320–334.

Slaman, T. A. and Woodin, W. H. 2005. Definability in Degree Structure. unpublished lecture notes.

Smith, J. T. 2014. David Hilbert's Radio Address.

Soare, R. I. 1999. The History and Concept of Computability. In (Griffor, 1999), pages 3–36.

Solovay, R. M. 1965. The Measurable Problem (abstract). *Notices of the American Mathematical Society*, 12:217.

Solovay, R. M. 1969. On the Cardinality of Σ_2^1 Sets of Reals. In (Bulloff et al., 1969), pages 58–73.

Solovay, R. M. 1970. A Model of Set-theory in which Every Set of Reals is Lebesgue Measurable. *Annals of Mathematics*, 92(1):1–56.

Solovay, R. M. 1975. Handwritten Manuscript Related to Chaitin's Work. IBM Thomas J. Watson Research Center, Yorktown Heights, NY.

Spector, C. 1956. On Degrees of Recursive Unsolvability. *Annals of Mathematics*, 64(3):581–592.

Stillwell, J. C. 2010. *Roads to Infinity: The Mathematics of Truth and Proof*. A K Peters.

Suslin, M. 1917. Sur une Définition des Ensembles Mesurables B sans Nombres Transfinis. *Comptes Rendus Hebdormadaires des Séances de l'Académie des Sciences, Paris*, 164(2):88–91.

Tarski, A. 1933. Pojęcie prawdy w językach nauk dedukcyjnych. *Prace To-warzystwa Naukowego Warszawskiego, Wydzial III Nauk Matematyczno-Fizycznych*, 34:13–172.

Tarski, A. 1936. Der Wahrheitsbegriff in den Formalisierten Sprachen. *Studia Philosophica*, 1:261–405.

Tarski, A. and Vaught, R. L. 1957. Arithmetical Extensions of Relational Systems. *Compositio Mathematica*, 13:81–102.

Taub, A. H., editor 1961. *John von Neumann: Collected Works, Volume I*. Pergamon Press.

Trefil, J. 2015. *The Routledge Guidebook to Einstein's Relativity*. Routledge.

Turing, A. M. 1937. On Computable Numbers, with an Application to the Entscheidungsproblem. *Proceedings of the London Mathematical Society*, s2-42(1):230–265.

Turing, A. M. 1938. *Systems of Logic Based on Ordinals*. PhD thesis, Princeton University.

Ulam, S. 1930. Zur Masstheorie in der Allgemeinen Mengenlehre. *Fundamenta Mathematicae*, 16(1):140–150.

Usuba, T. 2016. The Downward Directed Grounds Hypothesis and Large Large Cardinals. preprint.

van Heijennoort, J., editor 1967. *From Frege to Gödel: A Source Book in Mathematical Logic, 1879-1931*. Harvard University Press.

von Mises, R. 1919. Grundlagen der Wahrscheinlichkeitsrechnung. *Mathematische Zeitschrift*, 5(1):52–99.

von Neumann, J. 1929. Über eine Widerspruchfreiheitsfrage in der Axiomatischen Mengenlehre. In (Taub, 1961), pages 494–508.

von Wright, G. H. 1993. *The Tree of Knowledge and Other Essays*, volume 11. E. J. Brill.

Wagner, A. 2012. The Role of Randomness in Darwinian Evolution*. *Philosophy of Science*, 79(1):95–119.

Wang, H. 1996. *A Logical Journey: From Gödel to Philosophy*. MIT Press.

Weyl, H. 1987. *The Continuum: a Critical Examination of the Foundation of Analysis*. The Thomas Jefferson University Press.

Whitehead, A. N. and Russell, B. 1910-1913. *Principia Mathematica*, volume 1-3. Cambridge University Press.

Wittgenstein, L. 1958. *Philosophical Investigations*, volume 255. Blackwell Oxford.

Woodin, W. H. 1999. *The Axiom of Determinacy, Forcing Axioms, and the Nonstationary Ideal*. Walter de Gruyter.

Woodin, W. H. 2011a. The Continuum Hypothesis, the Generic-multiverse of Sets, and the Ω Conjecture. In (Kennedy and Kossak, 2011), pages 13–42.

Woodin, W. H. 2011b. The Realm of Infinite. In (Heller and Woodin, 2011), pages 89–118.

Woodin, W. H. 2016. The 19th Midrasha Mathematicae Lectures. unpublished.

Zenil, H. 2011. *Randomness Through Computation: Some Answers, More Questions*. World Scientific.

Zermelo, E. 1904. Proof that Every Set Can Be Well-Ordered. In (van Heijennoort, 1967), pages 139–141.

Zermelo, E. 1908. A New Proof of the Possibility of a Well-Ordering. In (van Heijennoort, 1967), pages 183–198.

Zermelo, E. 1913. Über eine Anwendung der Mengenlehre auf die Theorie des Schachspiels. In *Proceedings of the Fifth International Congress of Mathematicians*, volume 2, pages 501–504. Cambridge University Press.

符号索引

199

术语索引

人名索引

图书在版编目(CIP)数据

作为哲学的数理逻辑/杨睿之著. —上海:复旦大学出版社,2016. 11 (2024. 1 重印)
逻辑与形而上学教科书系列
ISBN 978-7-309-12658-7

Ⅰ. 作… Ⅱ. 杨… Ⅲ. 数理逻辑-高等学校-教材 Ⅳ. O141

中国版本图书馆 CIP 数据核字(2016)第 267789 号

作为哲学的数理逻辑

杨睿之 著

责任编辑/范仁梅 陆俊杰

复旦大学出版社有限公司出版发行
上海市国权路 579 号 邮编:200433
网址:fupnet@ fudanpress. com http://www.fudanpress. com
门市零售:86-21-65102580 团体订购:86-21-65104505
出版部电话:86-21-65642845
上海四维数字图文有限公司

开本 787 毫米×1092 毫米 1/16 印张 14.25 字数 250 千字
2024 年 1 月第 1 版第 3 次印刷

ISBN 978-7-309-12658-7/O・610
定价:32.00 元